創新發明原理與應用

2nd Edition

葉忠福◎著

Principle and Application of Innovation

國家圖書館出版品預行編目（CIP）資料

創新發明原理與應用 / 葉忠福著. -- 二版. --
新北市：揚智文化, 2013.05
面； 公分

ISBN 978-986-298-087-3（平裝）

1.發明 2.專利 3.創造性思考

440.6   102007524

創新發明原理與應用

作　　者／葉忠福
出　版　者／揚智文化事業股份有限公司
發　行　人／葉忠賢
總　編　輯／閻富萍
特約執編／鄭美珠
地　　址／新北市深坑區北深路三段 260 號 8 樓
電　　話／(02)8662-6826
傳　　真／(02)2664-7633
網　　址／http://www.ycrc.com.tw
 E-mail ／ service@ycrc.com.tw
印　　刷／鼎易印刷事業股份有限公司
 ISBN ／ 978-986-298-087-3
初版一刷／ 2011 年 9 月
二版一刷／ 2013 年 5 月
二版二刷／ 2014 年 9 月
定　　價／新台幣 450 元

王 序

　　地狹人稠的台灣，今天能成為一個科技島，依靠的就是這一群發明家和處於各界企業、研究機構、學術單位的眾多科技研發人才，多年來不斷共同努力的結果。在未來的大環境變遷中，無論是面對石化能源的枯竭問題或環境汙染、地球暖化的挑戰，都是給這群發明家們，繼續努力和尋求科技突破的新方向與目標。

　　我國的發明家們，每年都在國際性的發明展與發明競賽中，屢屢獲得世界各國的團體總冠軍殊榮，受到國際科技界的肯定和讚賞，為國爭光，不但為發明家個人帶來經濟上的效益，更提升了台灣的國際地位，讓世人見識到我們活躍的創新能力。

　　多年來立法院一直努力為發明界及創新企業，爭取更多政府的資源與預算，作為創新技術研發的經費補助，例如產業創新條例，就是其中一項很好的政府資源，大家可以善加利用。在未來科技的挑戰裡，我們應更重視軟實力的發展，也希望立法院的努力，能給台灣更好的發明環境，讓發明人創作出更具創新性與市場性的好產品。

　　葉忠福先生多年來從事創新發明工作的努力與成就，大家有目共睹，現在他將長期以來的實務經驗著作成書，希望將更好及更有效率的創新發明方法及經驗和大家分享，這樣用心努力的發明家，我們應給予正面的鼓勵和肯定，也期盼未來在推廣創新發明教

育的紮根工作上，爲台灣產生更大的貢獻力量。

立法院院長

王金平

吳　序

創新發明創造未來

　　台灣，是一個在世界地圖上幾乎看不到的海島，然而在過去三十年間，Made in Taiwan讓全世界見證了台灣的經濟奇蹟。台灣人是最勤奮同時兼具智慧的民族之一，由於島國資源有限，台灣商人於是走到全球各個角落推銷台灣產品，成為世界最大的貿易輸出國家，外匯存底至今仍在全球各國之中名列前茅。

　　然而由於經濟的快速發展與激烈競爭，部分不肖商人卻以仿冒他國專利產品，大量生產行銷國內外以謀取不法利益，讓台灣一度背負「仿冒王國」的惡名；但在此同時，另有一群人卻默默進行自我研究發明的工作，並且屢屢在世界發明展中得獎，同時也將部分的發明作品大量生產行銷到全世界，讓世人見識真正台灣的智慧產品。

　　時間在變，生活也一直在變，放眼目前的經濟型態與國際市場，代工及加工產業都將因應潮流與時勢，移往中國大陸以及東南亞。而台灣必須以創新研發為主要的發展方向，強化以Know How知識為領導中心，建立精緻化生活產業，無論在商品、品質以及服務方面，都要加入創新概念，提高精緻度與創意才能定位未來的發展目標。我們更應積極針對國內人才的培育及養成，進行輔導與推動，以提升我們未來競爭力。同時協助並輔導具有創新發明潛力的

人士，在創新研究的領域中，開拓出一條屬於自己的道路。

近年來，台灣已逐漸自傳統產業轉型為精緻的科技精密產業，成為名聞全球的「科技王國」，倚靠的就是長期不斷投資的龐大研發經費，及持續源源不絕培養的優秀研發人才。相較之下，早期台灣發明家在完全缺乏企業財力支援的情況下，全憑自己的理想和意志力孤軍奮鬥，甚至傾家蕩產研發出來的產品也不見得有企業願意支付費用購買專利權，很多人只得自行生產銷售，可是在世界發明史中，很少發明家能夠兼營事業致富。

有鑑於此，本人上任理事長一職之後，便決心為發明界建立一個與政府及產業界溝通的平台，為發明界爭取更多的資源與權益，並且讓發明品發揮最大的經濟效益。「發明」是為了促進人類的進步，也代表文明的進化，但是當後人不斷對那些曾經創造人類文明的發明先驅歌功頌德之時，可曾記得他們當年也和現在的發明家一樣，受盡嘲笑及委屈？甚至窮困潦倒一生。所以我們現在要做的，就是從歷史的教訓中去改變歷史創造歷史。

葉忠福先生是本會優秀的發明家，擁有豐富的發明實務經驗，也特別用心於創新發明經驗的傳承工作上，現在他將整套的創新發明原理及實務上的應用技巧手法，結合台灣目前的現實環境，費時多年完成此書，希望帶給大家在創新發明實務上的參考與經驗分享，讓發明新手少走一些冤枉路，快速步上成功的大道。

中華創新發明學會理事長

台灣國際發明得獎協會理事長

吳國精

許　序

　　若發明比喻是一個人的內在美，專利便是那人外在美。

　　發明是人類智慧和創意的融合，為解決生活上所遭遇的種種問題，而產出來的東西，比如是一項前所未聞的產品，首創的方法，或新開發出來的原料。但是有些具有新穎性的創意，非顯而易見的構想，極有用的發明，卻沒有拿去申請專利，發明人沒有受到排他性的專利保護。他的發明若不是刻意要變成為商業機密，便是無條件地貢獻社會大眾。從商業經濟的標準來看，這都是美中不足的地方。

　　然而，有些人卻因種種原因，無法讓自己的發明成功地申請到專利，縱使申請到專利，也不過成為一張無用又昂貴的文憑，在專利的大海之中，有好品質的專利就像外貌平庸，身材普通的人一樣，占絕大多數的人口。沒有好的品質，沒有具有意義的權利要求範圍的專利，專利對他的主人是無法創造出什麼經濟價值來的。最後，有了高品質的專利，若不懂得拿去運用，還是一無所有。專利的運用無論是授權、讓售或用作侵權訴訟，都是發明致富必學功課。

　　以上所言，是我在美國IBM公司服務了二十五年來，從事創新發明工作，個人發明獲得了七百餘件專利後的實務工作心得。最後幾年在總部負責智財管理經營和運作，才讓我在專利的領域有了全盤的瞭解。IBM公司每年投入五十億美元以上的經費從事新技術的研發，幾乎年年都是美國發明專利申請最多的公司，以2009年

為例，在美國的專利申請案總數達四千九百一十四件，蟬聯十七年的美國專利王。IBM每年專利權利金的授權收益占其營業額高達25%，靠著創新研發及專利管理，即可大發知識產權財富，為企業創造豐厚利潤。我很榮幸能在如此重視創新發明的企業中服務，也讓我在創新發明的工作過程中，得到無比的成就感與樂趣。

葉忠福先生有一顆熱忱的心，極願意與人分享他的發明心得，供後進同好參考切磋。他是我三年前回台灣第一個接觸到的，曾經獲得許多發明大獎的發明家。記得我到台大太陽能實驗室裡和他會面時，參觀他雙手建立的各樣太陽能實驗設備，讓我深深地敬佩這位手腦並用的發明家。不但如此，他的專利都是自己親手撰稿，直接向智慧財產局申請。在這本即將出版的書中，不但有如何產生好的發明構想的教導（內在美），而且有許多有關專利申請等實務經驗分享（外在美），是年輕朋友們的最佳課外讀物，也是有心想要成為發明家者必備的一本書。

工業技術研究院技術移轉中心智權資深業務總監

黃　序

競爭力來自「創新」並不是超時工作

　　近年來由於第三世界新興國家的崛起，帶動全球快速經濟發展，在一片前所未有的蓬勃發展過程中，更在網路資訊快速流通的催化下，伴隨而來的便是各行各業的激烈競爭，形成前所未有的壓力。一個企業要維持競爭力已比以前更為困難，因此企業界莫不戰戰兢兢的想盡辦法以免被淘汰。

　　競爭力不外乎來自有效的經營管理，以降低成本並提高生產效率。降低經營成本當然是第一要務，也較易實施，且非做不可，這也是我國企業界最擅長的。不過，利用降低經營成本來維持競爭力的手段有其極限。

　　第三世界崛起後，在其人工便宜的優勢下，我國企業經營困難立即顯現，產業外移便成為不歸路。除此之外，為求生存，要求員工投入更多工作時間，可降低成本，也是一大法寶。我們的企業便充分利用此一法寶來維持其競爭力，形成一種奇特文化。因此，也就看到我們的子女，每天早早出門、晚晚回家，犧牲個人健康、家庭、休閒娛樂、公益活動等等，一切只為維持公司競爭力（賺錢），扭曲了人生的價值。誰無子女，如果我們這些老一輩的，奮鬥了一輩子，換來的竟然是只能利用自己兒女的超時工作才能維持競爭力，那是極為汗顏的事。

競爭力來自「創新」，而非超時的工作，仔細觀察歐美先進國家許多企業，他們的員工並不需要超時工作，競爭力卻比我們強許多。很顯然地，我們的企業忽視了或不知如何提高經營效率，其中涉及複雜層面，包括營運策略、計畫、管理等等，目的是在提高產品的價值。

不論是降低成本，或提高經營效率，都需要智慧，如果蕭規曹隨與別人的方法如出一轍，了無新意，大家都一樣，也就無法脫穎而出，就無競爭力。因此，其中的關鍵便是「創新」，不論是科技研發、生產、營運等，都需要創意，才能區隔出差異，有優越的創意才是維持企業競爭力的根本之道。個中道理無形中也呼應了大家耳熟能詳的所謂「差異化」概念。誰能充分發揮創意，提高產品效能或降低成本，誰就是贏家，員工也不需超時工作，而我們的子女便可以每天快快樂樂按時出門、平平安安準時回家，維持個人健康、家庭幸福美滿、有充分休閒娛樂、能行公益活動等等，而我們的企業競爭力仍然可屹立不搖。

葉忠福先生在企業界服務多年，對於創新發明及專利權保護的工作，有獨到的深入見解。他和我一起從事動腦（創意發想）及動手（發明創造），合作研發的時間超過二十年，他將許多企業界的實務經驗與方法，帶入學界的研發，使整體研發效率得以有效提升。現在他將多年來從事創新發明的工作經驗，透過本書和大家分享，本人深切期盼其實務經驗能長久傳承，使台灣有更多的後起之秀，共同在創新發明的領域中發光發熱。

國立台灣大學機械系教授
國立台灣大學機械系新能源中心主持人

黃秉鈞

二版序

　　近年來，得利於新科技的研發，2012年南韓三星及LG手機產品的全球市占率高達30.1%，再加上歐債危機所累，歐洲等國經濟與產業不振，南韓已成為世界第八大貿易強國。相較於南韓新科技與專利智財的全力發展，台灣每年卻花約二千億元新台幣去購買國外的專利權。國科會主委朱敬一說：「台灣的產業效率高，但創新略有不足」，可見台灣在科技的研發上還有很大的努力空間。

　　許多發展中及已開發國家政府鼓勵創新研發，格外重視推動落實智慧財產的保護，尤其是專利權，不但是產業競爭的利器，更是國家科技發展與競爭力的重要指標。

　　隨著全球化及知識經濟的崛起，無形的智財權技術研發已成為我國企業與國家發展的重要課題。我國《專利法》自民國33年制定公布，民國38年施行以來，至今歷經九次修正，前次修正時間為民國92年至今已有十年之久，為提升我國經濟實力及產業競爭力，和因應國際規範的相容與調和性，本次新《專利法》修正為全案修正之重大變革，這次修正條文共計一百五十九條，其中修正一百零八條，增訂三十六條，刪除十五條，可以說是全面大翻修。並將於民國102年1月1日實施新《專利法》，讓我國的智慧財產保護制度能與時俱進。

　　舉例幾項重大變革項目如：增訂因申請人己意在刊物發表者亦可主張優惠期；增訂非因故意未於申請時主張優先權，或未按時繳納專利證書費或年費致失權者，准其申請回復權利之機制，專利

權人得於期限屆滿後一年內，申請回復專利權，並繳納三倍之專利年費；將申請專利範圍及摘要獨立於說明書之外；明定專利侵權損害賠償之主觀要件；修正損害賠償之計算方式及專利標示規定；開放部分設計；電腦圖像及圖形化使用者介面（Icons & GUI）設計及成組物品設計，並增訂衍生設計制度；權利耗盡原則明確採用國際耗盡原則；「新式樣」專利變更為「設計」專利；修訂無人繼承專利權歸屬，專利權人死亡，無人繼承對於該專利權的法效果，是專利權成為公共財產，而不是歸入國庫，所以修正為公共財產；專利證書號的標示，附加標示不是提出損害賠償的要件，僅為舉證責任的轉換而已等，多項重大制度上之變革。

　　本書為配合我國新修正《專利法》的實施及目前創新發明環境的變化，能及時服務讀者，將本書內容做適切的增修，其中包括新法令條文的全面更新及新增PART 6中相關統計資料，和書中內文有關創新發明環境動態訊息等。希望本書第二版的內容更新，能為讀者帶來更多實用的創新發明實務參考資料。

葉忠福

作者的話

　　台灣地區天然資源貧乏，只有用之不盡的腦力資源才是台灣最大的資產，而發明創新則是腦力資源的具體展現，由發明進而使其商品化成功致富，更是每位發明者的夢想。但是現實的情況又是如何呢？台灣目前的發明環境又是怎樣呢？相信這是很多喜愛創作與發明的人，很想瞭解的事情。筆者於職務內和職務外及輔導廠商，設計專利產品研發案件，有眾多的經驗，在發明工作上已有二十幾年長期實務經驗與心得，但這也是一路摸索，以時間、精神、體力來換取的，筆者深深感覺到，這種經驗的取得過程並非是最好的方法，現今應該是先傳承與學習他人經驗及心得後，自己再繼續不斷努力深入鑽研前輩們所未探究的新領域，如此才能後浪推前浪，知識也才能快速的累積和進步，這才是最有效率的好方法，也才可以少走一些冤枉路，甚至是走錯路。

　　所謂：「複製別人成功的經驗，是使自己通往成功的最佳捷徑。」也因為台灣目前尚無以本土環境為基礎，用實務指引的方法，在發明創作上給發明人實質協助的完整資料。為了讓台灣的讀者，能實際瞭解創新發明的方法及在實務上的應用。筆者有鑑於此，經過多年的資料整理並撰寫一系列文章，希望能給其他有志從事發明創作的人士，多一些參考的資料與經驗的分享，少走一些冤枉路，能以最有效率的方法創造出最大的「創新經濟」價值。

　　青年人的創新活力與精神是非常豐富的，然而長久以來台灣因大環境及教育體制之故，對於自我創造力的訓練顯得非常欠缺，

尤其在學校中很少教導青年學子如何發明創作與保護應有的權益，進而創造出經濟價值來。其實發明創作是不限男女老少、學歷、經歷的，只要您在生活的周遭多加留意及用心，隨時都可得到很好的創意點子，再將實用的創意點子加以具體化實踐，即可成為發明作品，說穿了就是如此簡單。

例如，前幾年日本的一位家庭主婦，洗衣時發覺洗衣機裡常有衣服的綿絮，而洗衣機無法濾除乾淨，使得洗衣效果大打折扣，於是經過細心思考研究後，發明了一種洗衣機專用的濾網，上市後一年就售出了近五百萬個。另一位女士則發明了可減肥塑身的無跟拖鞋（健康鞋），上市短短約半年內，就大賣三百多萬雙。而台灣有位吳女士，發明了可自動開傘和自動收折的魔術二折傘，為下雨天開車的人帶來很大的方便，一年外銷歐美各國也有幾百萬支。最近也有位林先生則發明了震動式保險套，一年外銷出貨到世界各國數量幾千萬個。由此可見其實發明的點子就在我們生活的四周，只要能符合生活的需求，就會有市場經濟價值存在，更可使發明者名利雙收。

近年來，全球的經濟型態趨勢已由「知識經濟」加速提升為「創新經濟」，而在嶄新的產業中，以「知識」和「創新智慧」結合而成的「創新產業」本身就成了一種高價值的產業。在實質上，「創新」它不只是專注在於技術上的「發明」（Invention），因為若只在技術上發明，那還不是最有效的創新管理，也還不是一種商業，創新的關鍵在於這個產品是否有顧客需求及市場的意識，而後才有商品概念的成型，再來組合開發形成創新的商品，以及後續的各種商業經濟活動，這才是全面性的創新。

「創新經濟」的價值創造，乃來自於將知識應用於創新活動上，由於近年來許多新型態「商業模式」的興起，與「產業結構」的快速變化及「科技技術」質性的變革，使得我們必須用更多的

「創新」思考來作爲有效的因應，而「創新」之根本關鍵要素就在於「人」，所以創新之人才培育是爲當務之急。

筆者系列文章所述內容之目的，是希望讓每個人都懂得如何創意思考與發明創作，並保護應有的權益。這對日後的創新發明工作，和在新產品設計上，都會有莫大助益。另一方面，且期盼能引領更多的朋友，進入這個樂趣無窮的發明創作領域中，爲人類的文明與便利一起努力。

由於個人所學有限，如文章中有所疏漏之處，還請諸位同好及前輩不吝指教，以爲日後修訂之寶貴資料，則感幸甚。

葉忠福

目　錄

PART 1　創意思考與創造力訓練　1

PART 2　創新發明與產品開發　57

PART 3　專利與智慧財產管理　151

PART 4　創新發明小故事　231

PART 5　創新發明知識補給站　249

PART 6　創新發明相關資訊　271

PART 1

創意思考與創造力訓練

前　言

　　藝術創作、科學思考和發明創造之間的部分領域和思考方法是重疊的。古云：「妙法天成，偶悟得之」，這是因古代尚未深入研究創意產生的原理及系統化，但又能感受到創意形成一刹那間的奧妙感覺。但在現今，我們已能用科學化及系統化的理論與訓練方法，來激發人們的創意思考，所以，現在我們應該用「創意有方，一學即會」來形容對創意或創新的學習新概念。

1.01 創造性思考訓練的意涵

　　創造性思考的訓練，是在培養學員如何應用創造性思考激發創造力的潛能，而將它運用於各種環境中，產生出更大的價值來，早在1938年，美國通用電氣公司（General Electric Company, GE，又稱奇異），就已創設了訓練員工的創造力相關課程，成果相當卓著。

　　在以往傳統式的教育環境中，大部分人所受到的訓練，都是注重認知已有事實與知識上，或強調邏輯思考的訓練，而鮮有對創造性思考的啟發與訓練，在這樣的教育環境中，其結果常是塑造出一大批習慣於被動接受知識的人。

　　創造性思考訓練，主要是在於訓練個體人格上獨立自信的思考模式，能運用想像力、創造力來取得各種「創意」，進而解決面臨的各種問題及創造更新的前瞻性知識。

　　人類隨時不斷的在面臨各式各樣的問題，因而需要不斷的使用創思，來解決新的問題與新的挑戰，然而，一般人聽到「創造」、「創意」、「創新」一詞，就會直接以為是發明或高科技領域方面的，其實運用創造力所獲得的創意點子，是各領域皆能應用

得上的，如，企業管理領導、藝文創作、廣告創意、工程技術、建築、發明、政治、生活上甚至是談情說愛等，所有大大小小的事物，都需要注入「創意」點子的活力，才能更有效提升多元化「解決問題的能力」，是應用面最為廣泛的，也是身為優質的現代人應具備的一種基本能力。

創造力導引創新

◆何謂「創造力」？

創造力（Creativity）一詞，亦為Creative Thinking Abilities（創造思考能力），也就是一種創造表現的能力，它的主要關鍵在於「思考進行的模式」，而行為所表現出來的結果，可能顯現在發明創新、文學創作、藝術創造、經營管理革新等多方面領域中。其中創造（Create）為To Bring Into Existence（賦予使之存在）的意思，具「首創」與「獨特」之性質。

◆何謂「創意」？

創意（Creative Idea），即是「創造出有別於過去的新意念」的意思，或可簡單的說，創意包含了「過去所沒有的」及「剛有的新想法」這兩項特質。而好的創意可以用來解決問題及創造價值。

◆何謂「創新」？

創新（Innovation）一詞，源自拉丁語nova，也就是「新」的意思，而「創新」是指引進新的事物或新的方法。也可說創新就是「將知識體現，透過思考活動的綜合、分解、重整、調和過程而敏

銳變通，產生具有價值的原創性事物，做出新穎與獨特的表現」。如新發明、新藝文創作、新服務、新流程等。

創新有別於創意，則在於創新是「創意＋具體行動＝成果」的全部完整過程之實踐；而創意可以從寬認定，只要是任何的「新想法」，而不管是否去實踐它，都算是有了創意。

> 「創意」不等於「創新」；「創新」是將腦袋裡的「創意概念」加以具體實踐後所得的結果。
> ——佚名

創造性思考是一種能力

因為創造是一種能力，故通常我們會以「創造力」一詞來表達而稱之。創造性思考有別於智商，故智商高的人創造力不一定就表現好，依心理學的研究來說，創造性思考是屬於高層次的認知歷程，創造的發生始於好奇心、夢想、懶惰（不方便）、問題（困擾、壓力）及需求的察覺，以心智思考活動探索，找出因應的方案，而得到問題的解決與結果的驗證。

創造性思考不可能完全無中生有，必須以知識和經驗作為基礎，再加上正確的思考方法，才能獲得發展，並可經由有效的訓練而給予增強，經由持續的新奇求變、冒險探索及追根究柢，而表現出精緻、察覺、敏感、流暢、變通、獨特之原創特質（如**圖1-1**）。

創造性思考的歷程與階段

心理學家瓦拉斯（G. Wallas）在1926年的研究指出，創造是一種「自萌生意念之前，進而形成概念到實踐驗證的整個歷程」，在這個歷程中，包括四個階段（如**表1-1**），在每個階段中的思考模

圖1-1 創造性思考能力之特質發展

式及人格特質，有其不同的發展，所以創造也可說就是一種思考改變進化的過程。

創造歷程的四個階段：

◆ 預備期（Preparation）

此階段主要在於記憶性及認知的學習，經由個體的學習而獲得知識，此階段相似於學校、家庭中所進行的學習，重點乃在於蒐集

表1-1 創造之歷程階段

特性 \ 階段	預備期	醞釀期	開竅期	驗證期
思考模式	記憶性 認知學習	個人化思考 獨立性思考	擴散性思考 創造性思考	評鑑性思考
人格特質	專注 好奇 好學 用功	智力的開發 思考的自由	喜愛冒險 容忍失敗	用智力之訓練來導引邏輯之結果

整理有關的資料，累積知識於大腦中，人格上有好奇、好學等特質。

◆醞釀期（Incubation）

在此階段為將所學習到的知識和經驗儲存於潛意識中，當遇到問題或困難時，即會將潛意識當中的知識和經驗，以半自覺的型態來作思考，因用個人化及獨立性的思考模式，會如夢境般的以片段的、變換的、扭曲的、重新合成等非完整性之形式出現於腦海之中。

◆開竅期（Illumination）

此階段會因擴散性及創造性思考，而個體及時頓悟，進而有所新的發現，覺得突然開竅了，有豁然開朗的體驗，此時就會產生許多啟示性的概念，在綜合所得之概念後，即能發展出另一種全新而清晰完整的「新觀念」。就如阿基米德在浴缸中得到利用體積與重量相比的方法，測得不規則物體的密度，頓悟開竅了一樣，此階段人格上同時具有喜愛冒險與容忍失敗的特質。

◆驗證期（Verification）

此階段在於將開竅期所獲取之新觀念加以驗證，用評鑑性的思考角度來判斷、評估、應用，再將它轉化為一種理論組織與文字語言之說明表達，以得到完善的驗證流程及結果。

創新的發展型態

在創新的基本發展型態上，我們可將它分為「突破性創新」（Radical Innovation）與「延續性創新」（Continuous Innovation），其中突破性創新亦為一種不連續性的創新，或稱破

壞性的創新，即是前所未有或顛覆以往成熟的技術或經營模式的創新，以截然不同的全新技術或方法、模式表現出來，雖然突破性創新的研發成本與失敗風險都較高，但此型態之創新所帶來的效益是極為巨大的（如圖**1-2**），這些效益或許是功能的突破、利潤的提升、市場的擴大、成本的降低、品質的改善等，在不同的面向表現出來。例如，有別於傳統商業模式的現今網路商業行銷業績的急速擴大；數位相機產品的推出取代了傳統需裝軟片的相機；飛機噴射引擎的出現取代了活塞動力引擎的技術；或是早年電晶體技術取代了真空管技術；節能產品中LED固態半導體照明技術取代了傳統的燈具。這些都是突破性創新的實例，也可印證突破性創新在效益上的無比巨大。

　　所謂延續性創新，就是將原有已存在的事物或技術再進行細部的調整或改良，以達更優良的目標，但仍不脫離原有型態的大框架，在此型態下的創新其研發成本與風險雖較低，但相對的效益通

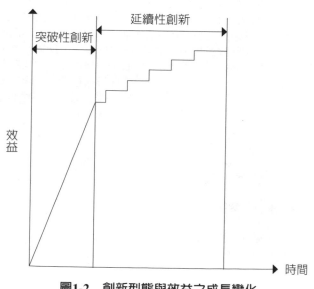

圖**1-2** 創新型態與效益之成長變化

常較突破性創新為低。例如，在既有的電視機上加入立體聲重低音的設計；或在汽車中加入全球衛星定位系統（GPS）；又如，英特爾（Intel）的奔騰（Pentium）電腦的晶片由P3升級到P4，或CORE i5升級到CORE i7等都是延續性創新的實例。

1.02 思考方式的二元論

在大腦思考方式學理的長期發展上，有兩種很重要的思考模式概念，那就是大家所悉知的「思考方式的二元論」，而「二元」所指乃是所謂的「垂直式思考」（Vertical Thinking）與「水平式思考」（Lateral Thinking）兩者，其特質上的差異可參考**表1-2**。

表1-2　垂直與水平思考方式之特質差異

	垂直式思考	水平式思考
型態	是一種「收斂性思考」或稱「邏輯性思考」，思路模式從「問題」出發，依循著各種可確信的線索，而紛紛向解答集中，更進而推向那唯一的目標或標準的解答。 （圖：箭頭向中心「解答」集中）	是一種「擴散性思考」或稱「開放性思考」，思路模式由「問題」本身出發，而向四面八方輻射擴散出去，能跳脫邏輯性的限制，把原本彼此間無聯繫的事物或構想連結起來，建立新的相關性，並指向各自不同而多元的可能解答。 （圖：箭頭由中心「問題」向外擴散）

（續）表1-2　垂直與水平思考方式之特質差異

	垂直式思考	水平式思考
特色	・理性導向 ・想找到標準答案 ・依循固定的模式及程序進行思考 ・是非對錯分明，而且堅持	・感性、知覺、直觀導向 ・樂於挖掘更多的可能解答 ・無固定的模式及程序，隨性進行思考 ・會因應環境的變化，而產生合理的是非對錯看法
優缺點	・優點：有助於我們的分析能力及對事物中誤謬性的指出或澄清，以及對問題或解答的評估與判斷，亦能協助我們處事的條理性。 ・缺點：難以協助發展較具創見性的新觀點，依賴過度時，則易使人心智僵化或陷於窠臼之中。	・優點：有助於問題解決的多元化思維，提供多種可能的解決方案，有時雖是天馬行空的想法，但這也是一種別出心裁獨特創見的重要來源。 ・缺點：若無後續的歸納整理及理性的評量與規劃，則會變成流於空幻。
涵蓋面	分析、評估、判斷、比較、對照、檢視、邏輯……	創意、創新、發明、創造、發現、假設、想像、非邏輯……
行為顯現	・肯學、具耐心 ・喜愛上學 ・易於接受教師的指導 ・按規定行事、服從性高 ・推理性與批判性強	・好奇、勇於嘗新 ・覺得學校有太多拘束與限制 ・思路複雜，教師指導不易，常是教師眼中的麻煩人物 ・不愛聽命行事、自由意志高、我行我素 ・創意點子多
醫學觀點	左腦思考	右腦思考
大腦運作層次	「意識」層次運作的思考	「潛意識」層次運作的思考
比喻	把一個洞精準的挖深，直到找到泉水	再多找其他地方挖洞試看

思考是「內在」活動而非「外顯」的行為

　　思考的心理技巧是屬於一種在內心進行的活動方式，它的運作主要需靠內在動機，它並非外顯的活動，故相形之下它是較不易描述的，所以以下會配合一些實例的說明，希望讀者能更容易的瞭解其真意。

◆垂直式思考

　　所謂「垂直式思考」，它的創始人是早在希臘時代的亞里斯多德（Aristotle），它的特色在於講求循序漸進，按部就班，這也是最合乎人類自然本能的思考方式，因為它重視「高度可能性的邏輯」，這也是人在面對問題時，最容易運用及接受的思維模式，就其優點而言，它能全面性的瞭解與掌握邏輯原則特性，以避免自己的推演過程犯錯，也易於檢視他人的推理過程是否有誤，如此，可使很多事情及道理愈辯愈明，及實務工作上執行順利，所以這種較具系統性、準確性與普遍性的方式，一般常被作為學術研究及學校教育所重視與鼓勵的思考方式。但其缺點則容易陷於劃地自限，一旦前提設定有誤時，無論其推論的過程都是正確合理的，但其最終的結果答案，勢必還是跟著錯了。另一方面也易發生慣性與惰性的思考，腦中被強制性的嚴密控制，形成為了遵從現有或已知的邏輯原則，而排斥或忽略了另外可能極為有用的新概念，以致扼殺新概念、新創意的產生機會。

　　總歸「垂直式思考」就是每一步的推演都是合乎邏輯性的，而且不能有推演分析計算上的錯誤，從想法中開始不斷的節制、濃縮推演，直到成一集中焦點的解答。例如：

地震時為什麼大樓會倒塌？

──→因為地震規模大於大樓的抗震結構設計

──→所以應提高大樓抗震級數的結構

──→故可由加大鋼筋直徑及提高水泥強度磅數著手改善。

若依這樣的例子方式推演而來的答案，就是「垂直式思考」。

◆水平式思考

所謂「水平式思考」是由一位馬耳他人，名叫愛德華‧波諾（Edward De Bono）的心理學思想家，在1960年代末期所提出的重要概念，水平式思考法就是為了彌補垂直式思考的缺陷所孕育而生的，它的特性為思路是從問題本身出發，向四面八方擴散，各指向不同而多元的可能解答，使一些有效的新概念自混沌的狀態中產生，它的思考模式是跳躍式的、天馬行空的、聯想的、無拘無束的、無邏輯性的，只要想到就行了，無須問為什麼會這麼想，也無所謂對與錯，但這種方式反而經常能夠產生獨具創意、令人驚喜拍案叫絕的新概念，這也就是所謂的「創造性思考」了。

例如，我們自由的去想像，一支原子筆它除了寫字之外，還能夠做什麼用途呢？我們可以海闊天空想像，提出各式各樣的可能用途，如掏耳朵、打鼓、在紙上挖洞的工具、敲別人頭、當滑雪的工具手杖、射天上的飛機等，各種奇特的用途，而且先不做太多判斷，無論這個想法好不好或合不合理、可不可行，只要想到任何用途都提出來，就像拿原子筆來射天上的飛機，你也不要覺得太匪夷所思，我們也可改用吸管、桌子、茶杯、塑膠袋、帽子等，來進行想像，以這樣的模式所進行的思考，就是典型的「水平式思考」模式。

二元思考的相輔相成

當有一個問題我們已經想到某一種解答方向，而以垂直式思考，在做進一步的邏輯推演時，有時會遇到無法突破的瓶頸，當無法再用邏輯的方式進行下去時，我們則可改用水平式思考，運用綜合性與直觀性，從另外的角度思考，打破現有框架尋得新的方向，當新的方向已經明確後，我們即可回到垂直式的思考模式，以嚴謹的推理、計算、比較、分析，直到找出最理想的解答。

水平式思考的功能，在於產生新創意點子或新概念，以提供運用者更多的可為選擇。而垂直式思考的功能，則在於以邏輯性來歸納分析，由水平式思考所產生的創意點子或概念的合理性與正確性。所以「垂直式思考」與「水平式思考」兩者的並存與相互的運用，並沒有任何矛盾之處。

每一個人的大腦思考，不會是全部左腦（垂直式）思考，或全部右腦（水平式）思考，而是左、右腦思考比率高低不同罷了，若以現今的教育體制及大部分的教學方式來看，其訓練出來的大多數人都是左腦強，而右腦弱的，所以本篇文章的另一項用意，也就是要提升學員的右腦思考能力，來達到左、右腦均衡發展之目的。「垂直式思考」與「水平式思考」兩者，其實並無所謂哪個好哪個不好，而是應該運用它各自不同的特性來相互搭配，以達到相輔相成的所謂「全腦開發」，讓每一個人的「創意」與「邏輯」能力兼備。

> 創造力是跳脫已建立的模式，藉以用不同方法看事情。
> ——心理學家　愛德華‧波諾（Edward De Bono）

1.03 創意發想與延後判斷

要產生大量的創意，然後在眾多的創意構思中，篩選出具有價值、品質高的創意來實施，在這個過程中，「延後判斷」是一個相當重要的技巧，所謂「延後判斷」並不是「不做判斷」，而是指在激發創意的同時先不要急著去批評或判斷這個創意好不好、可不可行？因為在此同時去做判斷的動作，就會形成「潑冷水」的負面效果，若是在群體創意激發時，也會阻擾了他人大膽的構想。但依現實的情況來看，以我們目前的教育方式和學習習慣來說，也許大多數人都已養成「立即判斷」的思考慣性，這種習慣對於創造性思考激發而言，並無助益，因此，要不斷的提醒自己，不要太早下判斷，直到變成一種習慣，一種「自然的習慣」為止。

當在激發創意時，我們需要的創意數量要夠多，且需要用自由奔放的思路來思考，否則難以達到發想效果和思路的流暢性，尤其在做群體的腦力激盪時，一定要養成延後判斷的習慣，當成員中有人違反這項原則時，主持人必須即時加以提醒糾正，制止判斷或批評的行為，否則會破壞創意激發自由奔放的氣氛，而使得所提出的創意點子只是平平而已，難獲大破、大離的驚喜創思構想。

當主持人每次都能有這樣的提醒時，多加練習後這個群體的成員就能養成習慣，如此才不致扼殺了許多具有價值的創意。

為什麼需要「延後判斷」？

創意的激發就如在騎腳踏車時，用力的「向前踩」，而批判性的思考和判斷動作，就像在「剎車」一般，這兩種行為是相互排

斥而矛盾的，所以不能同時進行，這就是為什麼在從事創意發想時，一定要採用「延後判斷」做法的真意了。

　　當所有創意構想都提出來之後，此時才是判斷與評價的適當時機，我們在這時候就必須用周延的態度，來全面檢視所有的創意構想，到底哪些才是真正具有價值的。

1.04 創造力的殺手與如何培養創造力

創造力的殺手

　　台北市立師範學院在2004年6月，發表一項調查資料，結果顯示父母和老師是孩子創造力的最大殺手，父母和老師應該都是愛護孩子的才對吧！為何反而會成了孩子創造力的殺手呢？這其中的問題就出在升學主義的教育制度上。

　　又當在社會上工作時，無論是企業或機關也常因文化上、制度上、管理上的某些做法或限制，而阻礙了創造力的發揮。

　　綜觀，創造力的發展阻礙有「個人因素」及「組織因素」兩大區塊。

◆個人因素

　　1.依循傳統的個性。

　　2.舊有習慣的制約。

　　3.價值觀念的單一。

　　4.對標準答案的依賴。

5.自滿與自大。

6.缺乏信心，自我否定與被否定。

7.缺乏勇氣，害怕失敗的心理。

◆組織因素

1.文化面：

　(1)保守心態，一言堂。

　(2)循例照辦，墨守成規。

2.制度面：

　(1)防弊多於興利的諸多限制。

　(2)扣分主義，多做多錯，少做少錯。

　(3)缺乏激勵制度，有功無賞。

3.管理面：

　(1)由上而下，單線領導。

　(2)缺乏授權，有責無權。

　(3)本位主義，溝通不良。

插畫繪圖：連佳瑄

如何培養創造力？

　　創造學於二十世紀興起於美國，許多學者認為創造力的形成要素中，部分是先天遺傳的，部分是後天磨練出來的，也就是說先天和後天交互影響的結果。而絕大部分是受後天的影響居多，基本上每個人都有潛在的創造力，只是有待開發出來而已。很多人以為發明創造是專家、學者們才辦得到的事，但依照過去實際的情況看來，已證實這種觀念並不正確。雖然專家、學者有滿腹的經綸，擁有一肚子墨水，但許多過往所學老舊知識不能活用與創新，而終生無所創作之人也不在少數。這樣的人只能稱為是「知識的使用者」，他主要依靠的是記憶力及理解力來學習既有的已知知識為之運用。而「知識的創造者」主要依靠的則是想像力及實踐力，將創意實踐後再經由驗證過程進而創造出新的知識，世界上眾多發明作品和科學新知都是這類的人所創造出來的，可見創造力與學業成就並非絕對的正比關係。

　　世界上許多赫赫有名的科學家或發明家，在學校裡的求學過程中大多有一些痛苦的經驗或糗事，例如，愛因斯坦大學考了三次才被錄取；牛頓也曾被老師視為愚笨的兒童；愛迪生上學不到四個月就因無法適應學校的教學方式而被迫退學；達爾文也曾被校長譏笑為不可造就的人，蘇格蘭著名的歷史學家兼詩人華特‧史考特（Walter Scott），在學校的成績曾是最後一名的人；美國偉大的電話發明家貝爾年少時智力表現平平而且很貪玩、愛惡作劇。

　　創造力人人都能培養，但並非一蹴可幾，而是須經過長時間的習慣養成與落實於日常生活中，如此才能真正出現成效，依據許多心理學家的研究結果及去探索以往富有創造性的發明家或科學家的成長背景，不難發現他們有共同的成長背景因素，如加以歸納整

理必可發現培養創造力的有效方法。

◆激發好奇心

「好奇」是人類的天性，人類的創造力起源於好奇心，居里夫人說：「好奇心是人類的第一美德。」但是一個人有了好奇心並不一定就能成大器，必須還要再加上汗水的付出，不斷的努力去實踐與求證的毅力才行。好奇心就像一棵大樹的種子，有了這顆種子若沒有陽光的照射及辛勤的水分灌溉及施肥，它是沒有辦法長成大樹的，所以我們不只要種下「好奇心」這顆種子，更要耐心的灌溉。

◆營造輕鬆的創造環境

輕鬆的學習環境或工作環境能催化人的創造性思維，雖然人在處於高度精神壓力之下也有集中意志、激發創意的效果，但這只是短期的現象，若人在長期的高度精神壓力之下，對於創造力的產生反倒是有負面的影響，以常態性而言，在較為輕鬆的環境下，人更容易產生具有創造性的思維，所以我們可以發現目前在台灣有很多高科技的公司，在公司裡規劃了一些很漂亮且富有人文藝術氣息的公共空間或休息場所，讓公司人員能在此放鬆心情，激發創意。

◆突顯非智力因素的作用與認知

什麼是「非智力因素」？舉凡意志力、承受挫折能力、抗壓性、熱情、興趣等，排除智力因素外的其他因子影響人的認知心理因素都稱為非智力因素。在心理學的研究裡，顯示一個人的成就，智力因素大約只占了20％左右，而非智力因素所占的比重約高達80％，所以創造力的培養更應著重於非智力的種種因素上，應有此

認知。

◆培養獨立思考及分析問題、解決問題的能力

培養個人的獨立思考能力是不可缺少的重要一環，若做事都是依賴他人的指示或決定去做，無法自己去分析問題與尋求解決之道，則因此創造心理逐漸被淡化，反而養成依賴心理。

◆養成隨時觀察環境及事物的敏感性

「創造」通常都需要運用自己已知的知識或經驗，再利用聯想力（想像力）來加工產生的，簡言之，即事物在組合中變化，在變化中產生新事物，也就是說「已知的知識及經驗是創造力的原料」，而觀察力卻又是吸收累積知識與經驗的必備條件，所以有了敏銳的觀察力就能快速的累積知識及經驗，也就能保有充足的創造力原料。

◆培養追根究柢的習慣

宇宙之間的智識浩瀚無窮，人類累積的知識並不完美，至今仍是非常有限的，從事研究創新工作時必須依靠追根究柢的精神，才能探求真理發現新知。

◆培養創造的動機與實踐的行動力

一般大家常說的「創造意識」，指的就是主動想要去創造的欲望及自覺性，而希望改善現狀與成就感都是產生創造意識的重要動機。對某事有強烈的動機，在一個人的成功因素裡，可能比其他的才華更重要，創造也是如此，沒有創造的動機和欲望的人，創造

力是無法維持的，所以激發創造意識及動機至爲關鍵。另一方面，實踐的行動力也甚爲重要，若無實踐的行動力則一切將流於空談無所成果。

　　除上述的各種培養方法之外，針對在學學生的培育方面更有些積極的方法及引導方向，如：積極引導培養學生創造的興趣、珍惜學生的好奇心與尊重所提看似愚蠢的問題、鼓勵學生敢於去實做、鼓勵學生多思善問且大膽而合理地懷疑、鼓勵勇於表達獨自的思想激發創造性思維與肯定學生超常思維，以培養發展思維的獨特性、變通性及流暢性等，這些都是值得好好用心培養的方向。

 ## 1.05 創造力表現之完整過程與發明家的人格特質

　　在整個創造力表現的完整過程中，學理上包含了內在行爲的「創意的產生」和外在行爲的「具體的行動」兩大部分。首先，創意的產生必須由已有的知識和經驗，再依據需求（待解決的問題或具有價值的事物）來進行思考活動（運用想像力及創意技法），而產生了新想法、新概念，即有了「創意」。然後再進入第二部分的具體行動，在經過具體行動的執行後，就能產生實質的創新，這也就是實質而完整創造力表現的成果（如圖1-3）。若一個人他的創意產生是很豐富的，但都沒有具體行動去執行，那此人的創造力（或稱創新力）也就只是表現了一半而已，變成流於空幻，故以創造力表現之完整過程而論，其具體行動的能力乃是相當重要的一部分。所以，創新能力的公式即爲：

創造力＝創意力÷執行力

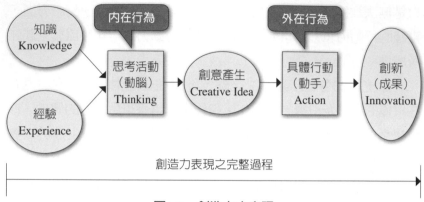

圖1-3　創造力之表現

發明家的人格特質

　　十八世紀時的瑞士物理學家金默曼（Johann Georg von Zimmermann）的名言：「不瞭解自己的人不會成功」，在二十一世紀的今天仍然彌足珍貴，一個人如能清楚瞭解自己的人格特質，對於判別自己是否適合於從事發明研究創新的工作，會有很大助益。

　　美國的學者阿爾巴穆（Dr. Albaum）教授曾經做過發明家人格特質的研究，其研究結果顯示這些發明家在「基本心理特質」方面為對各種障礙的情緒反應很強烈，對於排除障礙也非常積極，不滿現狀激動的情緒喚起了他們的整個神經系統和意志，因而促進了各種觀念間之重整與組合，如此的現象再加上發明家的革新態度與毅力及執行能力，便促成了他們的各種發明成就。而在「行為特質」方面為具有創新創造力、耐心毅力、想像力、分析力、做事有衝勁有爆發力及勇氣、主觀性強但卻較為缺少經營管理的能力與人際事務的活動性。總而言之，這些發明家最大的特質就是具有創新與創

造性，對於環境中的各種缺點勇於提出各式各樣的建議，且會是具有建設性的，他們更具有決心毅力和勇氣去克服各種缺點及困難。

日本的學者高橋順原教授，也曾對日本國內的發明家做過人格特質的研究調查，其研究結果顯示這些發明家的人格特質在與非發明者的比較上，更具有濃厚的個人主義色彩、處事熱誠、內心坦白、熱心公益、愛冒險、行為特異獨立、富於情緒反應、不夠謹慎而衝動行事等等特質，但其動機大多為進取心與好奇心過強所致、極具創新的行為等。另一方面也顯示了發明者較具苦幹實幹的精神，做事有目的感及責任感，也較能臨機應變等等的人格特質。

在台灣的發明家身上大致也可以發現上述的人格特質，台灣本地的學者陳昭儀教授也曾對台灣的發明家做過研究，其結果發現這些發明家的人格特質為具有創意、具好奇心、反應靈敏、努力工作、有自信、喜歡激發腦力、執行力強、有變通性、貫徹實施、追求成就、喜歡突破、樂觀奮鬥、積極進取，這些都是很積極正面的人格特質。

在發明家的智商（IQ）方面，也許很多人認為發明家的智商一定都很高，其實不然，有許多針對發明家智商的測驗都顯示發明家的智商與發明成就並非一定成正比狀態，而其影響較為明顯的是人格的特質（性格）而非智商，這就顯示了智商在發明創造上並非占很重要的地位。一般而言，發明創造所需的智商只要中等，再加上創意力，即可以有不錯的表現。所以，智商的高低並非是發明創造的絕對條件，但是這也要看發明品的技術層次而定，若是屬於中等技術層次的發明品研發，只要加入優良的創意點子，其實並不需要依靠太高的智商就能完成。若為高科技方面的發明，則智商較高者對於發明時技術的研究工作，的確是有較大的幫助。

另外，在發明家的發明動機裡，喜愛創造、希望改善現狀、成就感、經濟誘因等都是發明的重要動機，發明家們能在發明創造

的歷程中得到成就感與興奮的滿足感,使得發明家樂在其中,而能不斷的去尋求新的發明題材,以期待不斷的獲得這種成就感與興奮的滿足感。而經濟誘因也是主要的動機之一,因為發明者也總是希望發明創作品能在市場上為他們賺進經濟上的實質利益。

 ## 1.06 創造力的迷思與善用已有的知識和經驗

創造力的迷思

◆迷思1:愈聰明就代表愈有創造力?

依據許多的研究及事實證明,創造力與智能的關係只在某一種基本的程度內成立而已,一個人只要具有中等以上的智能,在創造力的表現方面,就幾乎很難再從智能上看出高下了,反倒是人格特質、意志力、挫折承受力、興趣等非智力因素的影響較大,因此,在使用學業成績或智商測驗之類的方法,要來篩選出企業所需的創意人才,其在方法上是錯誤的。

◆迷思2:只有大膽的冒險者才有創造力?

創造力的展現是要冒風險的,這並沒有錯,但它不等同於你必須要完全特異獨行,天不怕地不怕的盲目冒險,因為此般做法是很危險的。喬治‧巴頓(George S. Patton)將軍曾說:「冒險之前應經過仔細規劃,這和莽撞有很大不同,我們要的是勇士,而不是莽夫。」

所謂冒險的精神，應該是願意冒經過詳細評估過的風險，這樣才會對創造力有所助益，且不至使企業陷入危險的狀態。

◆迷思3：年輕者較年長者更有創造力？

　　事實上，年齡並非創造力的主要決定因素，然而，我們會有這樣的刻板印象，其主因乃在於通常年長者在某一方面領域的深厚專業使然，專業雖然是很多知識的累積，但專業也可能扼殺創造力，專家有時會難以跳脫既有的思考模式或觀察的角度。所以，當從事於創新研發時，請顧及新人與老手之間的平衡，老手擁有深厚的專業，而新人的思維可能更加開放，若能結合兩者的優點，必能發揮更強的創造力。

◆迷思4：創造力是個人行為？

　　其實創造力不只在個體產生，它更可以用集體的方式來產生更具價值的創意，世界上有很多重要的發明都是運用集體的智慧腦力激盪、截長補短，靠許多人共同合作而完成的。

插畫繪圖：連佳瑄

◆迷思5：創造力是無法管理的？

　　雖然我們永遠無法預知誰會在何時產生何種創意、創意內容是什麼，或是如何產生的；但企業的經營者卻能營造出有利於激發創造力的環境，諸如，適當的資源分配運用、獎勵措施、研習訓練、企業組織架構、智慧財產管理制度等，在這些方面做良好的管理，是能有效激發創造力的。

善用已有的知識和經驗

　　對發明人而言，隨時吸收新的知識是非常重要的一件事，有句話說：「今日的傳統是因有昨日的創新，而今日的創新也將成為明日的傳統。」故想要在明日有所創新必定要會善用今日已有的知識和經驗，在不斷推陳出新的歷程中，物質文明才能永續的進步及便利。生活在忙碌工商社會的現代人，大家都有豐厚的做事幹勁，但卻普遍缺乏想像力，其實利用事物的聯想來產生創意是個很好的方法，任何的事物皆可引發豐富的聯想，再將聯想中的事物做共通處歸納整理及比較差異，經常可讓我們得到一些有價值的創意啟發。

　　如何善用已有的知識和經驗來得到創意啟發呢？美國哈佛大學拜德（Amar Bhide）教授曾做過的研究調查顯示，71%的成功創新案例都是透過複製或修正先前的工作經驗及已有的知識而來的。以聽診器的發明為例來說，現在醫生所用的聽診器最早是由一位名叫雷列克（René-Théophile-Hyacinthe Laennec, 1781-1826）的法國醫生發明的，當時的醫生在為病患看診時，皆須以耳朵貼在病患的胸前和胸後來聽內臟、心跳、呼吸等聲音，以利診斷病情，雷列克

醫生遇到的問題就是病患若爲女性時，他這樣以耳朵貼在女性病患胸前、胸後聽來聽去，心裡實在覺得非常不好意思感到難爲情，心裡想若有一種聽診的工具可代替以耳朵貼胸的聽診方式，那對女性病患而言將是多一層性別尊重的意義，於是就想到自己小時候在玩蹺蹺板時，曾經以耳朵貼在蹺蹺板的一端，聽著玩伴在另一端用小石頭敲擊的聲音，而且聲音聽來非常的清楚，他就利用這個經驗及聯想力，拿了竹筒及皮管製作成了最原始的聽診器，因爲聽診的效果他非常滿意，對女性病患也多了一層的尊重，所以女性病患都較願意到他的診所看病，也讓診所建立了良好的口碑。這樣的聽診器經過不斷的改良後就成了今日每個醫生的隨身聽診配備了，而且這項發明目前不僅醫生在用，就連工程界也常拿來用於聽取判斷機械結構噪音產生的來源元件之用途。

1.07 創造性思考是什麼？

古云：「失敗爲成功之母」，那只是在告訴我們要記取失敗的經驗與教訓，不要重蹈覆轍，但是，其實能促使我們成功的眞正要素是「思考」。因此，我們應更明確的說：「思考是成功之母」。因爲只有眞正具思考力的人，才能除了反省失敗的原因之外，更能思索出眞正解決問題的方法。

人類每天都在面對著各種不同的問題與困擾，也因此需要不斷的運用創造性思考來產生更多的創意，以解決所面臨的新問題與新挑戰。

「創造性思考」一詞，並不是一個新穎的概念，但它在人類發展史上，占有非常重要的地位，目前世界上有關「創造性思考」的相關文獻甚多，琳瑯滿目，多如過江之鯽，且至今各種理論架構

及描述的重點內涵也未見其一致性，本篇所要描述者，盡量以較具實用性的一面為主，對於太多抽象定義的東西會提及較少。

創意是「質與量」而非「有與無」

所有的創意點子，都是由創造性思考而來，我們也可說創意是一種「習慣與態度」，它的產生嚴謹來說是每個人都有的，只是品質及數量的高低多寡而已，所以說創造力基本上不是「有與無」的問題，而是「質與量」程度上的問題，創造力的提升是可藉由「創造性思考」能力的訓練課程來有效提升的，但想要有高品質且大量的創意，重要的認知是它並非一蹴而就，而是要在瞭解正確的思考方法與技巧之後，再加上不斷的練習，使之養成一種習慣及正確的態度，才算是真的掌握到了創造性思考的竅門。

有些人從小就很有想像力，鬼點子特多，但當真正遇到較為複雜的問題或任務時，他們可就不見得有能力完成了，像這種狀況就是缺乏足夠的經驗和系統化有效的訓練。

高品質創意的誕生過程

要如何讓天生具有創造力的人提升其創意的獨特性與質量，讓較不具創造力的人達到激發創意的效果，這就要靠良好的創造性思考訓練了。

一個「好」創意的誕生需要經過幾個過程（如圖1-4），首先由問題出發，經過確認問題的本質與關鍵後，運用創造性思考來產生許多創意，再經由選擇創意，來找出較具可行性的創意方案，若這個創意方案尚不完善時，則加以修改提高品質之後，再做最後的評價，如果滿意了，則加以實施此一創意方案，若還不滿意則重新

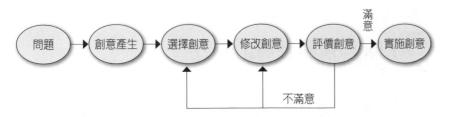

圖1-4 高品質創意的誕生過程

再次修改，或在最後的評價中認爲是窒礙難行者，則可再由選擇創
意重新做一次，直到滿意。

困境能激發發明創造的動力

英國的名作家喬治·摩爾（George Moore）說：「窮困時創造
力毅力是我們的好友，但富裕時它卻棄我而遠去。」我們東方人也
常說：「窮則變，變則通。」當人在逆境中有被逼迫的感覺時，常
有一些急中生智的情況產生，也就是說，在困頓中的逼迫感能激發
智慧產生創意，來試圖脫困。

從醫學的觀點來看，很多的研究結果都顯示，人在受迫的緊
張時刻，無論是甲狀腺素或腎上腺素都會急速上升，神經顯得亢
奮，大腦活動也會比平常顯著的活躍，當一個人所面對的問題與困
難迫在眉睫，時空距離的壓迫感會大爲縮短，人們的注意力也更易
於集中，人們的神經一緊張起來時，就會處於一種亢奮又積極的狀
態，如此會促使人們強化尋求創新的動機與解決問題對策的思考，
這時就能發揮最大的聰明智慧與潛能，想出來的點子也特別多，也
更容易充分利用現有的周遭資源條件來找尋問題解決之道。所以當
人們遭遇到困難時，可多加運用這種潛能激發創造力，想出排除困
難的對策去執行，必能將面對的所有困境化危機爲轉機。

1.08 藝術涵養與創造力

在早期的社會文明發展中，藝術與科學原本是不分家的，愛因斯坦說：「知識是有限的，而藝術的想像力是無限的。」一個人的創造力在潛意識中是相互通聯的，「靈感」來自於何處？靈感它來自「過去的體驗累積」，也就是來自大腦潛意識的跳躍式「漂移啓示效應」（Drift Inspiration Effect）而產生。

傳統上對藝術的定義是：「美學」加「技術」，但現在的新定義則必須再加上「獨特性」與「創造力」這兩項重要的素質，各種藝術創作都是創造力的表現，無論是音樂、繪畫、詩歌、雕塑、建築、家具乃至工業產品或平面設計皆然。

楊振寧和李政道兩位華人科學家（1957年諾貝爾物理獎得主），在許多的演講中，都一再強調「藝術和科學是人類創造力的兩翼，它們本是不可分離的」，他們也都從藝術和科學的融合中獲益良多。美國的知名學者羅伯特和伯恩斯坦，曾對一百五十位傑出科學家的生平傳記進行研究，結果發現這些傑出科學家和大發明家們都同是作家、畫家、詩人、哲學家、音樂家等，例如，愛因斯坦在少年時已是個小提琴的演奏高手，直到老年他依然熱愛音樂。這個研究結果說明了，科學和藝術的創造力表現是一樣的，而且兩者有相輔相成的效果，除此之外，對「直覺」和「美感」的敏銳感受力也是缺一不可的。

二十一世紀的人才培育方向

科學創造和藝術創作的共同基礎都是來自於「創造力」，其

追求的目標同樣是「眞、善、美」，有敏銳審美感的人，更易於發展創造性思維，愛因斯坦說：「眞正的科學和眞正的音樂都需同樣的思維過程，藝術的重要價値在於它有無限的想像力，對於人的思維有其巨大的啓發作用。」所以，一個人若有好的藝術涵養，則不但能「啓發思維」更可培養「創新能力」。

在目前常人的眼裡，藝術和科學是兩門不相干也無內在關聯的不同領域，且在現今的教育體制模式下，常常出現「沒有藝術細胞的科技人」和「缺乏科學素養的人文知識分子」，這些都是有礙於整體社會創新發展腳步的因素。美國早已意識到「教育若缺乏基本的藝術知識和技能，就不能稱爲成功的教育」，而在1993年，國會通過了教育法中將藝術教育並列於自然科學、數學、語文、歷史等基礎教育核心學科內。此舉，最大的目的在於使更多的人成爲「藝科相通」的創造性人才，這也是二十一世紀最重要的人才培育方向。

行動力與創造力

有很多事情光說不練是沒有用的，尤其是發明創作這件事，雖有滿腦子的創意構想而沒有加以實際的行動，其結果還是空的，所以一位發明家他同時也一定是位「實行家」，因爲沒有實際的去實行及驗證自己的構想是否可行，是否達到預期的效果，只是用猜想的方式是不務實的。每個人皆有惰性，所以要實際花時間、金錢、精神、體力去做時，還是有很多人無法下定決心和毅力去行動。但是發明創作就是要一步一腳印的去實行，因此有人說「發明之路是寂寞的」，想要成爲一位眞正的發明家，要走過這段寂寞的路是必然的，也只有能走過這段寂寞之路的人，才會看到自己發明創作成果的展現，這是想要成爲發明家的人應具有的心理建設與正

確的認知，否則就容易虎頭蛇尾半途而廢了。

　　某些人對發明有一種不正確的觀念，以為好的發明都已經被人發明出來了，現在還有什麼東西可創作呢？其實人類總是不滿足於現狀，在各方面的需求是越來越多的，尤其是有形的物質方面，需求更為直接，再由世界各國專利主管機關所統計的每年專利申請案件數量及取得專利案件數量來看，幾乎各國每年都是成長增加的，可見人類的物質需求是永無止境的。有志從事發明創作的朋友們，不要再猶豫了，現在就開始付諸實際的行動吧！

只是「夢想家」——不是發明家；
只有「實踐家」——才是發明家。　　　　　　　　　　　　——佚名

 ## 1.09 創意的產生與技法體系分類

　　在諸多創意的產生方法中，有屬於直觀方式的，亦有經使用各種創意的技法或以實物調查分析而得到創意方案的，目前世界上已被開發出來的創意技法超過兩百種以上，諸如腦力激盪法、特性列表法、梅迪奇效應創思法、型態分析法、因果分析法、特性要因圖法、關連圖法、KJ法（親和圖法）、Story（故事法）等，技法非常多，也因各種技法的適用場合不一，技巧性與方法各異，但綜合各類技法的創意產生特質，可將之歸納為分析型、聯想型和冥想型等三大體系（如圖1-5）。

分析型技法體系

　　這類型的技法，是指根據實物目標題材設定所做的各種「調

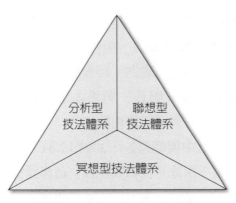

圖1-5　創意技法的三大體系

查分析」技法運用，而後所掌握新需求的創意或解決問題的創意方案等，均屬之。例如，特性列表法、問題編目法、因果分析法、型態分析法等。這是一種應用面非常廣的技法體系。

聯想型技法體系

這類型的技法為透過人的思考聯想，將不同領域的知識及經驗，做「連結和聯想」而能產生新的創思、想法、觀念等，此體系之技法有別於前項以「調查分析」作為主體的技法。例如，梅迪奇效應創思法、腦力激盪法、相互矛盾法、觀念移植法、語言創思法等，這也是一項最常被應用的技法體系。

冥想型技法體系

這類型的技法，在東、西方的文化元素裡都有，此技法是透過心靈的安靜以獲致精神統一，並藉此來建構能使之進行創造的心境，也就是由所謂的「靈感」來啟動產生具有新穎性、突破性的創

意,從心理學的角度來看,靈感是「人的精神與能力在特別充沛和集中的狀態下,所呈現出來的一種複雜而微妙的心理現象」。例如,在東方文化中的禪定、瑜伽、超覺靜坐;西方文化中的科學催眠等。冥想靈感的產生,雖在一剎那之間,但它仍與一個人的知識、經驗及敏覺力,有著密切的相關性。

據媒體報導(《中國時報》,2005.12.31),中央大學光電所教授張榮森,開設三學分「發明與創作」選修課程,透過催眠激發學生潛能和創意,一學期下來,三十七位學生提出八十一項具有專利水準的發明,其中幾項正申請專利中。張榮森教授二十多年前開始學習催眠,他發表過許多關於催眠的學術論文,且擁有美國國家催眠師聯合學會(NGH)催眠師講師資格,為世界各地催眠師授課。搭配自己原先的光電專長,他在中央大學光電所開「發明與創作」課程,藉著催眠開發學生潛力。

一個創意的產生,有時可由上述的某個單一體系而產生,有時並非單純的依靠著某個單一體系完成,而是經由這三大體系的多種技法交互作用激盪而產生出來的。

 # 1.10 常用的創意技法概要

在目前已被開發出來的兩百多種創意技法中,因各種技法的特質、適用場合、技巧性等各有不同,某些技法有其同質性,亦有某些技法存在著程度不一的差異性,若要細分出來切割明確,實屬不易。以下要介紹的是我們最常用、應用面最廣、易於使用的幾種重要創意技法。

腦力激盪法

腦力激盪（Brainstorming），這是一種群體創意產生的方法，也是新產品開發方法中，最常被使用的方法，其原理是由美國的奧斯朋（Alex F. Osborn）所發明，其應用原則有下列幾項：

1.聚會人數約五至十人，每次聚會時間約一小時左右。
2.主題應予以特定、明確化。
3.主席應掌控進度。
4.運作機制的四大原則為：
  (1)創意延伸發展與組合：由一個創意再經組員聯想，而連鎖產生更多的其他創意。
  (2)不做批判：對所有提出的創意暫不做任何的批評，並將其再轉化為正面的創意，反面的意見留待以後再說。
  (3)鼓勵自由討論：在輕鬆的氣氛中發想對談，不要有思想的拘束，因為在輕鬆的環境中，才有助於發揮其想像力。
  (4)數量要多：有愈多的想法愈好，無論這一個創意是否具有價值，總之，數量愈多時，能從中產生有益的新構想之機率就會愈高。

腦力激盪法是基於一種共同的目標信念，透過一個群體成員的互相討論，刺激思考延伸創意，在有組織的運作活動中，激發出更大的想像力和更具價值的創意。

問題編目法

　　也稱「問題分析法」或「調查分析法」，是以設計問卷表的方式，讓消費大眾對他們所關切熟悉的產品或希望未來能上市的新產品，有一些創新性的概念，以供廠商研發新產品時的參考。例如，化妝品、食品、藥品、家電、汽車等，針對某一類產品的特定問題，結合自己的偏好、熟悉的性能、使用習慣和新的需求聯繫起來，再經過濾分析萃取具有價值的想法，從中誘發出對新產品的創意構想。

筆記法

　　此法是將日常所遇到的問題及解決問題方法的靈感，都隨時逐一的記錄下來，經不斷反覆的思考，沉澱過濾，消除盲點，然後就會很容易「直覺」的想到解決問題的靈感，再經仔細推敲找出最可行的方法來執行，透過這種方法可以啓發人們更多的創意，此法也是愛迪生最常使用的技巧之一。

特性列表法

　　又稱「創意檢查表法」，也就是將各種提示予以強制性連結，對於創新產品而言，這是一種周密而嚴謹的方法，它是將現有產品或某一問題的特性，如，形狀、構造、成分、參數以表列方式，作爲指引和啓發創意的一種方法，使用此法可經由多面向不同角度的觀察，逐一修改變更這些特性，即可在短時間內引發出新的

產品創意。

其表列提示，例如，有無其他用途？是否可省略？能否擴大？能否縮小？組合呢？分離呢？對調呢？能否改變使用方法？能否被置換？能否予以替代？有否其他素材？有否其他製造方法？能否重新排列調整？如果顛倒的話？如果結合的話？等等。各種產品或專案會有各種不同的表列提示項目，這可視使用者所需自行訂定。

大自然啓示法

這是一種透過觀察研究大自然生態如何克服困難解決問題的方法，創意的產生可以運用這種觀察生態的做法，解開生物界之謎後，並加以仿效，再應用到人類的世界中，例如，背包、衣服及鞋子上所使用的魔鬼貼，它的發明就是模仿了刺果的結構，這種植物刺果長了很多附著力極強的短毛細鉤，因而能緊緊的黏在一起，發明者因而創造出了魔鬼貼。又如，手工具中的鉗子，就是仿效螃蟹鉗而來，飛機則是仿效小鳥的飛行所發明的。

相互矛盾法

此法亦稱「逆向思考法」，就是將對立矛盾的事物重新構思的方法，有些看似違背邏輯常理或習慣的事重新結合起來，卻能解決問題，鉛筆加上橡皮擦的創意，原本一項是用來寫字的，而另一項卻是擦去字跡的，將它的對立用途結合起來，就能創造出有用的統一體。又如，玻璃窗的特性是「透光不透風」，為了解決某些場所的需求，要「透風不透光」而依其對立矛盾的原則，設計出了百葉窗的產品。

觀念移植法

此法是把一個領域的觀念移植到另一個領域去應用，例如，人類好賭的天性，從古至今中外皆然，與其這種人性中行為的地下化，倒不如讓它檯面化，所以，就有很多的國家政府將此一「人性好賭」的觀念移植到運動彩券、公益彩券的發行做法上，不但滿足了人們好賭的天性，也讓社會福利基金有了大筆的經費來源。

語言創思法

就是如何辨識出挑戰之所在，並透過語意學的分析應用，迅速形成各種應對之道，這是運用語言的相關性及引申性，來進行創意聯想，此法常用於廣告創意中，例如，日本內衣生產商華歌爾的廣告語詞創意中，使用了「用美麗把女人包起來」的創思語言。及某廠牌的保肝藥品廣告語：「肝若好人生是彩色，肝若不好人生是黑白的」（台語）。又如，由NW愛爾（N.W. Ayer & Son）廣告公司為戴比爾斯聯合礦業有限公司（De Beers Consolidated Mines Limited）製作的「鑽石恆久遠，一顆永流傳」創意廣告一詞，其廣告宣傳成就不凡，且已註冊為商標等，令人印象深刻的廣告創意語言。

再如，新新人類時代年輕人的許多創思語言：

PMPMP───►拚命拍馬屁

520───►我愛你

台北台中───►0204───►等你喔

拿著尺對你笑───►恥笑

可愛──→可憐沒人愛

蛋白質──→笨蛋白癡沒氣質

其他創意技法簡介

1. 類比創思法：以與主題本質相似者作為提示，來進行創意的
   思考方法。
2. 歸納法：以類似資料給予彙整歸納製作出新分類，所進行的
   創意思考方法。
3. 因果法：以實際因果關係進行彙整的方法。
4. 時間序列法：以時間序列的先後順序進行彙整的方法。
5. 機能法：以目的及手段之序列進行機能彙整的方法。

> 在天才和勤奮之間，我毫不遲疑地選擇勤奮，它幾乎是一切成就的催化劑。
>
> ──德裔美國科學家　愛因斯坦（Albert Einstein）

 # 1.11 創新機會的主要來源

　　從事創新的工作，它需要大量知識為基礎，也需要策略和方
法，當這些因素都齊備時，創新工作就變成明確的目標、專注投
入、辛勤與毅力了。若想要將創新擴大到某種規模或全面性的在企
業內獲得良好的發展，那創新必須是普通人就能夠操作才行。

　　美國的管理學大師──彼得‧杜拉克（Peter Ferdinand
Drucker）曾對創新機會的主要來源做了研究與歸納。創新機會的
七種來源分別為：

1.不預期的意外事件。

2.不調和的矛盾狀況。

3.作業程序的需求。

4.產業與市場之經濟結構變化。

5.人口結構的變化。

6.認知的變化。

7.新知識的導入。

不預期的意外事件

此種創新機會來源，是因為突發意外狀況所帶來的，這種機會來的速度很快，消失的也可能很快，所以在掌握此一類型的創新機會上，企業的靈活度與應變能力必須要非常敏捷，否則機會稍縱即逝。例如，2002年SARS病毒全球的傳染擴散事件，以及2005年的禽流感傳染和2010年H1N1新流感等意外事件，隨之造就了疫苗、醫藥防疫器材用品，以及為了減少人的聚集傳染，而開發推廣的企業網路視訊會議系統等多項產品的研發創新。

不調和的矛盾狀況

這是一種實際狀況與預期狀況的落差現象，所產生出來的創新機會，它的徵兆會表現出不調和或矛盾的現象，在這種不平衡或不穩定的情況下，只要稍加留意，多下一點功夫，就能產生創新的機會，並促成結構的重新調整。例如，在科學園區上班的男女人數比例相差太多，較無機會結識異性朋友，於是婚友社便大行其道，更安排高水準的海外相親，向東歐、俄羅斯等地跨域發展。也有PARTY（派對）籌劃公司的成立，專門為這些高科技的廠商統籌

整個PARTY的各項事務及節目，因有專業的籌辦及各式帶動氣氛的道具，活潑好玩，很受各大企業員工的歡迎，此一創新的行業，日後也應有不錯的發展。

作業程序的需求

　　這類型的創新機會，主要來自於既有工作需求，或尚待改善的事項，它不同於其他的創新機會來源之處，則在於它是屬於環境內部而非外部環境事件所帶來的機會，它專注於工作本身，將作業程序改善，取代脆弱的環節，基於程序上的需求而創新，並回饋於既有產品製程或服務流程中，而達創新之性質。例如，台灣最大的網路書店（博客來），爲了克服消費者在網路上購物時，不放心線上刷卡的安全性，以及貨件物流成本過高的問題，而採取與7-11便利商店合作的模式，在全國約四千家的門市體系中，可指定將貨件送到住家附近的7-11便利商店，去取貨的同時付款即可，如此，不但解決了消費者擔心的線上刷卡安全性問題，更降低了貨件物流成本，使之大幅提升了商品的銷售業績與企業獲利能力。

產業與市場之經濟結構變化

　　此一經濟結構的變化，主要爲產業型態的市場變遷所產生的結果，當產業與市場產生變化的同時，在原有產業內的人會將它視爲一種威脅，但相對於這個產業外的人而言，則會將它視爲一種機會，因此，產業與市場的板塊移動就在這時發生。例如，原本傳統相機的大廠只有Nikon、Canon、Leica、PENTAX、OLYMPUS等，家數並不多，但是當數位相機興起時，許多原非相機製造的廠商，則將此一產業與市場的變化，視爲切入的大好機會，而加強研發各

式各樣的數位相機。如今，市場上的數位相機品牌，就增加了很多，例如，SONY、SANYO、BenQ、Panasonic、acer等，原本是電器、電子產業的廠商，也一起在市場上創新與競爭。

人口結構的變化

人口結構的統計數據，是最爲明確的社會變遷狀況科學數據，其資料甚具創新來源的參考價值，諸如新生兒的出生率、老年人口數、總人口數、年齡結構、結婚離婚統計數、家庭組成狀況、教育水準、所得水準等，都清楚可見，從這些人口結構的變化，即可找出創新的來源，例如，日本和台灣等區域老年人口的增加，可創造出保健營養食品的生技產業、老人醫療用品、遠距居家照護系統、安養機構等許多產業的蓬勃發展。

認知的變化

所謂認知的改變，就是原本的事實並沒改變，只是對這個既有事實的看法做了改變。例如，一個杯子裝了一半的水，我們可說它是「半滿的杯子」，但若用另一個看法來說，我們卻也能說它是「半空的杯子」，其實這兩種說法，都沒有違背同一個事實，這也就是當看法不一樣時，即便是同一個事實，都會產生不一樣的結論，在這樣的認知改變時，其實就有許多的創新機會暗藏在裡面。就如，大家最常舉的例子，有兩位賣鞋子的業務員，到非洲考察，看到那邊的人都沒穿鞋子，有一位業務員就說：他們都沒穿鞋子的習慣，鞋子在這裡大概是賣不出去的。而另一位業務員卻認爲：他們都沒穿鞋子，只要用對方法來加以推廣，這裡一定是個大市場。其實機會就在這種不同的認知上產生了。

又如，近年來汽車市場對消費者消費行為認知的改變，以往車商行銷一直在強調汽車本身的性能及配備，來作為汽車廣告的訴求，但近年來三菱汽車的SAVRIN車種，則以更柔性的訴求，用「一部能帶給全家人幸福的車」，作為廣告表現的重心，而一字未提汽車的性能或配備，卻能創造出這款新車的銷售佳績，這就是企業掌握了消費者對汽車商品認知的改變，洞悉購買者心理需求，所帶動出來行銷方法創新的成果。

新知識的導入

通常由新知識的出現到可應用的產品技術，這段時間是相當漫長的，基於此一基本特性，創新企業應就自身的專長核心技術，從中切入，如此將可縮短新知識導入產品的時程。例如，奈米科技技術的導入，在奈米電腦、奈米水、奈米防病毒口罩、奈米電池等，各式各樣的產品上做應用與創新。

1.12 創意漏斗的意義

創意漏斗的意義

在很多的創意概念中，真正能通過層層的考驗，而進入市場上市的比率是相當低的，目前許多的企業也大都能理解此一淘汰過程的重要性，因為企業必須把有限的資源，投注在最有可能成功的創意上，所以有些創意在評價過程中，也許是研發費用過高、技術能力不足、商業價值太低、客戶難以接受等等問題，而遭淘汰出局。

如圖1-6的創意漏斗（Idea Funnel）所示，當在創意（概念）階段時是無標準、無限制的，任何天馬行空的想法，都能提出作為討論的題材。而後經低標準的門檻初步篩選，淘汰一些不符基本條件，如重量、體積尺寸等基本限制的創意。然後再經由一連串詳細的評估，如技術是否能落實、研發費用是否能承擔、產品市場的潛力、生產成本等，高標準的評價後，才能真正的將其創意進行商品化，而後推出新產品上市或提供新服務。

◆創意提供者應有的認知

在許多企業創意點子篩選過程的實務經驗中，會發現一些現象，那就是提供創意的人，在經過幾次掌握篩選漏斗的人否決他們的創意後，常會覺得自己的創意在缺乏公平及周延的考慮情況下就

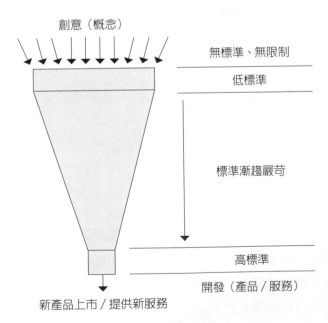

圖1-6　創意漏斗

遭淘汰，扼殺了自己的好創意等，令創新者產生心理挫折的狀況。久之，便可能不再積極提供創意點子了。

所以，在企業中對於一個創意提供者而言，首先必須要有以下幾點的初步商業評估與認知，才不致誤解了掌握篩選漏斗的人之思考與決策，以減少心理上的挫折感，維持企業創新的活力。

創意提供者的認知：

1.這個創意是否符合本企業的產品目標？

2.這個創意是否能滿足顧客需求或解決了什麼問題？

3.這個創意與競爭對手的產品差異度有多大，是否具突破性？

4.這個創意本企業是否有足夠的技術能力來實現它？

5.這個創意本企業是否有足夠的商業能力使它成功？

◆篩選漏斗團隊人才的重要能力

而對於一個掌握篩選漏斗的團隊來說，所應該具備的能力有以下幾點，在用客觀及周延的評價後所做出來的決策，對創意提供者而言，無論創意是否被採用，都較具說服力，亦能為企業做出正確的決定，不致扼殺了好的創意。若在這個團隊中安排了不當的人才，則將對企業產生很大的傷害，這些「不當的人才」包括：偏頗主觀意識太強的人、與企業發展策略脫節的人、專業或經驗缺乏的人。

掌握篩選漏斗團隊人才的重要能力：

1.對於創新和產品研發有專業和豐富經驗的人。

2.對於創新產品的行銷及財務，具有專業分析與實務經驗的人。

3.對企業的核心價值及發展策略，非常明確瞭解的人。

4.思想客觀開放，且有職權爲選出的創意進行研發資金增加、
刪減等資源投入決策的人。

由以上這幾項重要能力的人才條件就可看出，掌握篩選漏斗
的團隊人才，應是具專業、有遠見、對市場及技術趨勢高度敏感，
並且在企業組織中居於重要地位的人。至於漏斗中篩選條件項目的
制訂，則會因各種產業之特性不同，以及各企業研發策略的差異，
而去制訂各自適合的篩選條件。

> 天才出於「勤奮」。（發明是靠一分的天才，加上九十九分的努力）
> ——愛迪生

1.13 腦力激盪與團體創意思考

具有創造性的思考，是要能提出許多不同的想法，而這些想
法最後也必須找出具體可行的方法。在這過程中必須先提出「創
意點子」（Creative Idea），而在眾多創意點子中，經過客觀「評
價」（Appraise）的程序，找出最具「可行性」（Feasibility）的項
目去「執行」（Execution），即可順利達成目標。

通常人們的習慣是在提出創意點子構思的同時，就會自己先
做「自我認知」的評價，在這當中又常會發生自認爲這點子太差勁
或太幼稚了，根本不可行，提出來會被同組一起討論的人「笑」，
所以，東想西想，卻也開不了口，連一個創意點子也沒提出來，其
實這是不正確的。若一邊構思創意點子一邊做評價，其結果反而會
破壞及壓抑了創造性思考力，正確的做法應該是——在提「創意點
子」階段時，所有組內成員都先不要去做任何評價，哪怕是天馬行

空的點子，都不可恥笑，只要盡可能的去發揮創意、想出各式各樣的點子，數量愈多愈好。於下階段做「評價」時，再由全組人員共同討論各個創意點子的優點、缺點、可行性等，然後選出可行性「高」者，去「執行」即可。若可行性「高」者的項目太多時，則可進行「再評價」來選出「最高可行性」者，然後去「執行」（如圖1-7）。

> 對荒謬的東西有信心，是創造力的必要條件，因為在一項突破被認定之前，絕大多數人都視它為荒謬。
>
> ——佚名

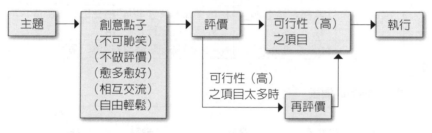

圖1-7 腦力激盪之創意產生與評價模式

註：1.「腦力激盪」之當時，應遵守四項原則：(1)嚴禁批評或先行判斷；(2)氣氛自由奔放；(3)創意想法的量要多；(4)改善結合，歡迎延伸前例的進一步想法，再思考延伸創意。

2.「評價」項目，除了優點、缺點、可行性外，可視主題的需要，加入其他的項目，如時效性、成本等，來做綜合的評價。

3.「可行性」可用高、中、低，或1～10分，或其他足以區分判斷評價結果的方式皆可。

4.練習時每組成員約5～10位是較恰當的，成員太少激盪出的創意火花會不足，成員太多時練習，則所費時間恐太長。

練習範例

主題：有位大學生希望在半年內能換一台新型的筆記型電腦

表1　團體腦力激盪，創意點子蒐集表（創意思考練習）

主題：半年內換一台新型筆記型電腦

成員＼創意	想法1	想法2	想法3
第1位	A.假日或晚上到夜市擺攤	B.到便利商店或速食店打工賺錢	C.買樂透彩券
第2位	D.省下零食費	E.少看電影	F.和女友約會，盡量約在不花錢的公共、藝文場所
第3位	G.用銀行現金卡預借	H.起會，當互助會會頭	I.向朋友借款
第4位	J.希望在路上撿到錢	K.等過年時長輩發紅包（壓歲錢）	L.請父母親支援費用
第5位	M.當家教	N.到民歌餐廳駐唱	O.做臨時演員

表2　創意評價表

編號	創意點子	優點	缺點	可行性（高、中、低）評價
A	假日或晚上到夜市擺攤	·利潤不錯 ·收到現金又免繳稅	·拋頭露面，遇到同學會不好意思 ·須躲警察，以防被開罰單	中
B	到便利商店或速食店打工賺錢	·工作機會多、工作穩定 ·時薪不錯	·若輪夜班會比較累	高
C	買樂透彩券	·可一夕發財	·須先投注資金 ·中獎機率不高	低
D	省下零食費	·少吃零食可省錢又可減肥	·節省金額不多	低
E	少看電影	·節省金額較多，但仍不足換機費用	·少了和朋友或女友聚會的機會	中

編號	創意點子	優點	缺點	可行性（高、中、低）評價
F	和女友約會，盡量約在不花錢的公共、藝文場所	・可表現自己的藝文涵養 ・完全免費	・要看女友的個性，或許會覺得太無聊了	中
G	用銀行現金卡預借	・馬上可達成換機的目標	・利息太高 ・還款不易	低
H	起會，當會頭	・馬上可達成換機的目標	・有倒會的風險	低
I	向朋友借款	・馬上可達成換機的目標	・不好意思開口向人借 ・欠朋友人情	中
J	希望在路上撿到錢	・完全不用付出任何勞力	・撿到錢的機率太小了 ・遺失者會回頭來找	低
K	等過年時長輩發紅包（壓歲錢）	・完全不用付出任何勞力	・紅包一年才一次，時效性不佳 ・壓歲錢金額多寡難掌控	中
L	請父母親支援費用	・完全不用付出任何勞力	・父母經濟狀況不是很好 ・父母親會要求下次考試要100分	中
M	當家教	・工作性質很好 ・薪資也很不錯	・需多複習以前念過的書 ・休閒時間減少了	高
N	到民歌餐廳駐唱	・收入不錯 ・能結識許多各類型朋友	・樂器、歌聲等才藝必須很棒才上得了台 ・目前民歌餐廳並不多	低
O	做臨時演員	・酬勞不錯 ・體驗不同的工作經驗	・影劇業環境複雜 ・影劇業不景氣，工作機會不多	低

結果說明：

　　由以上範例中，五位成員所提出的想法（表1），若用心去觀察也可約略瞭解每位成員的個性或價值觀，這是個有趣的現象（例如，第1位為開源型，第2位為節流型，第3位為預支型，第4位為等待型，第5位為才藝型）。

　　由這五位成員所激盪出的十五項創意點子中，經由表2的「評價」，而選出最具「可行性」的項目去「執行」。

　　若由表2「評價」的範例中，可行性「高」者，有（編號）B與M兩個，則可用這兩個創意點子再做一次「再評價」來選出「最高可行性」者。

1.14 創新的三部曲

「守、破、離」是創新的三部曲

　　自古「守、破、離」的哲理，常被用來詮釋學藝的歷程，「守、破、離」之精神哲學，原自日本劍道（Kendo）的哲學，後來則被廣泛的沿用至各種不同的學藝上，如茶道、柔道、花道、書法、繪畫等。

　　「創新」與「學藝」的旅程一般，創新歷程的發展亦脫離不了「守」、「破」、「離」這三個階段，在精神上，有其「循序漸進」的意義，也就是「依規矩」、「脫規矩」、「創規矩」的意思，只要學習得當、拿捏得宜，相信在創新能力的表現上必然會令

人刮目相看。

◆守

「守」可謂「守成」，當學藝剛入門之初，必然一竅不通，對於師傅所教導的技法，只有唯命是從照單全收了，在這階段是一成不變的加以模仿，先研習舊有的、已知的技法，在基礎上做學習臨摹，蕭規曹隨但求無過，這是「守」的階段。

◆破

「破」則是「變」的開始，當學藝假以時日之後，則會對所學新鮮感不再，不滿現狀、憎恨陋規，也必然會發現師傅所教內容仍有改善的空間，只要肯用心思考，積極進取，善用自己機智與努力用功，再配合本身的特質給予彌補，將它突破，就能呈現出自己特有氣質的技法，而能別樹一幟，這是屬於「破」的階段。

◆離

「離」就是真正的「創新」階段，也可視為「意境策略」的一種轉換。當學藝再經更長時間的磨練後，必能領悟出更上一層樓的技法，並躍離師傅所傳授的技藝框架，而「獨創一格」，此為所有創新的具體表現，也可成為該領域中的一代大師，這就是「離」的境界了。

從科技創新者的角度來看，「守、破、離」之歷程三部曲，仍是科技創新過程所必需。故，創新者在學習的精神上，亦應謹記「守、破、離」這三字箴言。

創新能力對經濟力的影響

國家的整體競爭力，包含經濟效率、經濟結構、發展潛力及創新能力等多方面，在經濟全球化的背景下，科技的自主創新能力，對經濟的發展占有舉足輕重的地位，也是國家和企業參與國際競爭的重要力量。由當前的社會、經濟、科技之發展現況證明，發達國家與落後國家其根本差別，就在於科技創新能力的高低，也就是對於創造和運用知識能力的差距。

世界的經濟體系發展，已由土地和天然礦產資源、人力資本，更進而朝向科技與知識資本轉移，國內朝野都有一致的理想和企圖心，期盼把台灣建設為「人文科技島」，由於台灣的經濟體質以中小企業為主，規模偏小，就國內這種特殊條件而言，如何建構發展創新科技的有效平台，將核心技術根植台灣？結合官、產、學、研各方合作，發揮科技資源互補整合，建立起一個大型的創新網路，如此，應是突破單一中小企業規模太小，不利創新研發資源投入的窘境下，又能在激烈市場競爭中勝出的唯一方法。

現今世界格局的快速變遷和各國實質競爭力的消長，主要關鍵在於科技發展與創新能力的變化。美國為保持其在經濟發展及科技創新領域中的領導地位，不斷推出「國家創新計畫」，來持續強化國家競爭力。美商企業光一家Apple公司的經濟影響力，其2010年在台灣的零組件採購及相關代工產業經濟規模，所牽動台灣上市公司的股市市值高達9%，可見科技的創新能力對經濟影響甚巨。

1.15 創造力的自我測驗

在未正式開始進入介紹「創造力」的內容之前，您可先行測驗瞭解一下，目前自己的「創造潛力」指數爲何？

這是一份能測驗「自我創造潛力」的有趣問卷，以下有五十道題目，請您用約十分鐘的時間作答，並以直接的個人感受勾選，千萬不要試圖去猜測勾選哪一個才是富有創造力的，請盡量以自己實際的觀點、直覺、坦率地快速勾選即可（註：測驗者若爲學生，請自行將以下題目中之相關情境角色做轉換即可，例如，上班→上課；同事→同學）。

勾選說明：
A：非常贊同　B：贊同　C：猶豫、不清楚、不知道　D：反對　E：非常反對

題　目	請勾選				
1.我經常以「直覺」來判斷一件事情的正確或錯誤。	A	B	C	D	E
2.我有明確及堅定的自我意識，且常與人爭辯。	A	B	C	D	E
3.要對一件新的事情發生興趣，我總覺得比別人慢且困難。	A	B	C	D	E
4.有時我很欣賞詐騙集團的騙術很有獨創性，雖然騙人是不對的行為。	A	B	C	D	E
5.喜歡做白日夢或想入非非是不切實際的人。	A	B	C	D	E
6.對於工作上的種種挫折和反對，我仍能保持工作熱情不退。	A	B	C	D	E
7.在空閒時我反而常會想出好的主意。	A	B	C	D	E
8.愛用古怪或不常用的詞彙，像這種作家我認爲其實他們是爲了炫耀自己罷了。	A	B	C	D	E
9.我希望我的工作對別人是具有影響力的。	A	B	C	D	E
10.我欣賞那種對他自己的想法非常堅定不移的人。	A	B	C	D	E
11.我能在工作忙碌緊張時，仍保持内心的沉著與鎮靜。	A	B	C	D	E
12.從上班到回家的這段路，我喜歡變換路線走走看。	A	B	C	D	E

題　目	請勾選				
13.對於同一個問題，我能以很長的時間，發揮耐心的去解決它。	A	B	C	D	E
14.除目前的本職外，若能由兩種工作再挑選一種時，我會選當醫生，而不會選當一名偵探家。	A	B	C	D	E
15.為了做一件正確的事，我會不管家人的反對，而努力去做。	A	B	C	D	E
16.若只是提出問題而不能得到答案，我認為這是在浪費時間。	A	B	C	D	E
17.以循序漸進，一切合乎邏輯分析的方法來解決所遭遇的問題，我認為這是最好也最有效率的方法。	A	B	C	D	E
18.我不會提出那種看似幼稚無知的問題。	A	B	C	D	E
19.在生活中，我常遇到難以用「對」或「錯」直接了當去判斷的事情，常常是、非、對、錯總是在灰色地帶遊走。	A	B	C	D	E
20.我樂於一人獨處一整天。	A	B	C	D	E
21.我喜歡參與或觀賞各種藝文展覽、活動。	A	B	C	D	E
22.一旦有任務在身，我會克服一切困難挫折，堅決的將它完成。	A	B	C	D	E
23.我是一個做事講求理性的人。	A	B	C	D	E
24.我用了很多時間來想像別人到底是如何看待我這個人的。	A	B	C	D	E
25.我有蒐集特定物品的癖好（如Kitty、史努比、套幣、模型等）。	A	B	C	D	E
26.我欣賞那些用點小聰明而把事情做得很好的人。	A	B	C	D	E
27.對於美感我的鑑賞力與領悟力特別敏銳。	A	B	C	D	E
28.我看不慣那些做事緩慢、動作慢條斯理的人。	A	B	C	D	E
29.我喜愛在大家一起努力下工作，而不愛一個人單獨做事。	A	B	C	D	E
30.我不喜歡做那些無法預料或沒把握的事。	A	B	C	D	E
31.我不太在意同僚們是否把我看成一位「好」的工作者。	A	B	C	D	E
32.我經常能正確的預測到事態的發展與其最後的結果。	A	B	C	D	E
33.工作第一、休假第二，這是很好的工作原則。	A	B	C	D	E
34.憑直覺去判斷解決問題，我認為這是靠不住的。	A	B	C	D	E
35.我常會忘記路名、人名等看似簡單的問題。	A	B	C	D	E
36.我常因無意間說話不小心中傷了別人而感到愧疚。	A	B	C	D	E
37.我認為喜歡出怪主意的人，其實他們只是想表現自己的與眾不同。	A	B	C	D	E
38.一些看起來沒有價值的建議，就不需再浪費時間去推敲了。	A	B	C	D	E
39.我經常會在沒事做時胡思亂想、做白日夢。	A	B	C	D	E

題 目	請勾選				
40.在小組討論時,我經常為了讓氣氛融洽,而不好意思提出不受歡迎的意見。	A	B	C	D	E
41.我總是先知先覺的提出可能會發生的問題點與其可能導致的結果。	A	B	C	D	E
42.對於那些做事猶豫不決的人,我會看不起他們。	A	B	C	D	E
43.若所提出的問題是得不到答案的,那提出這個問題簡直就是在浪費時間。	A	B	C	D	E
44.按邏輯推理,一步一步去探索解決問題,是最好的方法。	A	B	C	D	E
45.我喜歡去新開的餐館吃飯,縱然我還不知道口味好不好。	A	B	C	D	E
46.我不愛閱讀本身興趣以外的書報、雜誌、網路文章等。	A	B	C	D	E
47.「人生無常」,像這種對事情看法是「事事難料」的人生觀,我心有同感。	A	B	C	D	E
48.我難以忍受和個性不合的人一起做事。	A	B	C	D	E
49.我認為看待問題的觀點和角度,常是影響問題能否順利解決的關鍵。	A	B	C	D	E
50.我常會想到一些生活中的小祕方,讓生活變得更美好。	A	B	C	D	E

計分方式:

請依下表計算您的得分,再將分數加總。

題目	1	2	3	4	5	6	7	8	9	10	11	12	13	14	15	16	17
A	4	0	0	4	0	4	4	0	4	0	4	4	4	0	4	0	0
B	3	1	1	3	1	3	3	1	3	1	3	3	3	1	3	1	1
C	2	2	2	2	2	2	2	2	2	2	2	2	2	2	2	2	2
D	1	3	3	1	3	1	1	3	1	3	1	1	1	3	1	3	3
E	0	4	4	0	4	0	0	4	0	4	0	0	0	4	0	4	4

題目	18	19	20	21	22	23	24	25	26	27	28	29	30	31	32	33	34
A	0	4	4	4	4	0	0	0	4	4	0	0	0	4	4	0	0
B	1	3	3	3	3	1	1	1	3	3	1	1	1	3	3	1	1
C	2	2	2	2	2	2	2	2	2	2	2	2	2	2	2	2	2
D	3	1	1	1	1	3	3	3	1	1	3	3	3	1	1	3	3
E	4	0	0	0	0	4	4	4	0	0	4	4	4	0	0	4	4

題目	35	36	37	38	39	40	41	42	43	44	45	46	47	48	49	50
A	4	0	0	0	4	0	4	0	0	0	4	0	4	0	4	4
B	3	1	1	1	3	1	3	1	1	1	3	1	3	1	3	3
C	2	2	2	2	2	2	2	2	2	2	2	2	2	2	2	2
D	1	3	3	3	1	3	1	3	3	3	1	3	1	3	1	1
E	0	4	4	4	0	4	0	4	4	4	0	4	0	4	0	0

結果評價： 0分　　　　　　　　100分　　　　150分　　　　200分
（總分）
　　　　　　低創造潛力者　　　　一般創造潛力者　　高創造潛力者

註：本測驗主要針對人的先天性格方面，僅供參考，而後天的創造力是能透過
　　技法訓練來獲得提升的。

一切事物的「創新」，其根源就在於「創意」。

—佚名

1.16 「直覺力」的自我測驗

　　創意的產生需要靠「直覺力」，即東方文化思想中所謂的「直觀」，也就是不細切分析即能整體判斷的一種快速感應（反應）能力。

　　以下二十道題目，將可測試您的「直覺力」敏銳強度，每道題目都很簡單，您只要花五分鐘的時間，同樣用直覺的方式，回想一下之前的親身體驗，來作為快速自我評分即可。不要刻意去揣測如何作答才能得高分。

　　評分方式：每一題分數為1～10分（1分表示有10%的準確度，10分表示有100%的準確度機率）。

「直覺力」測試題目

	題　目	自我評分
1	您在猜拳時贏的機率有多高？	＿＿＿＿分
2	當身處在一個陌生的地方，您曾依靠直覺找對路的機率有多高？	＿＿＿＿分
3	以「直覺」下決定而做對了的機率有多高？	＿＿＿＿分
4	如果您心中有好的預兆，不久，就有好事發生的機率有多高？	＿＿＿＿分
5	如果您心中有不好的預兆，結果真的有壞事來臨的機率有多高？	＿＿＿＿分
6	當腦海中浮現好久不見的老友時，卻能在不久之後真的於偶然場合中相遇的機率有多高？	＿＿＿＿分
7	做夢時的夢境在現實中出現的機率有多高？	＿＿＿＿分
8	例如，球賽的輸贏、股市大盤的漲跌、候選人是否當選等，預測時事或事件可能的走向準確率有多高？	＿＿＿＿分
9	新朋友在初識時，對他的第一印象，有關人格及個性方面與後來的差距有多大？	＿＿＿＿分
10	打牌或賭博時，您時常是贏家嗎？	＿＿＿＿分
11	當電話鈴聲響起時，您是否經常能猜到是誰打來的呢？	＿＿＿＿分
12	您正想要打電話給某人時，結果對方反而在您撥打之前正好就先打電話給您了，這種情況經常發生嗎？	＿＿＿＿分
13	您是否經常能正確的感受到周遭人員的情緒？	＿＿＿＿分
14	您是否經常能正確的感受到寵物或其他動物的情緒？	＿＿＿＿分
15	您是否經常覺得許多巧合的事，都在您身邊發生了？	＿＿＿＿分
16	您在做某些決定時，是否經常覺得冥冥之中有一股神祕的力量在指引著您？	＿＿＿＿分
17	您是否曾在沒有證據的情況下，心中覺得某人在對您說謊，而後來證實您的感覺是對的？	＿＿＿＿分
18	在抽獎活動時，我感覺自己會中獎，結果自己真的抽中了，這種事情經常發生嗎？	＿＿＿＿分
19	您是否曾感應過不祥的事將要發生，而決定不做那件事，結果真的逃過一劫？（如飛安事件或交通事故）。	＿＿＿＿分
20	當有人從背後無聲無息靠近時，即使後腦杓沒有長眼睛，憑著感覺，我也常能感受環境的變化，知道有人在身後？	＿＿＿＿分

評價方法：

1.將二十題的分數加總。

2.總分為：

　　160分以上：直覺敏銳度極強。

說明：您從小應該就常以直覺來作決定，這種行為也得到不錯的成果，恭喜您保有人類這項天賦的本能。但是要注意，不能凡事全靠直覺，也應適度加入邏輯的判斷，如此您所做的決策將會更完美。

120～159分：直覺良好。
80～119分：直覺平平。
79分以下：直覺似乎沒有發揮作用。

說明：您的直覺似乎被隱藏起來了，可能您的成長過程中，對於自我的要求非常嚴格，一切的判斷與決定都是依照理性及邏輯思考而來。「直覺」是上天賦予人們的本能之一，所以您不用擔心，只要多加練習，您必能重啟敏銳的第六感。

PART 2

創新發明與產品開發

前　言

在「創新經濟」的時代潮流中，產品的多元化和生命週期大幅縮短，經營管理型態也急速的在改變，企業必須勇於創新及快速提供市場所需的產品，才能提升企業的價值。

「創新」與「速度」是二十一世紀企業競爭力的兩根大支柱，也可以說：「創新精神主宰著企業的價值，而速度是超越對手的最佳利器」，企業唯有讓本身的創新研發能力及產品設計生產的速度領先，並整合全球布局等多面向的經營管理思維，才能創造出企業的價值及永續的發展。

2.01 發明來自於需求

所謂「需求為發明之母」，大部分具有實用性的發明作品，都是來自於有實際的「需求」，而非來自於為發明而發明的作品。在以往實際的專利申請發明作品中，不難發現有很多是為發明而發明的作品，這些作品經常是華而不實，要不然就是畫蛇添足，可說創意有餘而實用性不佳。

創造發明的作品，最好是來自於「需求」，因為有了需求，即表示作品容易被市場所接受，日後在市場行銷推廣上，會容易得多，這些道理都很簡單，似乎大家都懂，但是問題就在於：「如何發現需求？」，這就需要看每個人對待事物的敏感度了，正所謂「處處用心皆學問」，其實，只要掌握何處有需求、需求是什麼，在每個有待解決的困難、問題或不方便的背後，就是一項需求，只要我們對身邊每件事物的困難、問題或不方便之處，多加用心觀察，必定會很容易找到「需求」在哪裡，當然發明創作的機會也就

出現了。也有人開玩笑的說：「懶惰為發明之父」，對發明創造而言，人類凡事想要追求便利的這種「懶惰」天性，和相對的「需求」渴望，其實只是一體的兩面。

有「問題」就能產生「需求」

例如，早期的電視機，想要看別的頻道時，必須人走到電視機前，用手去轉頻道鈕，人們覺得很不方便，於是就有了「需求」，這個需求就是最好能坐在椅子上看電視，不需起身就能轉換頻道，欣賞愛看的節目，當有了這樣的需求，於是發明電視遙控器的機會就來了，所以，現在的電視機每台都會附有遙控器，已解決了早期的不便之處。

又如，現今汽車非常普及，差不多每個家庭都有汽車可作為代步工具，大家都覺得夏天時汽車在大太陽的照射下，不用多久的時間，車箱內的溫度就如烤箱般熱呼呼的，剛進入要開車時，實在是很難受的一件事，若能有人依這種「需求」，而來發明一種車箱內降溫的技術，而且產品價格便宜、安裝容易、耐用不故障，市場必定會很容易就接受這種好的產品，而為發明人帶來無限的商機。

又如，簡便的蔬果農藥殘留檢測光筆，如能像驗偽鈔的光筆一樣，使用簡易方便，能提供家庭主婦在菜市場購買蔬果時使用，這也必定有廣大的需求。這種「供」、「需」的關係，其實就是「需求」與「發明」的關係。

「發明」的六字箴言：問題、需求、商機。

（一個問題就是一個需求，一個需求就是一個商機）

——佚名

發明與文明

人類生活的不斷進步與便利,依靠的就是有一大群人不停的在各種領域中研究創新發明,目前全世界約六秒鐘就有一項創新的專利申請案產生,光是台灣地區一年就有超過八萬多件專利申請送審案件,全世界每天都有無數的創新與發明促成了今日社會的文明,別小看一個不起眼天馬行空的構想,一旦實現,可能會改變全人類的生活,例如現在每個人都會使用到的迴紋針就是發明者在等車時無聊,隨手拿起鐵絲把玩,在無意中所發明的,雖是小小的創意發明卻能帶給人們無盡的生活便利。

然而今天的發明創新環境須具備更多的人力、財力、物力及相關的知識,尤其是當自己一個人,人單力薄,資金與技術資源有限,尋求外界協助不易,對於專利法規若又是一竅不通,此時即使有滿腦子的構思,終究也難以實現,所以有正確的發明方法及知識,才能很有效率的實踐自己的創意與夢想,同時帶給人類更進一步的文明新境界。

2.02 發明的道德觀

也許有人會問,發明與道德有什麼關係呢?當我們回顧這百年來人類物質文明的發展歷程中,會發現我們人類曾發明了一些現在認為不該發明的東西,例如,會嚴重破壞大氣臭氧層,而使紫外線大量進入地表,導致人類皮膚癌大幅增加的氟氯碳化物(CFC);又如,會強力致癌的物質殺蟲劑DDT的發明,以及具有人類自我毀滅威力的戰爭武器,如核子彈、生化類武器等等,許許

多多用來毀滅別人，甚至殃及自己的發明。還有現在已廣泛使用的基因改造食品，與目前正在進行研究的生物複製技術、奈米科技產品等。

有很多的新發明，在剛開始研究之初，並沒有想到日後會對人類甚至是地球之永續生存造成長期負面的影響。所以，當發明人要研究發明某一種東西時，一定要將眼光放遠，用心思索這種技術或產品的發明，在大的方面，會不會對人類及地球環境永續的平衡發展產生負面的危害，在小的方面，則要思考一下會不會對社會治安、善良風俗產生不良的影響。例如，我們的發明動機，不應存心去研究如何印製幾可亂真的假鈔，或去研究如何製造出更強的毒品、迷幻藥、槍械炸彈等事情。

什麼是「科技中立，利用有則」？

在實際的案例中，如2004年8月間，警方破獲一位留學加拿大回國的碩士，竟然研發出獨門技術，製造具有杏仁口味的K他命毒品來販賣，這種新產品因吸食時不嗆不辣且有杏仁的香味，所以大受吸毒者的喜愛，但這種違法行為終究還是被警方查獲了。此外，2001年11月間，電視新聞報導了彰化縣的某大學企管系的三名學生，被警方查獲在宿舍中印製大量幾可亂真的假鈔，以及製造K他命毒品等不法的行為，而且這幾名學生還很有研究的精神，都將這些不法行為的製造技術，寫了完整的研究報告及缺點的改進技術方法，真是用心良苦，只不過聰明才智用錯地方，以致毀了自己大好的前途。在這之前，台灣也曾發生有位大學的化學系講師，利用學校的化學實驗室設備，來研究製造安非他命等毒品販售圖利，最後被警方查獲逮捕的事件。

所謂「科技中立，利用有則」，即科技創新的本質是無害

的，完全要看利用者的心態，而後也就產生了正面或負面的影響。一個優秀的發明人，應該建立有良好的道德觀念，所做的創作發明技術，應該也是對人類社會的福祉，以及地球環境的永續生存發展，有正面貢獻意義的，而非應用自己的聰明才智去危害這個世界。

> 世界上最有創意的三種人：發明家、廣告人、詐騙集團。
>
> ——佚名

 ## 2.03 台灣的發明環境概況

現象觀察

首先看的是近二十年的專利新申請案件數，由智慧財產局的統計數據可知，從1993年的每年四萬一千多件，到2012年約八萬五千多件，幾乎年年都成長的專利新申請案件數，這意味著近年來國人對智慧財產權的重視程度已增加很多，大家逐漸懂得去申請專利，以保護自己的研發創作成果。

每一件專利案的提出申請，發明人都是必須付出有形的金錢費用代價的，相對的，它也有背後潛在的龐大利益的可能性，若是一個沒有利益可言的專利案，就實在沒有提出申請的必要性，就是因為專利的提出涉及到龐大的商業利益（若商品化成功的話），所以專利案的申請長久以來就被認為是一種「以小搏大」的工具和手段，可在重要的關鍵時刻發揮它極大的槓桿作用，一項成功的發明

創作，可爲發明人帶來極大的名與利。

　　據近年來台灣發明界的估計，台灣的民間發明人口約五萬人，這當然尚不包括在各大企業中研發部門的工程師及學校的教授等，這些實際有在從事研發工作的人，而是以一般所通稱的個人發明人（業餘或專業的發明家），若要將這群工程師及教授們都計算在內的話，台灣的研發工作人口估計約有一百二十萬人之多。

獲獎等於獲利嗎？

　　台灣的發明界相當具有活力，發明人們屢屢在世界著名的發明展中（如瑞士日內瓦國際發明展、德國紐倫堡國際發明展、美國匹茲堡國際發明展、莫斯科阿基米德國際發明展、韓國首爾國際發明展等）獲得國際性的發明大獎，得獎總獎牌數經常是各國代表團之冠，可說在國際間得到相當大的好評。然而是不是在發明展中獲得了肯定就證明這項發明的商品化能成功呢？答案是「不一定」，因爲商品化要成功，必須要有許多其他條件的配合。

　　但是，發明人如能在國際性的發明展中獲獎，對於日後的商品化在行銷推廣宣傳上，則會有相當大的助益。參加國際發明展的另一個好處，是「培養國際觀」，在世界各國眾多發明家的作品當中，我們可以觀摩學習到世界上產品發明的最新趨勢，而且很多國際級的大企業都會派專家在展場，尋找具有市場潛力的原創性發明作品，若你的發明作品是具有「市場潛力」及「原創性」這兩種特質的，則很可能在國際發明展的現場，就會有人以高價向你買斷專利權，這是發明人最簡易的「發明致富」方法，所以發明人應多參加各種發明展。

商品化與行銷是重點

　　以台灣大部分發明人實際的經驗來說，其實要自行實施商品化的過程是很辛苦的，需要克服的障礙關卡也非常多，且性質完全不同於發明工作，大部分發明人都是「很懂創意，不懂生意」，這個中的滋味也只有發明人自己親身去體會了。

　　目前台灣的發明環境中，較欠缺的應該是如何建構一個有效的「專利商品化與行銷推廣的機制和大家可信賴的平台」，以改善整體的發明環境，讓發明人更容易將專利技術予以商品化，而且是能成功賺到錢的商品化。使得發明人能真正發揮知識的經濟價值，這實在是值得政府相關部門及發明人、企業家與全民好好努力的一個方向，也希望筆者所寫的文章，能在發明實務上起一點小小的指引作用，讓發明人「錢進口袋」多一些成功的機率。就如有句話說：「『發明』就是要──以創新變現金，用智慧換機會。」

政府資源的運用

　　台灣的經濟發展中，至今多數企業規模並不大，以中小型為主，即便是一些較大型的企業，但在世界的產業排比中，相對規模亦顯偏小。我國經濟體系是屬於小型開放式的體質，多數企業在面臨國際大廠的強烈競爭壓力下，要在短期市場中求生存，以及在長期市場求永續經營，唯一的發展策略就是不斷的創新。中小企業的優點在於體質靈活，但也因企業規模不大，所以在創新研發的投資上，經常面臨資源投入力不從心的實質困境。因此，近年來行政院國家科學委員會為協助及鼓勵企業進行創新研發，自2009年起特別執行一項「高科技設備前瞻技術發展計畫」，進行企業創新研發的

經費補助，詳情可查詢行政院國家科學委員會網站http://web1.nsc.gov.tw/或電洽(02)2737-7992。

另外，由經濟部技術處推動執行的SBIR計畫，也就是「小型企業創新研發計畫」（Small Business Innovation Research, SBIR），它是經濟部為鼓勵國內中小企業加強創新技術或產品的研發，依據《經濟部促進企業研究發展補助辦法》所訂定的計畫，期望能以此協助國內中小企業創新研發，加速提升中小企業之產業競爭力。此項計畫每年皆會補助許多中小企業創新研發的經費，而且是免償還的，詳情可查詢SBIR計畫的專屬網站http://www.sbir.org.tw/或電洽0800-888-968。

2.04 正確的發明創作歷程與態度

愛迪生說：「發明是靠一分的天才，加上九十九分的努力」，亦即「天才出於勤奮」。他一天只睡四個小時，而且時常睡在工作室裡沒有回家，因為他說這樣可節省往返的時間多做些實驗。愛迪生也是一個非常講求實際效果的人，絕不空談理論，曾有一次一群大學生到他的實驗室參觀，他興致一來，想考一考這群大學生，於是拿出了一個燈泡，請問這群參觀的同學，「誰能告訴我這個燈泡的容積有多少呀？」於是同學們拿起紙筆，有的用微分去算，有的用積分去算，有的不知道該怎麼算，結果一大夥人算了很久，答案還是不清不楚。後來他告訴這群同學要知道這個案答其實很簡單，只要用一分鐘做個實驗就可知道，於是他拿了一個裝滿水的量杯，

像「靈感」這樣的客人，他從不愛拜訪懶惰者。

——柴可夫斯基

將燈泡放入水中，讓水溢流出來，待拿出燈泡後，再來看看量杯中水的高度，刻度下降了多少，就找到答案了。這就是理論與實際動手實踐的差別。他向這群同學們強調一個觀念：「其實做事情遇到的問題，大部分都可以用很簡單很實際的方法就能去克服困難，只是我們時常把問題想像得太難了，或是用太複雜又不實際的方法，所以不易得到解答。」這群同學聽了之後，都覺得十分佩服愛迪生。

青年人的創新活力與精神是非常豐富的，然而長久以來台灣因大環境及教育體制之故，對於自我創造力的訓練顯得非常欠缺，尤其在學校中，很少教導青年學子如何發明創作與保護應有的權益，進而創造出經濟價值來。

其實發明創作是不限男女老少、學歷、經歷的，只要您在生活的周遭多加留意及用心，隨時都可得到很好的創意點子，再將實用的創意點子加以具體化實踐，即可成為發明作品，說穿了就是如此簡單。

例如，前幾年日本的一位家庭主婦洗衣時，發覺洗衣機裡常有衣服的綿絮，而洗衣機無法濾除乾淨，使得洗衣效果大打折扣，於是經過細心思考研究後，發明了一種洗衣機專用的濾網，上市後一年就售出了近五百萬個。另一位女士則發明了可減肥塑身的無跟拖鞋（健康鞋）（如**圖2-1**），上市短短約半年內就大賣三百多萬雙。

在台灣有位吳女士發明了可自動開傘和自動收折的魔術二折傘，為下雨天開車的人帶來很大的方便，一年外銷歐美各國也有幾百萬支。還有位林先生發明了震動式保險套，一年外銷到世界

圖2-1　無跟拖鞋（健康鞋）
攝影：葉忠福

各國數量達幾千萬個。另外，在電視購物台及大賣場熱銷的發明商品「好神拖」（自動旋轉脫水拖把），其年銷售金額達數億元等。由此可見，其實好的發明點子就在我們生活的四周，成功的典範也在我們的身旁，只要能符合生活的需求，就會有市場經濟價值存在，更可使發明者名利雙收。

學習發明湏掌握六項重點

「發明」並非如一般人刻板印象中那麼的困難與神祕，它是可以透過學習，用正確的創作歷程及態度作為開始，靠按部就班的做法，而可達到一定的發明創作水平。

長久以來，很多人對發明有所迷思，以為發明是純屬在種種因緣巧合下所發生的，而非後天所能培養。其實發明是一套完整的策略思考工具的總成，就如學開車、學烹飪一樣，它能學習亦能應用。

在學習正確的創作歷程與態度中，應掌握下列幾項基本的重點：

1. 發現需求：要去瞭解想要創作的東西，是否有其實用性？市場價值在哪裡？
2. 掌握創意的產生及訣竅：在發明的過程中，這是很重要的一項。
3. 善用已有的知識：善用已有的知識加以變化及整合，便會有所創新。
4. 道德的考量：應將創意用於正途之上，勿傷害這個世界。
5. 避免重複發明：必須明確的蒐集與查詢現有的專利資料情報，以免徒勞無功，白忙一場。

6.行動：別光說不練，要腳踏實地的去做。

若能掌握以上幾項基本的重點，再參照本書的各種技巧加以學習與應用，你的發明之路差不多就已經成功一半了。

 ## 2.05 「發明家」與「發明企業家」的差異

愛迪生成功經驗的省思

在一般人的刻板印象當中，所知道的愛迪生是一位偉大的「發明家」，因為他發明了很多改變人類生活型態至深至遠的東西。其實這樣的認知對愛迪生的瞭解只有一半而已。對於愛迪生的成功經驗，以較為全面完整的認識，用內行人看門道的角度來觀察他的話，我們實在應該稱他為一位偉大的「發明企業家」。然而「發明家」與「發明企業家」的差別又在哪裡呢？以他實際在經營整個發明事業的過程來看，他是有一套「企業化觀念」在運作的。在他的實驗室裡，實際上並不是只有他一個人在從事發明工作，而是有一大群工程師、科學家們在為他工作，只不過他們是默默的工作者，而把所有的榮耀全集中在他們的老闆（愛迪生）身上罷了。之所以要稱愛迪生為「發明企業家」，其真正的涵義在於他除了本身有發明的天分外，更有企業經營方面的管理長才，這是外界對他所較為忽略的部分。

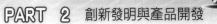

專業的分工與合作

　　以愛迪生的實驗室所做的研究題目訂定爲例，其實都是經過嚴謹審慎的市場評估。而研究方法大多數都是採團隊集體研發的模式，對於專利的授權及商品化的技術移轉，都是有專人在負責處理的。乍看之下，這不正是目前各大企業的研發管理模式嗎？沒錯！在當時他就懂得以這樣商業化模式的型態來經營了，所以很多的發明產品商品化推廣都很成功，也獲得很大的經濟回饋，再用這些經費繼續去研發新的產品及技術，如此來滾動其龐大的發明團隊巨輪持續向前。而知名的美國通用電氣公司（GE）的前身，其實正是愛迪生發明實驗室。

企業經營管理能力非常重要

　　歷年來，不僅是台灣甚至是全世界的發明家創業，大部分都是以失敗來收場的，只有少數是成功的例子。發明家創業要成功，是必須具備「企業經營管理能力」的人才會成功的，而從未見過不具此種管理技能的發明家，卻能把公司經營得上軌道的。無論是從愛迪生的成功經驗，或是以台灣歷年來眾多發明創業案例來觀察，若要將發明事業經營得成功出色，除了有優良的發明產品外，企業經營管理能力是非常重要的一環，這也是一般發明人易於忽略的地方。所以，對於想用自己的發明產品去創業的人而言，在企業管理知識方面的學習與進修是絕對重要的。上述這些問題值得每位發明人好好省思。

2.06 商品創意的產生及訣竅

每一個人除了在各個專業領域所遇到的瓶頸外，在生活當中，也一定都會遇到困難或感到不方便的事項，此時正好就是產生創意思考去解決問題的時機。然而，發明家不只在想辦法解決自己所遇到的困難，更能去幫別人解決更多的問題，尤其當創意是有經濟價值的誘因時，從一個創意產生，到可行性評估，再到實際去實踐，是需要一些訣竅的，以下先將一些創意的產生訣竅及有效方法，提供給讀者參考及應用。

從既有的商品中取得靈感

可經常到國內外的各種商品專賣店或展覽會場及電腦網路的世界中尋找靈感，由各家所設計的產品去觀察、比較、分析，看看是否有哪方面的缺點是大家所沒有解決的，或是可以怎樣設計出更好的功能，再應用下列所提的各種方法，相信要產生有價值的發明創意並不困難。

> 「成功發明」的三力方程式：
> 成功發明＝（創意力＋研發執行力）×行銷力
>
> ——佚名

> 「發明」就是：「讓創意化為真實」。
>
> ——佚名

掌握創作靈感的訣竅

◆隨時作筆記

　　一有創作靈感就隨時摘錄下來，這是全世界的發明家最慣用而且非常有效的訣竅。每個人在生活及學習的歷程中，不斷的在累積經驗，這些看似不起眼的經驗或許正是靈感的來源，而靈感在人類的大腦中常是過時即忘，醫學專家指出，這種靈感快閃呈現，大多只在大腦中停留的時間極為短促，通常只有數秒至數十秒之間而已，真的是過時即忘，若不即刻記錄下來，唯恐會錯過許多很好的靈感，就像很多的歌手或詞曲創作者一樣，當靈感一來時，即使是在三更半夜，也會馬上起床坐到鋼琴前面趕快將靈感記錄下來，其實發明靈感也是相同的。而且當你運筆記錄時常又會引出新的靈感，這種連鎖的反應，是最有效的創作靈感取得方法，大家不妨一試。

◆善用潛意識

　　這也是個很好的方法，相信大多數人都有這種經驗，當遇到問題或困難無法解決想不出辦法時，先去吃個飯、看場電影或小睡片刻，將人轉移到另一種情境裡，時常就這樣想出了解決問題的方法，這就是我們人類大腦潛意識神奇的效果。

腦力激盪

　　這個方法也是發明家們最常用的訣竅之一，由筆記所摘錄的靈感中，一再經有系統的反向思考、整理整合、反轉應用等腦力激

盪探究後，必定會有更好的構思。

◆反向思考

此種手法即是把原有物品用完全相反的角度去看待，並將其缺點改進，例如，以前的自用小轎車皆爲後輪驅動，因汽車引擎在車前方，必須用傳動軸連接將引擎動力傳送到後輪來驅動汽車，因後輪驅動的車子，駕駛起來引擎動力損耗較大，以及方向盤轉向操控性較差等缺點，爲了改善這些缺點，使小轎車的性能更好。所以，後來就有人將它改爲前輪驅動的設計，而得到很好的效果，因此，目前市售的小轎車，大部分已都採用前輪驅動的設計了。

又例如，現在人們常用的抽水幫浦，在幫浦剛發明出來時，人們總是把它裝在上方處，接近水管的出水口端，不論使用多大的馬力，吸取水源的高度距離皆無法大於十公尺，後來有人將它裝在接近水源這一側，結果發現水的輸送距離可達一百五十公尺以上，如此，只是利用安裝位置前端與後端的改變，就可得到很大的效果改善，其實就是吸力與推力所產生的不同效果而已，只要我們看待事物能以一百八十度的衝突性，用完全相反的眼光去看待及思考，說不定有很多事情可因此而獲得解決的。

◆整理整合

這也是發明家慣用的手法，例如，早期鉛筆和橡皮擦是分開生產製造的，使用者寫字時，必須一次準備兩樣物品，後來有人將它整合爲一，使得現在製造的鉛筆，大多爲筆尾附有橡皮擦，方便人們寫錯字時之需。

又如，早期的螺絲釘頭部分，別爲一字或十字型，使用的起子也必須是完全相符的一字或十字型，才能去鎖緊或鬆開，後來有

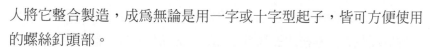

人將它整合製造，成為無論是用一字或十字型起子，皆可方便使用的螺絲釘頭部。

以及最近所創新導入，十字路口的紅綠燈號誌加入讀秒器的設計，方便人們正確判斷燈號變換的時間，以減少交通事故。

再如，加上雷射瞄準器的高爾夫球桿，此項整合，可大大的提升揮桿球向的準確度。又如，現代人手一機的行動電話，相信將來也必定會整合為行動電話、無網上網、個人數位助理器（PDA）、電子書閱讀器、數位錄音機、FM收音機、數位相機、電子字典甚至是消除疲勞的震動按摩器等等合而為一的產品，這些例子都是整合的應用表現。

◆反轉應用

可將目前已有的產品或已知的各種原理、理論加以反轉探討研究，說不定可以得到新的應用，例如，利用冷氣機的冷凍原理，將原本循環於室外側散熱器冷媒的流向，與室內側冷卻器冷媒的流向，反轉過來，使其熱氣往室內側吹，在寒冷的冬天裡，室內可享受到暖氣的功能，如此的設計稱為熱泵暖氣（Heat Pump），不但可在冬天裡享受到暖氣，而且省電效率更是傳統電熱式電暖器的三倍，是非常節省電力能源的產品，此種設計原理可說是很典型反轉手法的應用。

◆沉澱與過濾

當我們想到一個好的構思時，在當時一定認為它很完美，但是經過一段時日的沉澱與過濾後，必定會發覺原先的構想其實並沒那麼完美，或許在成本、效能、美觀、強度、製程、可靠度、維修性、耐久性等等，各方面有不理想之處，但且不要擔心，在不斷的由筆記

本記錄中反覆探索後，必能出現更好的構思，再從這些構思中，找出一個最理想的方案後才去執行，如此，成功的機率就能大增。

 ## 2.07 發明設計新產品的基本概念

創新商品的觀點定義

現今企業之間的競爭非常激烈，若想要打贏這場商品大戰，創新商品的美觀設計、功能、品質、價格、可靠度等，產品本身競爭力的強弱，有其關鍵的重要性。蘋果電腦創辦人賈伯斯，對新產品設計的核心理念之一就是：「精湛的設計和高超的科技同樣重要。」所以，唯有不斷地在技術及產品造型設計和人性化的操作介面上，不斷自我創新與改革，才能在市場上屹立不搖。

所謂「新產品」，在其內涵上是非常廣泛也很難定義的概念，其中，包括新的功能結構設計、新的製造方式、新的材料應用、新的市場定位、新的行銷策略等，都是「新產品」開發的範疇。不同的人在不同的立場，對它的觀點定義是有所差異的。

◆消費者觀點

以使用者或消費者的觀點來看，對於產品的各種構成要素，如功能、外觀造型、樣式、包裝等，只要有其中一項產生變化或加以改良，使用者都會視之為新產品。

> 假如市場太小或成本太高，再好的創意也會成為輸家。
>
> ——佚名

◆設計者觀點

　　從設計開發技術者的觀點來看，如採用了新的材料、新的技術或新的美工設計，使之在成本、效能、美觀、操作性等產生變化，都可被認為是新產品。

◆製造者觀點

　　從生產製造者的觀點來看，製造從來未生產過的產品，就是新產品。

◆發明者觀點

　　對發明人而言，凡是以前從未構想、實施過的新理念，也都可視為新的發明設計。

創新商品湏考量的注意事項

　　舉凡日常生活中所有的用品，在發明及改良時，最好能考量以下幾項：

◆創新引導設計

　　設計者不能一直以工程師的專業觀點為依歸，好的產品設計，是需要常常用心去聽取與顧客第一線接觸的「行銷者」之心聲，以他的創新點子為產品設計的藍本。

◆客戶導向

設計創新產品時，要以客戶的觀點為導向，必須掌握大多數消費者的想法與需求，以使用者客戶的觀點為考量，無論在功能上、操作介面人性化、使用方法上或成本上做考量，不可只用技術者的觀點，閉門造車式的設計產品。否則可能自認為產品很好，但消費者卻覺得不適用的嚴重產品認知差距。這也就是所謂的「超越硬體思維」，設計者一定要去瞭解及研究顧客對產品使用的所有相關訊息，以及使用產品的行為與習慣等，必須完全的洞悉。

◆實際解決問題

產品必須能實際解決問題，每一個消費者都希望他所買到的產品是真正能替他解決所遇到的困難，或使他得到更大的便利。

◆物美價廉

成品須物美價廉而且實用，無論是一般生活日常用品，甚至是工業產品，都要掌握這個原則，唯有在初期設計時，就將這些項目好好考慮衡量一番，才能真正在大量生產製造時，做出完美的產品。

◆結構簡單好用

設計者應要有「第一流的設計是簡單又好用，第二流的設計是複雜但好用，第三流的設計是複雜又難用」的這種認知，有了這種認知，再去著手設計出一流的產品，才能在成本與品質上有出色的表現。

◆良好維修性

結構設計，必須要考量到良好的維修性，尤其是工業產品或機具、家電等須做維修服務的產品，應在設計之初就加以注意，免得量產之後，產品有故障須維修時，為了換一個小零件，結果必須把整台機器全拆光了，才換得了這個零件，這是很多新手設計者常犯的毛病。如能在產品開發時，就有良好的維修性設計考量，對日後的售後服務，不但可以節省維修時間及人工成本，更能減少顧客的抱怨。

有了以上這幾項要點的考量之後，再來進行實際的產品開發設計，想必如此所生產出來的產品，一定能贏得顧客的認同。

 ## 2.08 如何避免重複發明

在從事發明工作時，如何避免重複發明，是一個相當重要的課題，也許你覺得你的創意很好，但在這個世界上人口那麼多，或許早已有人和你一樣，想出相同或類似的創作了，只是你不知道而已，也許他人已申請了專利，你再花時間、金錢、精神去研究一樣的東西，就是在浪費資源。

例如，近年來依據歐洲專利局所做的統計，在歐洲各國的產業界，因不必要的重複研究經費，每一年就多浪費了約兩百億美金，原因無他，就是「缺乏完整的資訊」所致。所以，當你需要研發某一方面的技術時，一定要多蒐集現有相關資訊，包括報章、雜誌、專業書刊、網路訊息和市面上已有的產品技術，以及本國與外國智慧財產局的專利資料。

尤其是以專利資料最為重要，因為能從各專利申請說明書

中，全盤查閱到有關各專業「核心技術」的資料，這是唯一的管
道。

專利資料是最即時的產業技術開發動向指標

根據經濟合作暨發展組織（Organization for Economic
Cooperation and Development, OECD）的統計結果顯示，有關科技
的知識和詳細的實施方法，有90%以上是被記錄在專利文件中的，
而大部分被記錄在專利文件中的技術及思想，並沒有被記載在其他
的發行刊物中，而且專利文件是對所有的人公開開放查閱的。當你
在構想一項創作時，所遇到的某些技術問題，往往能在查詢閱讀當
中獲得克服問題的新靈感。

專利資料也是最新最即時的產業技術開發動向的明確指標，
因為大家最新開發出來的創作，都會先來申請專利，以尋求智慧財
產權的保護。專利文件如有必要還可複印出來，供查閱人做進一步
的研究之用，複印也只須支付少許的工本費用即可。近年來智慧財
產局，已將專利資料上網，供大眾方便查詢，上網經濟部智慧財產
局網站（http://www.tipo.gov.tw/）即可進行查詢，而且可免費下載
資料，大家可多加利用。

發明人要好好善加利用這項重要的資訊來源，如此，不但可
增加你在開發設計時的知識及縮短開發時程，更可避免侵權到他人
的專利，如能善加應用已有的技術，再加上你自己最新的創意，將
會更容易完成你的創作作品，更重要的是能防止重複的發明，免得
浪費資源又白忙一場。

專利資料的公開具良性競爭之效果

另一方面，可藉由專利的保護與資料的公開，讓原發明人得到法定期間內的權益保障，也因技術的公開，讓更多人瞭解該項研發成果，他人雖然不能仿冒其專利，但能依此吸取技術精華，做更進一步的研究開發新產品，如此對整體的產業環境而言，是有良性競爭的效果，使技術一直不斷的被改良，也使產品能夠日新月異的推出，嘉惠於整體社會，而各國政府將專利文件公開的最大意義與目的也就在此。

更便捷的專利網路查詢系統

要查閱台灣的專利資料，除了在「經濟部智慧財產局聯絡資料」的台北、新竹、台中、台南、高雄等五個地方服務處資料室可供查詢外，自2003年7月1日起，智慧財產局也正式開放上網查詢，使用起來非常方便。

提供常用網上專利查詢網址如下：

1. 經濟部智慧財產局，http://www.tipo.gov.tw
2. 美國專利局專利查詢，http://www.uspto.gov/patft/index.html
3. 中國大陸專利查詢，http://www.sipo.gov.cn/sipo/zljs/default.htm
4. 中國國家知識產權局，http://www.cpo.cn.net
5. 日本專利局（Japan Patent Office），http://www.jpo.go.jp
6. 歐洲專利局（European Patent Office），http://www.european-patent-office.org

7.Questel-Orbit, http://www.qpat.com

8.Micropatent, http://www.micropat.com

9.CAS, http://casweb.cas.org

10.IBM Intellectual Property Network, http://www.patents.ibm. com

11.Google patents Search, http://www.google.com/patents

 ## 2.09 專業發明與非專業發明

在創新發明的領域中，可劃分為「專業發明」（或稱大發明）與「非專業發明」（或稱小發明）兩大類，分述如下：

1.專業發明：係指需要「專業知識」才能完成的發明，例如，航空、機械、電子、醫藥生技等各專業領域的產品發明。

2.非專業發明：係指僅需「一般知識」即可完成的創作，例如，方便收納的茶杯組、簡易型地板拖把、創意面紙抽取盒等，只要具備一般常識者，皆可完成的簡易性創意發明。

有句話說：「黑貓白貓，會捉老鼠的貓，就是好貓。」這是一種務實的觀念，要是換成發明界裡的話，應該就是：「大發明小發明，有實用市場價值的發明，就是好發明。」

任何人對發明產生了興致之後，很自然的便會湧出許多發明的構想，但無論這些構想是大發明或是小發明，其實發明應該是選擇「具有實用市場價值，及自己能力所能勝任的」為投入的重點。

其實光從「專業發明或非專業發明」，是很難直接斷言，何者較具市場價值的，必須視個案的創新程度，及市場需求而定。依照以往實際的經驗來看，創造出較大價值者，大多數為專業發明，

但亦有少數的非專業發明，卻締造出相當不錯的成績。

研發效率與成本效益

在發明界裡常可見到許多人好高鶩遠，未能正確的衡量自己的專業知識或技能，以及自身的財力，而去研究發明本身外行的事物，或投資金額負擔非自己所能負荷的案子，這經常是導致發明失敗的兩項主因。一旦發明失敗，會使得時間、精神、金錢三方面，受到程度大小不同的損失。

我們都知道，昔日愛迪生發明電燈時，所做的實驗失敗次數達數千次，最後他還是找出了做燈絲的材質，完成了他的發明。但在今日科技發展一日千里的時代，已經不是當時愛迪生所處的十九世紀之環境所能相比擬的。愛迪生發明電燈的故事中，我們要學習的是他堅持到底的精神和毅力，至於研發方法方面，我們更應該要有尋求現代研發「高效率與速度」的觀念和做法，我們要強調現今發明工作中「研發效率」與「成本效益」的基本觀念，才能在今日競爭激烈的環境中，以最低的投入成本，來換取最大的效益目標。

其實不論大發明或小發明，都應該仔細的衡量自己「專業知識範疇」及「可負荷的財力」的問題，還有一點更重要的就是「實用的市場價值在哪裡」。當一個發明還處於構想階段，在未正式動手去做之前，就應該做上述的評估，才是最務實的做法。

專注才能成功

每個人的專業領域都不同，最好是選擇與自己的專業較相近的領域去創作發明較易成功，例如，一個電子專業領域的人，去做化學方面的汽油代替物質的發明；一個土木專業領域的人，去做電

器方面的立體電視研究，如此，專業知識相差太遠的情況下，是不易有結果的。另外，在以往的發明界案例中，不難發現有些發明人一人單打獨鬥做研發，且滿腦子的點子，同時研發很多創作案子，一下子做這個，一下子做那個，而無法專心於最有可能成功的案子上，其結果就可想而知了，終究是一事無成。

　　若創意點子甚具市場價值，但非自己的專業或本身財力不足時，倒是可尋求他人的協助，借重他人的專才或研究經費支助來共同完成。但經常是有創意構想的人，深怕一旦將創意告訴了別人，別人反而會私自搶先去研發，自己卻失去了先機，故不敢將創意告訴他人尋求合作。所以，是否要將創意點子告訴他人尋求合作，這就要看個人的智慧與判斷力了。若是決定要將創意點子告訴他人，尋求合作，那就應在合作之前，先以書面協議清楚，日後取得專利權時的權益分配問題，免得到最後產生權益上的糾紛。

2.10 專利技術的商品化

　　只取得發明專利權，並不能為發明人帶來實質的經濟利益，唯有將專利技術落實在商品化中，才能有真正的利益產生，這些實質的利益，不但可為發明人帶來金錢上的直接收入，亦能激發再研究發明的動力，更能使這些發明成果分享給其他人，為整個社會帶來福祉與便利。但大多數的發明人要將專利技術商品化時，所面臨到最直接的問題，就是「資金的來源」及「產品的行銷」這兩大難題，在目前台灣的大環境中，若發明人無法完全自行處理解決這兩個難題時，則可考慮向外求援來協助，使之達成商品化的目標，以下提供一些協助的「方法」及「管道」給讀者。

達成商品化目標的三種方式

◆專利權由發明人自行實施使之成為商品化

以商品化的過程而言，這種方式最為單純，利益所得也全歸發明人所有，但在實際執行上，卻是最為艱難也最為辛苦的一種方式。因為從「資金的來源」、「專利技術的應用到商品生產」、「產品的行銷」都是由發明人自行處理，不用借助外力，省去與他人合作的各種事宜和可能的紛爭，以整個商品化的過程而言，當然是最為單純的。但這種方式的艱難及辛苦之處，就正因為什麼都是自己來，所以此種從頭至尾各項事務並無專業分工的做法，對發明人來說，是一種很大的負擔和挑戰。

◆專利權讓與賣斷，完全交由他人實施使之成為商品化

對發明人而言，這種方式是最為方便且權益所得最為清楚的做法。因為只要發明人與專利權買家雙方協商買賣條件達成簽約完畢，以及在智慧財產局辦理專利權轉移登記完成，買方履約交付給發明人應得的權利金，就算大功告成了。以後有關該專利商品化的資金、生產、行銷等事務，全由專利權買方自行負責，日後若產品暢銷，對原發明人而言，並不會再增加收益，相對的，若產品滯銷也與原發明人無關。

◆專利權授權他人實施使之成為商品化

這種方式對發明人的應得權益最有保障，但實施過程則較為複雜。以發明人權益的角度來看，這種方式能依實際商品銷售的狀

況，依其比率取得相對的權利金，商品銷售狀況越好，發明人就能有越多的權利金收益（不同於上述的讓與賣斷方式，以一筆固定的買賣價金，轉移其專利所有權，此後，該專利的收益狀況與原發明人無關）。而實施過程之所以較複雜，即在於發明人與被授權者必須長期合作及互信，無論從授權條件權利義務的協商、合約的簽訂、生產技術的轉移、實際銷售狀況的互信、是否如約給付權利金給原發明人等，都需要雙方具有耐心的執行及真誠的互信。在許多的合作失敗案例中，常是因為雙方缺乏執行的耐心及互信的基礎。

以上三種達成商品化的方式，發明人要採取哪一種方式較為適宜呢？這並沒有一定的答案，完全要看個人的時空環境條件自行衡量，以採對本身最有利的方式為之。

能協助「商品化」的機構有哪些？

在台灣目前的環境中，要將專利技術商品化，除了發明人自行實施外，其他可尋求外界協助的管道，大致可參考下列幾項：

◆多參與各項國內外的發明展

每年國內外舉辦的發明展場次相當多（請參閱本書6.01和6.02之國內外各項發明展覽及創意競賽資訊），在各種的展覽會中，就有很多的企業家或投資者在尋找新的產品，發明人可利用這些機會，找到有意的投資者，將你的專利商品化。

◆加入中小企業處推廣的創新育成中心

加入創新育成中心的行列，也是個很好的方式，中小企業創新育成中心創立於1996年，在運用中小企業發展基金的推動下，

現在經濟部中小企業處已和很多大學及公民營機構合作成立「創新育成中心」，育成中心能協助發明人減輕創業過程的投資費用與風險，增進初創業者的成功率，以及提供產學合作場所，加速產品順利開發，與營運管理之諮詢服務。每個育成中心依其特色及專精領域的不同，所配合輔導的專業類別與對象也有所差異，發明人不妨先去諮詢一下各育成中心，想必會有所收穫的。

◆尋求創投公司資源加入

備妥你的發明作品相關資料，主動請創業投資公司來為你評估可行性及投資開發商品化。我國自1983年引進創業投資事業，目前台灣的創業投資公司非常多，如中華創投、華彩創投、華陽開發、台灣工銀創投、中科創投等約兩百家之多，詳細的資料可由中華民國創業投資商業同業公會網站（http://www.tvca.org.tw）查詢。

每一家創投公司都有其專長的創投領域，有些是電子業，有些專攻高科技，某些主要焦點在電機、機械領域，或主力放在生化領域者。也許某些創投公司只對重大投資的大案子有興趣，但也有很多創投公司主要是在看產品及技術的將來是否深具發展的潛力，而來決定是否投資的。所以發明人可視所需尋求這些創投公司的加入，讓你的發明作品能早日實現商品化。

◆委由各發明協會尋求合作者

台灣目前的發明人協會（台灣發明協會、台北市發明人協會、高雄市發明人協會、中華發明協會、台灣國際發明得獎協會、台灣傑出發明人協會、台灣發明商品促進協會、中華民國傑出發明家交流協會、中華創新發明學會等），大多有推介專利權合作投資

生產，或專利權買賣轉讓等項目的服務，發明人可將已取得專利權的案件，委由適當的發明協會，來尋求投資合作者，一般情況，若媒合成功，各發明協會就會合理的向發明人抽取約10～15%的媒合服務費，以充實該發明協會的會務基金。

目前台灣各專利事務所，除了協助發明人辦理專利案申請外，也大多有仲介專利權買賣的業務，當然也是須收費的，各家收費情況也會有所差異，發明人不妨多諮詢比較幾家。

◆政府資源的協助與運用

在經濟部智慧財產局網站（http://www.tipo.gov.tw）中的「專利商品化」網頁內，也可讓發明人來登錄，尋求合作的對象以進行商品化。

另外，工業技術研究院為提升產學研機構及個人發明之技術／專利的流通與運用，以創造其經濟利益，經濟部工業局於2001年11月委託工研院技轉中心成立「台灣技術交易整合服務中心」（TWTM），並建置「台灣技術交易資訊網」（TWTM資訊網），蒐集及網羅產學研機構及個人之專利技術，與智財技術服務業合作，提供多元化行銷媒合活動，期活絡創新研發成果的流通與運用。TWTM依據行政院核定之發明專利商品化推動方案，建置專利加值輔導顧問中心，以輔導專利發明人之技術／專利進行商品化作業。若您研發之技術／專利有意願進行專利授權或商品化或成立新創公司自行量產銷售等，可與此計畫聯絡，此計畫會視個案需求派遣專家顧問進行諮詢或訪視與協助輔導，有關此計畫可查詢「台灣技術交易資訊網」（http://www.twtm.com.tw）。

◆自行推廣尋求合作者

　　以前有很多發明人是用這種方式推廣尋求商品化途徑，自行登報尋求合作者或寄DM給目標對象，或自備商品化投資的企劃書，親自登門拜訪相關企業公司毛遂自薦。總之，這種方式要發明人勤於主動出擊，也許就能遇到獨具慧眼的投資者，將你的專利商品化。

　　以上這幾種管道，只要發明人多方交互應用，相信要將有商品價值的專利技術予以商品化應不是太難的事。專利商品化過程如**圖2-2**所示。

圖2-2　專利商品化過程

2.11 創新發明與商品化轉換率

　　據2006年，前智慧財產局蔡練生局長指出：在全世界的專利案件中，能夠真正商品化的案子，比例並不高，依照目前實際的經驗數值而論，歐、美、日等先進國家只有3％，台灣也只有1％左右，而商品化出來後，又真的能夠成功行銷，直到成本回收，再進而實際賺到利潤的商品，台灣約只有0.3％（千分之三）的比例。

　　目前世界各國對發明專利與商品化轉換率的數據，尚無法做到完全實際並準確的統計，因為所有的政府機構或民間組織，都很難實地的去追蹤與調查，每件專利案子是否已商品化了，或商品化

之後眞的有所利潤嗎？目前只能透過政府單位和一些民間機構的相關周邊統計資料來做預測推估而已，故這些預估值，都只是發明界人士以經驗法則估算而來。但以長期實際的觀察來看，這些數值與實際情況應是相近的，也具有一定的參考意義。

專利商品化轉換率的提升

在那麼低的「專利商品化轉換率」數值下，這種事實代表什麼意義呢？很明顯的，這代表一個殘酷的事實，那就是「專利不等於商品化，商品化不等於利潤」，也可更白話地講：「從取得專利權到能夠商品化出來上市的過程中，大多數的人是不賺錢的，眞正能成功賺到錢的只有少數人。」由此可見，如何學習具備正確的發明知識，用以衝破那千分之三商品化成功率的重要性了。

然而，在實際的情況中，目前有很多個人發明家的確是瘋子，或許應該說是瘋狂吧！尤其是無商品化經驗的發明新手們，往往無法正確的評估自己的專利，在商品化過程中，所須投入的資金與人力、物力，以及會碰到的困難和挑戰，或太高估自己產品的優點，而低估了缺點，然後就一頭熱地投入大量的資源，使之商品化，然而產品生產出來之後，卻賣不出去，這眞是很要命的錯誤！

也就是說，發明創作提出專利申請案（以2009年爲例粗估統計）平均每一百八十件時，經審查後取得專利者爲一百件，又當商品化之後，能眞正通過市場行銷的考驗而獲利者只剩下0.3件。

從圖2-3來看，台灣目前由發明創作申請專利到取得專利的比例表現上，已有不錯的成果，而進一步提升商品化及獲利的比例，是下一階段重要的努力課題。

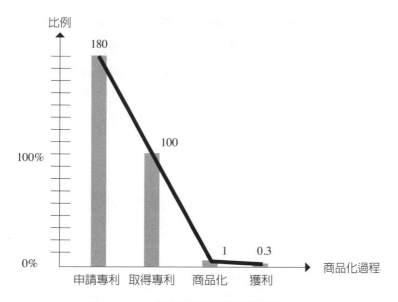

圖2-3 2009年台灣專利商品推估圖

註：此圖為依智慧財產局2009年統計之當年度申請專利件數78,425件與發證數
43,750件的百分比推估所得。

商品化的資源投入大於發明本身

我們從小到大，無論是從書本或媒體所傳達給我們的訊息中，大都是那些偉大的發明成就，而很少告知大家發明過程中的風險及如何做「風險管理」。如今，當我們要親自從事發明工作時，就一定要瞭解，到底發明的風險在哪裡，以及如何控管風險，不然，搞不好會傾家蕩產都說不定，這種殘酷的事實結果，無論中外皆有很多實際案例存在。只是，很少有媒體或書籍會去提及這樣的事，這一點發明人應銘記在心。

若以發明取得專利權，到商品化成功取得利潤的整個過程來看，發明工作相對的來說是比較有趣且不困難的，當從智慧財產局

取得專利證書的那一刻起，真正的挑戰才要開始。從商品造型的設計、開模、備料、生產、量產品質性能測試確認，到取得相關產品認證、庫存管理、行銷管理、帳款收回、資金調度、客服維修等等，都是要花費很多的金錢和精力才能完成的。若要以量化來做個投入資源比較的話，依經驗法則來推估時，會是「發明取得專利權的過程占20%，而商品化過程占了80%」。

> 創新發明常因領先市場太多而失敗，也因遲鈍落後市場太多而慘遭淘汰。
>
> ——佚名

2.12 創新發明的原理及流程

　　創新與發明並非只有天才能夠做，其實每個人天生皆具有不滿現狀的天性和改變現狀的能力，只是我們沒有用心去發掘罷了，在經過系統化學習創新發明的原理及流程後，一般大眾只要再綜合善用已有的各類知識與思考變通，其實人人都能成為出色的發明家。

　　在現代實務上的「創新發明原理流程」中（如圖2-4），眾所皆知，發明來自於「需求」，而「需求」的背後成因，其實就是人們所遭遇到的種種「問題」，這些問題，可能是你我日常生活中的「困擾」之事，簡單舉例，如夜晚蚊子多是人們的「困擾」，於是人們發明了捕蚊燈、捕蚊拍等器具，來解決夜晚蚊子多的「問題」。這些問題，也可能是你我的「不方便」之事，如上下樓層不方便，尤其當樓層很高時，所以我們發明了電梯，來解決此一上下樓層不方便的「問題」。如上所述，這些問題在表徵上的「困擾」、「不方便」之事，會以千萬種不同的型態出現，只要發明人細心觀察必能有所獲。因此，我們可以如此的說：「發明來自於需

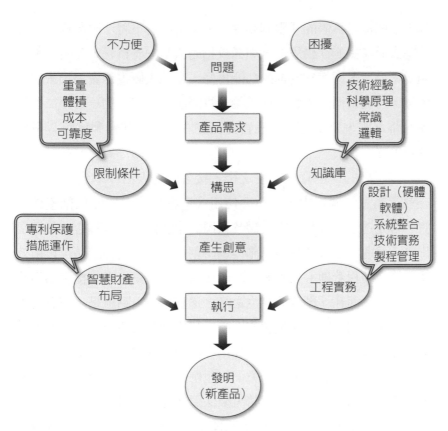

圖2-4 創新發明原理流程圖

求,需求來自於問題。」

當我們有了「產品需求」時,就可透過「構思」,運用綜合已有的各類知識,如技術經驗、科學原理、常識與邏輯判斷等,經過思考變通,就可以產生新的「創意」出來,然而在產生具有實用價值的「構思」過程中,則必須考量到「限制條件」的存在。所謂「限制條件」是指每一項具實用價值的發明新產品,它一定會受到某些「不可避免」的先天條件限制。以捕蚊拍為例,它的重量一定要輕,成本要低,其可靠度至少要能品質保證使用一年以上不故

障，這些都是具體的「限制條件」。反之，若不將「限制條件」考慮進去而產生的「構思」，如捕蚊拍的成本一支為五千元新台幣，重量十公斤，即使它的捕蚊功能再好，產品大概也是賣不出去的。所以，目前市面上大賣的捕蚊拍，實際產品一支大約一百至二百元新台幣之間，重量也只有三百公克左右，每年在台灣就可以賣出四百萬支。

有了好的「創意」產生之後，接著就是要去「執行」創意，在執行創意的過程中，必然要使用「工程實務」才能化創意為真實，首先透過「設計」將硬體及軟體的功能做「系統整合」後展現出來，並運用「技術實務」施作，將創意化為真實的產品，再由效率化的「製程管理」，將發明的新產品快速大量生產，提供給消費者使用。然而在「創意」產生之後，還有一項重點就是「智慧財產布局」，當在「執行」創意的同時，我們就應該要將「專利保護措施運作」包含在內，本項必須先由專利的查詢開始，以避免重複發明及侵權行為的發生，另一方面，也應針對本身具獨特性的創意發明，提出國內、外的專利申請，來保障自身的發明成果。

有些創意在學理上和科學原理上，是合理可行的，也符合在專利取得申請上的要件，但在工程實務的施作上卻無法達成，到最後這項發明還是屬於失敗的。所以，有了「創意」之後，接續而來在「執行」階段的「可行性」綜合評估，就顯得非常重要了，這一點請發明人要特別小心注意。

專利評估人員的三項職責：

1. 確認是否可取得專利權（是否符合專利三要件：產業利用性、新穎性、進步性）。
2. 市場分析。
3. 技轉授權可能性。　　　　　　　　　　　　　　　　——佚名

2.13 新產品創意的形成模式

　　一項新產品的創意來源形成模式有兩種，分別為「群體」產生及「個人」產生（如**圖2-5**）。在一個可獲利的發明商品中，從創新管理（Innovation Management）的角度來看，它包括了發明→專利→商品→獲利這四個階段，而新產品的發明創意構想是整個產品研發到獲利的流程之首，也是研發成敗的重要關鍵所在，無論是群體或個人的創意，一個完美的創意構想，能使後續開發工作進行順利，反之則可能導致失敗結果。

　　在群體創意的產生方面，可透過集體腦力激盪、組織研討會、成員的經驗分享、新知識的學習等，來提高創意的品質及構想的完整性。而在個人創意的產生方面，則可經由個人知識的累積、經驗的體會及個人性格與思考模式的特質，發揮想像力來獲取高素質的創意構想。

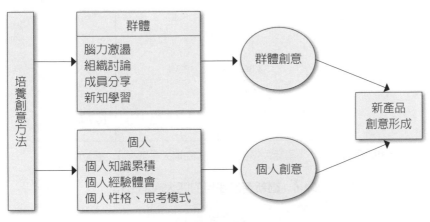

圖2-5　新產品創意的形成

 2.14 創新產品市場導入與消費者行為

當新產品開始導入市場行銷後,消費族群依其消費行為及動機,可分為四大類,這四大類族群的比率通常會呈常態分布,且有不同的特性(如**圖2-6**)。

早期使用者

這個族群的消費者,偏好使用新產品新科技的樂趣,對於新產品的價格較不在意,雖然這個族群的數量並不多,但他們是創新產品銷售成敗的關鍵族群,因為一項創新的產品必須先爭取早期使用者的認同,肯定其功能與品質或使用後所帶來的效益,如此才能讓其他的使用者相信該產品的適用性,並建立良好的口碑。

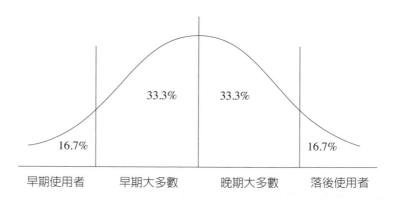

圖2-6 創新產品使用的四大族群分布

早期大多數

　　他們是一群「務實主義者」，對於新產品的功能、品質、效益和成本，會經過評估比較後再出手消費，他們會將採用新產品所帶來的利益作為優先的考量，也會等到周邊的技術或資源成熟或有人已使用成功後，再進行採用，創新產品的市場成長必須靠這一族群的支持。

晚期大多數

　　這是一群對創新產品的使用較缺乏自行處理新科技能力的人，他們的基本思維和早期大多數相類似，但心態上是更保守的，他們會等到該產品已普及化，很多人在使用了，才加入使用，當一項產品進入此階段時，即表示該產品已進入市場成熟期，消費者會選擇大品牌、口碑好的產品來購買。

落後使用者

　　這群落後者通常是一些不關心新科技、新產品的人，他們對於創新商品往往抱著懷疑的態度，不會主動去購買，而是必須將新科技融入在其他的產品中使用，才會被動式的自然接受而使用它。例如，將新的通訊科技或衛星導航融入汽車中，這群使用者是因汽車進而使用這些新科技的。

2.15 產業的微笑曲線與苦笑曲線

　　在全球化產業競爭的型態下，每一家企業都有它的一條價值鏈，至於企業是站在這條價值鏈的哪個位置，就要看該企業的「整體資源競爭能力」了。

　　在工業年代的初期，市場由「賣方」主導，因為產量有限，消費者也別無選擇，企業的重心都放在如何提高產能大量生產，在這樣的經濟型態中，哪家企業能擁有高超的生產技術和降低成本的能力，就能從中取得巨大的利潤。但是，這樣的年代已經過去了，我們所面對的現在與未來情況都會是「買方」主導的市場，當全球的企業製造產能已不是問題時，則會變成一個供過於求的時代，相對的，生產製造成本會無限度的被要求壓低，此時企業若僅從事生產代工，其利潤即會變得非常微薄。

　　處於這樣供過於求的年代中，顧客有了多重的選擇，如何以顧客導向思維，提供具有更多附加價值的創新研發或品牌行銷及新的服務，這才是未來具有競爭力的企業，也就是說，整個產業的發展趨勢，已經從過去有形的「產品製造能力」為重心，在不知不覺中逐漸地轉變成無形的「產品創新能力」為重心，在這樣的趨勢下，企業的保命符其實就是「智慧財產權」和「專利技術」了。

如何將苦笑曲線變成微笑曲線

　　以下用「微笑曲線」和「苦笑曲線」（如**圖2-7**），來說明企業在產業價值鏈中的處境位置與競爭能力。

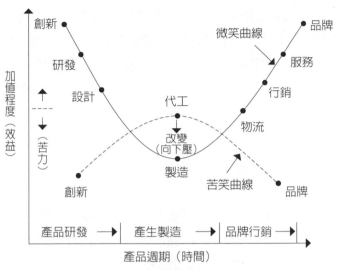

圖2-7　產業的微笑曲線與苦笑曲線

企業的「整體資源能力」與獲利利基

　　一家企業的獲利利基到底在哪裡？其實很難直接了當的說一定在微笑曲線或苦笑曲線的哪個價值鏈位置上，而是要先去看這家企業已經累積了多少「整體資源能力」，也就是先要看自己是一家「先進企業」，還是一家「後進企業」，當你是一家技術研發能力有待提升的後進企業時，若貿然投入大量資源進行創新研發或自創品牌，則有可能在尚未成功之前，企業已被拖垮了，這類型的企業只能先在降低成本、改善作業、提升品質等製造代工上努力，獲取「苦力」的利潤（就如苦笑曲線一般）。然後逐漸調整腳步，積極學習先進技術，累積更多的智慧財產權和專利技術等「腦力」資源，將苦笑曲線向下壓，便可成「一直線」，這個階段則可進行一些較有把握的小規模核心能力創新研發及品牌行銷，從中進一步累

積更多的「整體資源能力」，使企業能逐步邁向「先進企業」之路。在有足夠的「腦力」資源時，即能將直線再向下壓，而形成微笑曲線，此時企業即可完全由創新研發及品牌行銷的智慧資產經營上，獲取更高的附加價值，而將生產製造這種「苦力」的工作委外代工。

世界級先進企業的成功軌跡

我們仔細去觀察一些世界級的先進企業，他們靠著腦力而成功的軌跡，也絕非一朝一夕完成的，其產品發展是歷經基礎研究、應用開發、規格標準建立、技術與製程創新、行銷服務體系、創造品牌價值定位等重重的洗練，長期累積下來豐厚「整體資源能力」的結果。

當產業競爭是全球化的態勢時，企業唯一的出路就是要往微笑曲線的兩個高端走，生產製造的進入門檻障礙是較低的，這個國家能做，別的國家也同樣能做，所以生產製造根本不是問題，企業在產業價值鏈中的位置要從苦笑曲線轉變為微笑曲線的兩個高端來經營，雖並非一夕可成，亦非一念之間，這需要長期的努力耕耘和前瞻性的策略規劃，此路雖然辛苦，但絕對值得去實踐。

 ## 2.16 企業創新的四種類型

在企業整體經營的創新上，依其創新的規模及層面，可將它分為四種類型，即：作業創新、流程創新、策略創新、產品創新。

作業創新

　　這種創新可稱之爲「點」的創新，也就是從一個作業點上所進行的創新。例如，生產線上原本以人工拿著螺絲起子去上螺絲，改爲以電動起子去做，則工作效率提升兩倍，且螺絲扭力緊度易於控制，有助於產品品質的提升。像這類型以單一工作項目作爲目標的創新均屬之。這類型創新雖在企業的一個小點上，單一來看並不起眼，但企業中有很多這種工作作業點可供改善，所以，如能多加進行「工作創新」，其對企業的貢獻仍不可小覰。

流程創新

　　這種創新可稱之爲「線」的創新，它是屬於改善企業目前流程程序爲主的創新，此種創新的層面較廣，它一次就會牽動著數個部門的作業流程程序，此一改善成效會比單一工作點的改善來得顯著。例如，企業資源整合規劃系統（ERP）的導入，它能整合各部門的作業流程程序，將財務、人力、生產、進銷存等，做有效的流程改善，讓企業的效率加倍。

策略創新

　　此即爲「面」的創新，也就是創造企業新的經營模式，此一層面創新的影響甚巨，若方向正確、創新得當，能使企業整體體質完全改善，促成另一波的成功高峰。例如，全球最大的家居用品零售商，瑞典的宜家家居（IKEA）以DIY組合式設計的平價傢俱爲經營策略，打造了傢俱業的王國。又如，台灣的台鹽公司，投入生

技業化妝保養品的經營，也創造出一片榮景，這都是成功的「策略創新」例子。

而企業「策略創新」失敗的例子，如柯達公司自1881年創立以來，在攝影器材界歷經百年的輝煌榮耀，1975年首先發明了數位相機，但因深怕影響本身既有的傳統軟片相機市場，而不敢搶先積極上市數位相機，致使幾年之後柯達公司就被淘汰在數位相機市場之外。一場因企業決策高層的市場策略錯誤，未能即時調整企業新的經營模式，使得柯達在2003年之後，每年嚴重虧損，而在2012年1月19日向法院宣告破產。即使柯達有過人的技術創新能力，首先發明數位相機，但因決策高層的「策略創新」發生錯誤，導致企業失敗，一個血淋淋的例子。

產品創新

這是以產品研發創新為主軸，但未改變其既有的經營模式，這是一般企業最熟悉也最為積極的一種類型，公司不斷推陳出新具有創意點子的產品。例如，手機、MP3、PDA、數位相機、智慧型手機等，消費性電子產品即是這種創新的典型例子，企業總是在積極研發下一個熱賣商品。

以上這四種類型的創新，其在投入成本、成果顯現時間、效益大小等三方面皆有很大的不同，以「作業創新」來說，其具有投入成本低、成果顯現快但效益較小的特質。又以「策略創新」來看，其具有投入成本高、風險高、成果顯現時間慢，但若創新成功則可帶來巨大利益，可以刺激公司的大幅成長等特質。

> 顧客不是永遠都是對的，有時得教育他們，尤其是發明創新產品的行銷上。
>
> ——佚名

每一家企業所需要的創新層面及類型與急迫性皆有不同，但要成為具有競爭力的企業，應該要認知以上這四種類型的創新，皆應積極投入的思維，並依自身企業狀況，衡量輕、重、緩、急和資源的合理分配來投入。

　　企業的創新需要「持續力」，假如企業不知持續創新的重要性，總是活在過去成功美好的回憶中，此時，一旦環境發生變化或有更強的競爭者加入時，馬上就會被淘汰出局。

 # 2.17 創新產品之可靠度與FMEA

　　在專利的創新產品研發上，所生產出來的產品，往往是在強調功能的創新與帶給消費者的效益或便利，然而對於一個消費者而言，除了上述這些好處外，還有一項最重要的「品質可靠度」問題，對消費者來說，如果買了一樣創新產品，但品質不佳，經常發生故障，光是送修來來回回的處理，就會給消費者帶來無窮的麻煩，相對的，以後對這家企業的其他產品，就會敬而遠之了，而企業將會失去顧客的忠誠度，所以有句話說：「產品沒有可靠度，顧客也就沒有忠誠度。」

為什麼會發展出FMEA的方法

　　FMEA是早在1960年代就由美國軍方和太空計畫所共同發展出來的一套手法，針對產品的可靠度規範模式所設計出來的一種有效品質確保方法，因軍用和太空產品所使用的環境是很惡劣的且攸關人命，甚至可能牽動到整個國家的利益，產品損壞所造成的影響是非常嚴重的。所以，很早以前軍方就對軍用、太空產品的可靠度，

有了極為嚴苛的規範,而這套規範後來也延伸到民間企業使用,以提升品質管理的水準及增加企業的競爭力。

在現代,產品可靠度的規劃與分析的模式中,最被廣泛使用的也就是這套「失效模式效應分析」(Failure Mode Effects Analysis, FMEA),這是一種防範於未然的產品品質可靠度管理技術,主要功用在於先行針對產品系統失效之前就能主動發覺失效的模式與失效的原因,及失效時的影響程度,進而能在失效未發生前就先採取防範或補強之措施,以避免真正失效狀況的發生或降低發生的機率。

目前FMEA已被成功的應用於軍用品、航太工業、一般工業、民生用品之研發設計製程當中,應用層面非常廣泛。在創新產品設計時,可從過去的設計經驗及各種相關資訊來預測該產品最有可能的失效部分,再經由實際的測試驗證,找出產品真正的弱點,並視狀況補強設計,或是選擇忍受弱點所帶來的企業風險,這就是FMEA的核心概念。

FMEA的應用案例

例如,一支行動電話,在充電插座連接埠處,會因使用者的頻繁充電使用而增加損壞率,此時設計者在設計之初,對於連接埠零件材料的選用與成本的考量,就必須做出選擇,是要選用成本高的強化特製型連接埠呢?還是選用成本低而易於更換檢修的模組元件呢?而無論設計者用了何種元件,都還是要經過實際的可靠度測試,來驗證與構想時的實際品質差距。這樣一來,研發設計者就能在充分掌握品質可靠度的狀況後,視其經濟效益及企業商譽的考量,來判斷抉擇是要在前端設計時就直接解決問題呢?還是其實失效問題的風險甚低?若為前端設計補強來解決問題的整體成本高於失效後的承擔成本時,而決定採用後者,這些都能由FMEA的分析

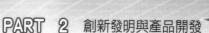

與驗證中，找到最佳的解決方案。

「零件可靠度」與「成品可靠度」

　　關於FMEA的實際操作項目及技術，會因產品種類及實際的需要而有所差異，以家電產品為例，其可靠度規劃可分為「零件可靠度」及「成品可靠度」兩大部分，其中再分別規劃施以「加嚴試驗」及「加速壽命試驗」，來進行「實際驗證」的FMEA分析。另外，對於電子相關之產品須加做「電磁相容」（Electro Magnetic Compatibility, EMC）的可靠度測試，其中包含「電磁干擾」（Electro Magnetic Interference, EMI）及「電磁耐受」（Electro Magnetic Susceptibility, EMS）等嚴格的品質實測，而非只是憑想像或只經計算、推理式的分析。

FMEA的實際操作範例

　　在「零件可靠度」的實際驗證操作上，以除濕機控制面板上的電源按鍵開關為例（如**圖2-8**），當除濕機的設計使用年限以七年作為標準時，以消費者每日平均會按壓操作按鍵開關次數為十

何謂EMC？

　　EMC（電磁相容）＝EMI（電磁干擾）＋EMS（電磁耐受）
　　根據EMC的定義，是對機器或系統的製造業者，要求不僅能將來自機器或系統本身的電磁性發射抑制在某限制值內，以防向外干擾到其他設備的正常運作（EMI），而且要提高機器或系統對外來雜訊的防禦能力（EMS），在所遭遇的環境中，避免性能改變和造成誤動作兩方面的重點。所以，EMC也就是為了顧及消費者生命財產的安全，歐美等先進國家，早已針對電子相關產品的電磁干擾與電磁耐受，訂定法規加以規範，以創造一個電磁相容，無雜訊的電子化資訊生活環境。

圖2-8　按鍵開關可靠度壽命測試設備

次，則使用七年的時間共會操作25,550次（10次／天×365天×7年＝25,550次），而按鍵開關的實機負載為交流電源60HZ電壓110V電流3A電感性負載，功率因數80%時，將它分為「標準條件組」及「加嚴條件組」兩組，測試樣品，各為五只。而加嚴條件組的加嚴安全係數各以1.5倍為基準，則在施以可靠度驗證時，加嚴組的模擬條件為：

操作次數：25,550次×1.5倍＝38,325次

電壓：110V×1.5倍＝165V

電流：3A×1.5倍＝4.5A

（總體安全係數為1.5倍×1.5倍×1.5倍＝3.375倍）

經計算得知模擬條件後，再將兩組按鍵開關零件，利用治具安裝於模擬試驗機台上（加嚴條件組之電器接點通以交流電60HZ電壓165V電流4.5A的模擬負載，標準條件組則通以標準值之模擬負載即可），並以機械模擬手指，按壓操作該按鍵開關38,325次（時間間距ON／5秒，OFF／10秒，操作一次共需15秒），測試操

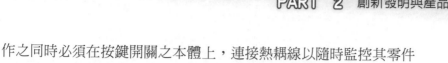

作之同時必須在按鍵開關之本體上，連接熱耦線以隨時監控其零件本體溫升，以確保安全。

以操作一次需15秒的時間來計算，一天（24小時）共可操作5,760次，標準條件組的25,500次僅需4.4天，而加嚴條件組的38,325次也僅需6.7天，即可完成測試，將測試後的「標準條件組」與「加嚴條件組」樣品，加以解剖、檢查、分析後，即可得知模擬使用七年後的磨損情況，再依損壞情況來判斷，此零件是否適用於這個產品上。

FMEA失效分析的架構

創新產品研發，在品質可靠度的規劃及驗證上，是一門非常專業的學問，有關零件可靠度、成品可靠度、加嚴試驗、加速壽命試驗等，有關FMEA的分析與交叉評估，這些在品質管理上的技巧，本文限於篇幅，在此僅舉上述一例作為簡單的概念介紹，並請參閱圖2-9。

「外部失敗成本」與「內部失敗成本」有何差別？

產品品質的可靠度為何在企業的成功經營上，占有非常重要的地位呢？因為產品上市後若發生品質不良的狀況，無論對消費者或企業兩方其實都是輸家，對於消費者所產生的送修處理，是很煩人的事，也會對這家企業失去信心，不再上門消費；而對於企業來說，不但在產品的回收或修理上，耗費大量的企業人力、資金成本外，更會失去顧客的忠誠度。依據實務經驗值來看，通常企業對於產品失敗的成本承擔為：「外部失敗成本是內部失敗成本的三百倍」。

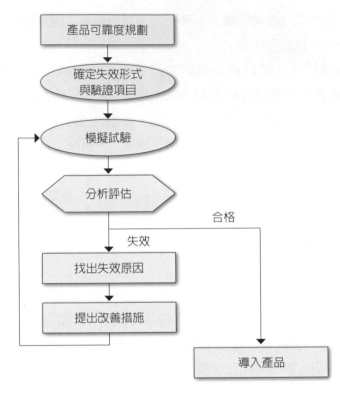

圖2-9 失效分析架構圖

　　也就是說，若產品品質有瑕疵，在企業內補強改善的成本是每台十元，就能完成時，一旦所研發的產品，沒有預先嚴格的實施品質管理，而在上市後才發現品質有瑕疵時，所必須補救的成本花費，會變成每台三千元，若上市一萬台，則成本損失就會高達三千萬元之多，在這麼高的外部失敗成本負擔下，可能就會因此而拖垮一家企業。所以，研發者對創新產品，在開發時的品質確保觀念是絕對重要的，企業經營者不可不慎！

何謂「外部失敗成本」與「內部失敗成本」？

　　外部失敗成本是指，產品已運離企業，分散在各地開始上市銷售或產品已到消費者手中，這時才發現產品有瑕疵，必須回收再處理，所產生的整體承擔成本，含人工、運費、材料等費用。

　　內部失敗成本是指，產品在研發生產製造階段，就發現產品有瑕疵，而進行補強改善所產生的成本。

2.18 創新產品研發的類型

　　創新產品研發的類型如**圖2-10**所示，可分為四類，即競爭性之商品、一般性之商品、研發中之商品、可商品化之專利商品。其中專業技術程度強而市場需求還處於弱勢，但以後有高度市場潛力的商品，就必須以取得專利來作為研發成果之保障。

　　專利技術的商品化，對發明人而言是具體經濟利益的獲取，對工商企業界而言，則是可獲創新產品，帶來營銷利基，消費者更可獲得功能好、效益高的商品，提升生活水平，就國家整體而言，

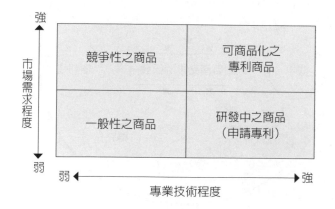

圖2-10　商品研發的類型

可以提升產業技術與國際競爭力，故各國政府無不卯足全力，全面推廣創新之產業。

專利技術之考量因素

創新產品的設計研發，必須考量下列幾個因素（如**圖2-11**），應在有市場需求的狀況下來進行產品研發，否則只有產品而無市場，這將會是失敗的研發。

1.功能：新產品的功能是否比原產品更多更好、更有效益。
2.技術：新產品的技術門檻是高或低，他人是否易於模仿。
3.品質：專利的新產品經常是功能上的創新，但不代表絕對的品質保證，以往許多的專利產品失敗，其關鍵就在於沒有將

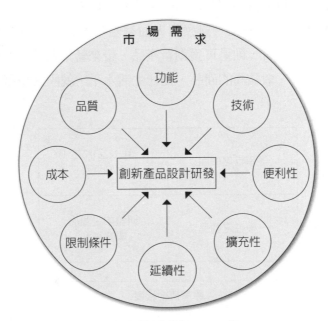

圖2-11　專利研發之考量因素

品質做好，依照消費者行為的許多研究指出，只有20%的人用到好的產品會告訴親朋好友，但有80%的人用到不好的產品會告訴親朋好友等身邊的人，故產品品質的口碑是成功商品非常重要的一環。

4.成本：產品售價與成本息息相關，如何控制好產品的成本，是能否將商品普及化的重要關鍵因素。

5.限制條件：符合市場需求的產品在研發設計時，都有其不同程度的各種限制條件，例如，空間、重量、體積、效率等，主客觀的限制條件，必須在這些條件的限制下，發揮智慧及創意，將產品設計出來，如此才能符合市場的需求。

6.便利性：新產品必須具有更大的便利性。

7.擴充性：須考量其功能是否具更多擴充性，以利日後的功能提升。

8.延續性：對後續的技術發展是否能提供第一代、第二代、第三代等延續性的產品研發設計之衍生商品。

除以上各項的基本考量外，其他如技術複雜度及知曉程度、技術之成長曲線及風險與現有產品線之技術關聯性、分析競爭對手核心技術能力與發展趨勢等，都是值得一併考量的參考因素。

專利技術發展的生命週期S曲線

在專利技術發展上，其生命週期（如圖2-12）於萌芽期時技術效益尚不明顯，企業還處於投資研發階段，這段期間還未能真正創造利潤。而在成長期時，為開始商品化及行銷的時期，此段時期因有專利的保護，所以能快速的成長，也為企業創造利潤。而在成熟期時，因競爭者類似功能產品的加入市場競爭，及受到整體市場規

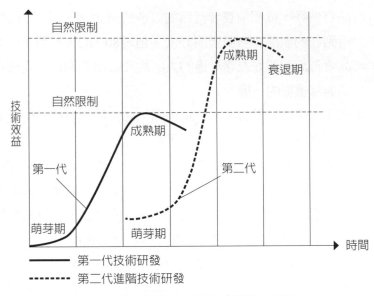

圖2-12　專利技術發展的生命週期S曲線圖

模的自然限制，在行銷及利潤上就會受到擠壓，而呈飽和狀態。更在衰退期時，開始呈現負成長的現象。

產品生命週期之延續策略

在第一代的技術研發處於成熟期時，就應即刻進行第二代進階技術的研發，如此才能順利的用第二代的商品成長來取代第一代的商品衰退期，再造另一波的技術效益高峰，為企業持續創造利潤。

2.19 專利商品化發展策略之架構

專利商品化發展策略架構

在專利商品化發展的策略架構方面（如**圖2-13**），由顧客需求（含通路商、競爭者、企業內行銷人員）、專利資訊、期刊資料、專家意見、各種技術報告等訊息面的蒐集，得知何種產品是市場需

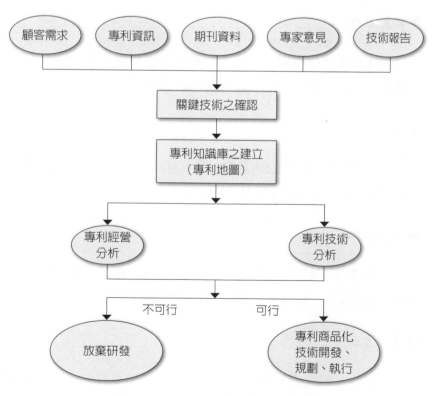

圖2-13　專利商品化發展策略之架構

要或深具潛力之商品,再加以確認關鍵性技術爲何?是否爲本企業有能力研發之技術?進一步經由專利資料的檢索來建立專利地圖加以分析及比對現有專利狀況,再施以專利經營分析及專利技術分析,即可得到具體的策略方向。

專利商品化可行性評估

專利商品化的可行性評估(如圖2-14),主要評估項目包含:資金、技術、生產、市場等四大部分,缺一不可,若有一項以上經過評估被認爲是不可行的,則將無法完成專利商品化的目標。

◆資金方面

因爲要應付量產期間之資金所需,必須評估長、短期資金需求的來源,是以獨資、合資或借貸方式取得資金。

◆技術方面

必須評估創新技術之成熟度,其中包含自行研發技術及授權／讓與的技術,或是交互授權而得到的技術。

◆生產方面

必須評估生產的必備條件(人力、設備、產能)及品質與可靠度之確保能力,然後可決定由代工生產或自行生產。

◆市場方面

須評估市場規模之大小、商品是否合於顧客需求、消費者對

該類商品的熟悉度等,其中包含現在市場及潛在市場的行銷廣度與深度。

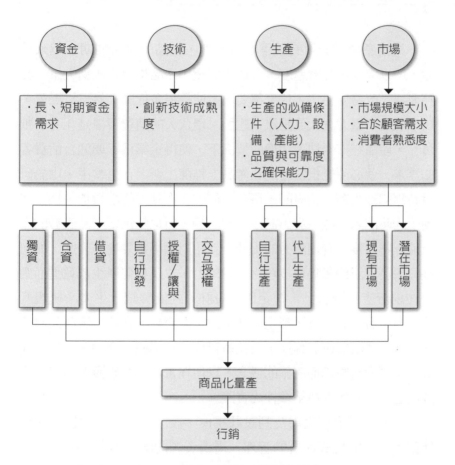

圖2-14 專利商品化可行性評估架構

2.20 創新產品設計實務要領

　　科技產業所面對的競爭非常劇烈，產品的生命週期也越來越短，所以大家都在拚速度，交期要更短、產品推出要比別人早、服務要快、改善要更快，什麼都要快，使得很多從業人員日以繼夜，夜以繼日，壓力之大眞是難以想像。現代人的消費習慣是「喜新厭舊」，產品在市場快速汰換的情況下，使得企業爲了要迎合消費者的需求，就必須能很快速的在產品上推陳出新，在這當中，由於研發時程的被壓縮，相對的，研發人員的工作壓力隨之增加，爲了在極短的時間內就能研發出高水平的產品，所以對創新產品研發的作業流程熟悉度及管理能力的提升，就相對顯得重要性。因此，如何進行研發資訊的蒐集與技巧之活用學習，以及如何產生創意進而應用在創新產品概念上，乃至研發設計、性能驗證、生產系統規劃等，對研發人員而言，都是一連串嚴苛的考驗，在此，將產品研發的型態與各階段研發程序，及使命目標予以明確化介紹，其用意在於讓學習者有整體而明確的概念，以便在實際進行研發工作時，達成所追求的效率性與精準性之實踐。

　　由於產品之研發涉及到設計規模、設計時程、人力投入、性能確認、可靠度與品質的管理、周邊資源的配合等多重的因素要項，是一種甚爲複雜的總體技術及管理能力的整合工作，在此盡量以簡單易懂及重點的表達方式來做介紹。

創新產品研發的分類

　　產品的研發設計依其設計規模及程度的不同，在型態上可分

為三大類：

◆新產品（New Product）

所有功能、規格、特性、結構、外觀，均完全新設計之全新產品，例如研發一部全新的汽車車種。

◆型式變更（Model Change）

由既有之產品中進行局部的設計變更，變更後與既有之產品大致功能相近但已有某部分不相同。例如，在既有的汽車中將冷氣系統的壓縮機規格變更加大，以達增強冷氣能力、快速冷房之目的。或在既有的汽車中加入數位影音（DVD）系統的設計等，都是屬型式變更的設計範圍。

◆細部變更（Minor Change）

由既有之產品中進行小部分的設計變更，一般均不違其原有功能及特性的衍生性產品。例如，在既有的汽車中，將方形尾燈變更為圓形尾燈。或原燈泡為外包廠商A品牌元件，變更為採用外包廠商B品牌同規格之元件等，都是屬細部變更的設計規範。

創新產品研發設計之各階段說明

由於以上三類（新產品、型式變更、細部變更）產品設計的設計規模及須確認研發的項目不一，所以在產品研發設計需求之各階段上，可分為新產品企劃、機能試作、樣品試作、試驗性生產、大量生產、銷售等六個階段（如**圖2-15**）。

對於「新產品」設計各階段的「設計檢討會」在EP、SP、PP

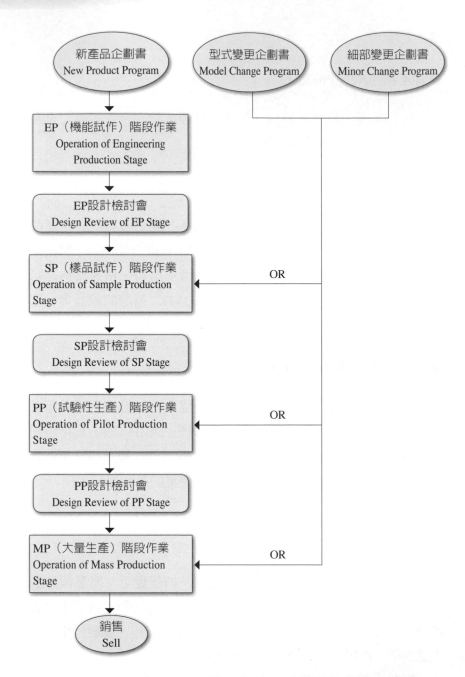

圖2-15　創新產品研發設計流程圖

等各階段試作告一段落後,都須召集研發部門、生產技術部門、品質管理部門、行銷業務部門及其他相關者,共同檢討與評價各階段「試作當中」所需繼續改善之事項及下一階段試作須注意及加強之處,以期能在大量生產(MP)時,追求生產效率及品質穩定。

有關「型式變更」及「細部變更」在哪一階段導入試作較爲適合,則必須視其性能確認的需要性,選擇由SP或PP或MP階段時導入。

創新產品研發設計之各階段展開作業(如圖2-16)

◆新產品企劃(New Product Planning)

主要目的與使命在蒐集產品研發時的相關資訊,依據市場需求透過顧客、通路商、專利資訊、專案研究人員等多重資訊管道進行資訊蒐集後,加上「產品創意技法」的活用,來做新產品的構思與相關事宜之企劃,並設定「產品概念」之特性、功能、市場可接受之售價、開發時程與上市時間,以及目標市場行銷通路等之「行銷組合規劃」事項。

◆機能試作(Engineering Production, EP)

主要目的在探索新產品的核心技術之所在與關鍵性新機能及新技術之可行性。

此階段的使命目標爲研究活動之展開及透過企業內、外部的研究資產(包括研發設備、專業人才、技術知識庫等)的應用及施以「可靠度規劃」,進行產品性能目標值之設定與檢驗之基準。並擬定「開發計畫書」來明確化開發進度、人力應用、研發經費的支

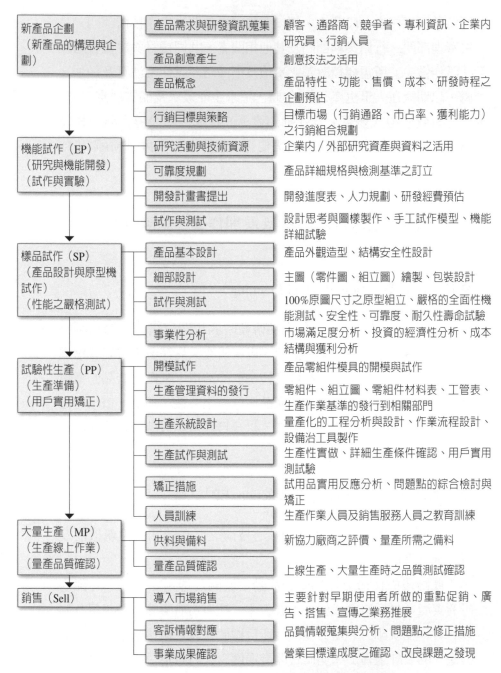

新產品企劃 （新產品的構思與企劃）	產品需求與研發資訊蒐集	顧客、通路商、競爭者、專利資訊、企業內研究員、行銷人員
	產品創意產生	創意技法之活用
	產品概念	產品特性、功能、售價、成本、研發時程之企劃預估
	行銷目標與策略	目標市場（行銷通路、市占率、獲利能力）之行銷組合規劃
機能試作（EP） （研究與機能開發） （試作與實驗）	研究活動與技術資源	企業內/外部研究資產與資料之活用
	可靠度規劃	產品詳細規格與檢測基準之訂立
	開發計畫書提出	開發進度表、人力規劃、研發經費預估
	試作與測試	設計思考與圖樣製作、手工試作模型、機能詳細試驗
樣品試作（SP） （產品設計與原型機試作） （性能之嚴格測試）	產品基本設計	產品外觀造型、結構安全性設計
	細部設計	主圖（零件圖、組立圖）繪製、包裝設計
	試作與測試	100%原圖尺寸之原型組立、嚴格的全面性機能測試、安全性、可靠度、耐久性壽命試驗
	事業性分析	市場滿足度分析、投資的經濟性分析、成本結構與獲利分析
試驗性生產（PP） （生產準備） （用戶實用矯正）	開模試作	產品零組件模具的開模與試作
	生產管理資料的發行	零組件、組立圖、零組件材料表、工管表、生產作業基準的發行到相關部門
	生產系統設計	量產化的工程分析與設計、作業流程設計、設備治工具製作
	生產試作與測試	生產性實做、詳細生產條件確認、用戶實用測試驗
	矯正措施	試用品實用反應分析、問題點的綜合檢討與矯正
	人員訓練	生產作業人員及銷售服務人員之教育訓練
大量生產（MP） （生產線上作業） （量產品質確認）	供料與備料	新協力廠商之評價、量產所需之備料
	量產品質確認	上線生產、大量生產時之品質測試確認
銷售（Sell）	導入市場銷售	主要針對早期使用者所做的重點促銷、廣告、搭售、宣傳之業務推展
	客訴情報對應	品質情報蒐集與分析、問題點之修正措施
	事業成果確認	營業目標達成度之確認、改良課題之發現

圖2-16 創新產品研發設計之各階段程序展開圖

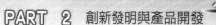
配等工作，亦方便進行整個研發狀況的追蹤與管理。

此階段也必須開始進行設計的思考與藍圖的製作，並初步以手工的方式，製作產品模型來測試其性能爲何？是否達到預期目標。

◆樣品試作（Sample Production, SP）

主要目的在驗證整個新產品之機能實現的可行性及銷售市場之滿足度。

此階段的使命目標爲產品的「基本設計」（包括外觀造型、結構的布局與安全性），以及正式圖面的繪製與產品的包裝設計。在原型機的製作方面必須以正式圖面1：1的完全尺寸，製作出將來商品化時的完整機型模式（Mock-up Assembly），來進行實機的測試，以確保將來商品化產品的性能與品質。再依實機測試的結果來評價是否能滿足市場需求、投資的經濟性爲何等「專業性」的分析。

◆試驗性生產（Pilot Production, PP）

主要目的在確認新產品之生產性及相關生產之設備、治工具、模具、加工性及品質公差，所有涉及生產線上作業相關之事項。也就是生產品質之確認，亦可謂「量產前試作」。

此階段的使命目標是將已繪製完成的正式圖面，開始進行正式開模試作，並將模製品的零組件在生產線上正式試作組裝，以確認生產性及詳細生產條件。如有任何問題點存在，必須在此階段進行綜合性的檢討與矯正，以期在大量生產階段時能順利推展。

◆大量生產（Mass Production, MP）

依照PP量試之規劃，在「第一批」大量生產中，培養生產作業者之熟練度，同時充分檢驗大量生產之產品品質。在「第二批」起之大量生產時，則以追求生產效率及品質穩定為目的。

此階段的使命目標是將相關零組件的外包供應廠商之供貨能力、品質保證能力，以及第二來源廠商的尋求等，作綜合的評價與篩選，並開始進料準備大量生產時之需。於備料完成後即可安排上線正式生產，並進行量產品之品質檢測確認。

◆銷售（Sell）

此階段的使命目標，事先針對早期使用者做重點的促銷、廣告等方面的業務性工作推展，而在新產品開始銷售後，即啟動「客訴情報對應」機制，對產品品質情報進行蒐集的工作，並對所得情報進行產品品質的分析，以供修正問題點之資訊來源。此階段也應做「事業成果」之確認，包括營業目標達成度為何？產品改良或衍生之再創新產品的再研發等課題的發現。

在前面所說明的創新產品研發設計的各個階段管理中，每個階段作業的重點內容與項目及要領，因目的之不同而有明顯的差異，但其作業是有一貫性及互相的需求連結性的，故各個階段的分別展開作業，是應該要連貫起來一併瞭解的，如此方能全面認識到完整的「創新產品研發設計」流程及精髓之所在。

「發明」就是要：以創新變現金，用智慧換機會。

——佚名

2.21 不要輕忽學生的專題製作

　　近年來台灣的學生經常在國際的發明競賽中屢獲佳績，倍受世界各國肯定，也為台灣贏得不少國際上的掌聲，進而促成台灣在國際形象的提升。無論對發明創作的學生個人或所代表的學校，甚至於對整個國家社會都有很大的正面鼓舞作用。

　　若能將這些優秀的發明創作品加以商品化推廣，相信不僅能為發明者個人帶來可觀的經濟效益，對於學校甚至是國家社會都是莫大的貢獻。舉以下實例供讀者參考，用於證明只要是具有市場價值的優秀發明創作品，都有商品化成功的機會。

案　例

◆開南商工

　　台北市開南商工職校的學生，2011年在電子實驗室老師張丕白的指導下，因觀察在多季時腳上的鞋子不夠保暖，時常冷得身體直發抖，於是發明了「自動控溫彈性鞋墊」（如圖2-17）。人是恆溫動物，失溫立即危及生命安全尤其在寒帶地區的國家更是需要這產品。寒帶地區許多公共設施、住宅、交通工具、醫療機構均提供保溫設施。而目前現有的鞋靴，對於溫度的變化只能消極地「防禦」，使用導熱係數較低的材料防止熱量散失，如皮革、橡膠、紡織布料等硬撐過去。而此一發明「自動控溫彈性鞋墊」造型輕薄，便於放置於各種鞋子或靴子內，以電能轉換為熱能，具有產生熱能

圖2-17　自動控溫彈性鞋墊與創作人

圖片來源：開南商工張丕白老師

的裝置，能保護足部避免失溫，增加原有鞋製品的舒適性。

　　鞋墊內的自動控制溫度系統，能於三分鐘內，將鞋墊迅速增溫至人體相近的溫度，並可避免溫度過高的危險，可安全使用，以物理吸附的原理導電與導熱可節省能源、不會有高溫灼傷人體或燃燒的危險，兼顧人身安全與節能減碳（如**圖2-18**）。

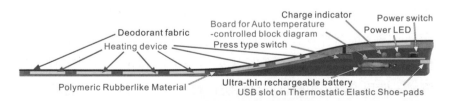

圖2-18　自動控溫彈性鞋墊結構圖

圖片來源：開南商工張丕白老師

因皮鞋或皮靴之底部堅硬，站立或行走過久會使足部感覺痠痛，此發明採用橡膠性聚合物材料作為加熱墊片，使鞋墊具有柔軟、保溫、耐用除臭的物理特性。

此一發明作品在參加2011年義大利國際發明展榮獲金牌獎後，立即受到廠商的青睞，以二百萬元新台幣買下專利權進行合作生產，並可在後續的商品銷售中再抽取權利金。

◆元智大學

台灣前幾年有個案例，桃園縣元智大學的幾位學生，在課程上需要專題研究製作，因這幾位學生想不出做什麼主題比較好，所以和指導老師商討題目，經一番討論後，老師建議學生可做汽車車牌號碼的自動辨識系統，汽車只要行經路口，透過攝影機鏡頭攝錄到車牌，經電腦判別就能馬上辨識出這個車牌是幾號。

若依一般學校老師及學生的作法，可能是當這個專題實驗及報告做完，就將這份專題報告「束之高閣」，就此結束了。但這位指導老師和學生，卻想到如何將這個技術實際應用到市場上，這種自動辨識系統應可用於停車場的收費管理及車輛的防竊上，甚至可裝設於各重要路口過濾贓車，快速通報警網追捕等用途，於是去申請專利，並積極的參加許多發表會及展覽會。有一次有位來自日本專門做停車場管理系統產品的商人，他於參觀時發現這個自動辨識系統比當時日本所有類似產品的辨識精確度都要來得優良，且判別速度很快價格又便宜很多，於是就下單訂購很多套這種系統，這一筆交易總價就高達約有二千萬新台幣，為了生產這項產品，老師去找廠商合作製造，後來台灣本地的停車場也開始採用這種收費系統。

所以，我們現在開車去計費停車場停車時，有些停車場能在

車輛一到入口取入場票根時，票根上就已自動印上您的車牌號碼，當出場時電腦就自動計算您的停車時間，並告知您須繳多少停車費。如有歹徒來竊車，當插入的票根並非您入場的原票根時，出口柵門無法打開，管理員就會馬上出來處理，於是歹徒就比較不敢去這種停車場竊車。警政署也開始在幾個重要路口測試導入這類系統，只需0.6秒的時間，就能辨識出是否為贓車，若成效良好將正式導入全國連線啓用，希望能改善台灣每年約二十四萬輛的汽機車高失竊率。這項自動辨識系統的技術，目前實際應用的成效相當不錯，由於這位老師的興趣主要還是在於作研究和教導學生，較無興趣在做生意上，所以將這項技術以六千萬新台幣賣給廠商繼續去推廣，其所得利益為學校及這個案子的其他參與者分享，然後在學校繼續研究其他的創作，希望能再做出好的作品。

◆台灣大學

2004年4月，台灣大學電機系也發表了他們的研究成果，這群師生所研究成功的一項影音資料壓縮技術，能導入手機使用，大幅改進手機傳送速度太慢的缺點，此項技術使以後的手機皆可做影音電話使用，而不會有影像停格的現象，有如電視記者使用的SNG設備做現場即時報導的影音效果，只要一支小小的手機，使得人人都能成為現場記者。該技術取得二十多項的專利權，技術領先獨步全球，預估每年商機在一百億元新台幣以上，目前已將技術轉移給廠商進行實際的商品開發，並獲得三千萬元新台幣的權利金。

◆大陸清華附中

在中國大陸2003年清華大學附設中學，高一的學生楊光發明了「氣動馬桶」，只需用原來三分之一的水量，就能把馬桶裡的汙

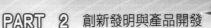
物沖洗得一乾二淨,可說是非常節省水資源,不但有專利代理公司願意免費爲這位學生申請專利,更有多家商業公司看好這項新發明的商品價值,正積極與這名學生洽商專利權買賣事宜,爭相希望能取得這項專利的商品開發權。

◆史丹佛大學

再舉例美國著名的史丹佛大學(Stanford University)的研究授權成果,有一項關於基因重組的生技專利「Cohen-Boyer Recombinant DNA」,這項專利於1996年即獲得了五千三百萬美元的專利授權金,其所得利益三分之一歸此項研究計畫的政府原支助機構,三分之一歸校方,三分之一則歸屬於創作人。

◆其他實際案例

又如就讀於彰師大商設系四年級的詹鈺鈝參加「2010馬來西亞世界發明展」奪得金牌,得獎作品是能快速抽換整理資料夾內頁的「快速翻頁夾」,參展後馬上被廠商看中,這項發明具有高度市場性,以一百萬元買斷專利權。

另一例,2011年3月間就讀亞洲大學商設系的學生劉怡君,因大三的創意課程作業而發明製作的「自行車自動發光踏板」,這種可以利用踩踏自行車踏板時,一起帶動裝在連結軸心的小發電機產生電力,而驅動踏板中發光LED燈的作品,在參加韓國首爾國際發明展後勇奪金牌,並獲得產業界的青睞,以二百萬元簽約授權專利。

> 無論大發明或小發明,只要具有實用市場價值的發明就是「好發明」。
>
> ——佚名

　　再舉一例，連九歲小朋友也可以成爲發明家，就讀於台中市明道普霖斯頓小學的鄧立維，因看了水庫在洩洪時可以運用水流發電的原理，進而發明了利用自來水出水時的水流沖刷，來帶動小渦輪發電機，所做成的「全球最環保自來水發電系統」，此作品參加「2010馬來西亞國際發明展」奪得金牌，回到台灣後，這個發明的專利權，不但馬上被廠商以一百萬元買下，還可擁有公司的兩成股份。

　　另一位就讀於台中塗城國小三年的陳泰融小朋友，以前曾拿鐵絲等會導電的物品，插入電源插座而被電到，因而發明了必須轉動約三十度，才能夠通電的安全插座，參加「2010越南河內世界青少年發明展」，在上千名的參展者中是年紀最小的一個，但卻能勇奪銅牌，很多廠商也對此發明作品極感興趣。

　　由以上這些實際案例可見，一個好的創意，如果能在實際的應用面用心去推廣，其實是有很大成功機會的，以目前台灣的學校無論是高中、專科、學院及大學數量，以及各領域科系學生的人數都相當多，若能由學生本身或指導老師協助，把這些專題創作加以過濾，取出有實際應用價值的作品，眞正加以「有效推廣」，相信光是台灣一年中，由老師及學生身上所能帶來的創新經濟價值，就相當可觀了。筆者寫此系列文章的另一重要目的即在此，希望能鼓勵所有的人，將您有實用價值的創作，大膽又正確的推向市場造福社會。

「創意」就是——有辦法將惱人的小麻煩轉變爲耀眼的大生意。

——佚名

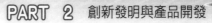

2.22 發明展與發明獎勵

　　發明展可說是發明人將創作品公開展出推廣最重要的場合，無論是一年一度的全國發明展（自2005年起擴大規模，改為「台北國際發明暨技術交易展」），或其他各地的展出機會，發明人應多參加這類的展覽活動，以有效推廣自己的創作，有關國內外各種發明展覽會的資訊，可參閱本書6.01和6.02之國內外各項發明展覽及創意競賽資訊，每一種展覽的規模大小不一，屬性也略有不同，但對發明人而言，都是很好的公開推廣場合。

　　為了促進科學技術的進步，激勵科學探索和技術創新，推動以智慧創新為基礎的經濟發展模式，使我國的科學技術達到世界先進的水準，現在經濟部與外貿協會合作，希望能將「台北國際發明暨技術交易展」，朝著「亞洲最大的國際發明展」的方向努力，廣邀世界各國的發明人及發明團體組團來台灣參加展覽，以擴大展覽的規模，以及增進我國的發明作品與世界各國交流的機會，共創商機。政府及一些民間社團，對於鼓勵國人發明創作，可說是不遺餘力。所謂「重賞之下必有勇夫」，期盼所有的發明人能在清楚瞭解這些獎勵事項之後，努力發揮自己的創意，創造發明，造福社會。

台北國際發明暨技術交易展（全國發明展）

　　在2003年以前，台灣每年舉辦一次的「全國發明展」，由政府機關智慧財產局主辦，台灣的各發明協會協辦，是台灣規模最盛大也最重要的發明展，為了推廣發明創新的活動，以前每屆都是分別在北區（台北市）、中區（台中市）、南區（高雄市），三個地

區分別展出，供一般民眾及企業家投資者免費參觀，無論是主辦、協辦單位及發明人都是投入了相當大的資源在上面，三場展覽完畢約耗費一個月的時間。

2005年起「台北國際發明暨技術交易展」則每年在台北世貿中心舉辦，為擴大辦理成效，並朝向亞洲最大發明展目標邁進。發明人若有需要報名參加，可隨時向智慧財產局查詢每年的報名時間日期，報名參展攤位費約為一萬多元新台幣左右（註：每年主辦單位會視情況調整費用）。已參加「國家發明創作獎」的當年度得獎者，則可免費參展。

每年的「台北國際發明暨技術交易展」，智慧財產局會由報名參加的作品中，審核符合參展規則的作品，來正式參加公開展出。在展出期間，主辦單位會邀請許多各領域學有專精的專家學者擔任評審委員，進行各參展品的評鑑，選出優良作品，頒發金、銀、銅牌獎及獎狀加以表揚。

國內其他發明展與獎勵

除了每年的「台北國際發明暨技術交易展」之外，國內還有許多較為重要的展覽或創作比賽，例如，國家發明創作獎、國家文化總會（創意獎）、中技社科技獎、東元科技獎（東元科技創意競賽）等，發明人都可以踴躍參加，而且獎金從新台幣幾萬元到幾十萬元甚至高達百萬元，可說非常豐厚，發明人可千萬別放棄這些機會。

◆發明創作獎助辦法

《發明創作獎助辦法》中，將以往政府公辦的「多類別多獎項」獎勵方式，予以精簡整併為單一的「國家發明創作獎」，並且新增加對推廣發明創作具有貢獻者，也予以頒發「貢獻獎」獎狀及

獎座鼓勵。另一方面，也將發明創作獎之評選與展覽的辦理分別處理，而在獎勵對象方面，舊辦法獎勵的是「專利權人」，現在則為獎勵「發明人、創作人或設計人等」真正實際從事創新工作的人。關於各單項獎金方面則予以提高，例如，發明獎參選，獲金牌獎者可獲得獎金高達四十萬元新台幣，獲銀牌獎者可得獎金二十萬元新台幣；創作獎參選，獲金牌獎者可得獎金二十萬元新台幣，獲銀牌獎者可得獎金十萬元新台幣。

◆KEEP WALKING夢想資助計畫

大約一百年多前（1908年），亞歷山大為了紀念他的父親John Walker先生，而創立於蘇格蘭的John Walker威士忌酒類產品商標，至今成為全世界排名前三大的品牌。該公司於2001年成立「KEEP WALKING夢想資助計畫」，並於2003年引進了台灣，希望透過實質的獎勵，協助個人成就不凡夢想，開創平凡人生的不凡新頁，就如同John Walker自己的圓夢過程一樣精彩。

這項資助計畫的相關執行工作，是由「帝亞吉歐台灣分公司」及「時報文教基金會」主辦，每年舉辦報名的時間約7月至10月間，每年資助金額高達一千萬元新台幣，贊助為不同領域供提「創新思維與策略」的個人夢想（這當然也包含創新發明），使之能順利圓夢，還可免費到英國劍橋大學作專業課程進修，這是一個很好的夢想資助計畫，有理想有抱負的夢想家們，好好把握這項機會，相關詳細資料及報名可洽服務電話0800-727-999或網址http://www.keepwalking.com.tw查詢。

◆宜蘭國際童玩節──創意童玩發明競賽

自2010年起，由宜蘭縣政府所主辦的宜蘭國際童玩節新增一

項活動，即「創意童玩發明競賽」，其目的為徵求適合各年齡層、好玩、具有創意的童玩，喚起大眾重視童玩樂趣及創新精神，鼓勵各界發揮高度創意參與設計，讓巧思創意變成產業，以童玩為中心，養成創意的族群，並能提供童玩新元素，陪伴兒童快樂成長。獎勵方式設有：首獎，名額一名，可獲得獎金新台幣三十萬元、獎座一座；第二名，名額一名，可獲得獎金新台幣二十萬元、獎座一座；第三名，名額一名，可獲得獎金新台幣十萬元、獎座一座；特優，名額五名，每名可獲得獎金新台幣五萬元、獎狀；優等，名額八名，每名可獲得獎金新台幣二萬元、獎狀。獎項非常豐富，報名時間約每年的5、6月間，有興趣者可上網至宜蘭縣政府文化局網站http://www.ilccb.gov.tw/ch/查詢，洽詢電話宜蘭縣政府文化局03-9322-440。

◆U19全國創意競賽

由工研院主辦，經濟部、國科會、教育部與文建會支持的「U19全國創意競賽」，鼓勵新世代跳出傳統的框架，培養出青少年創新的想法和作法。這項活動約6、7月間報名，9月中旬公布得獎名單，U19最高榮譽得主可獲得新台幣十五萬元的獎學金，競賽總獎金高達百萬元；工研院並將安排首獎獲獎者（5名）前進日本東京，拓展視野。U19全國創意競賽網址：http://u19taiwan.asia.edu.tw/。

國外發明展

世界各地的發明展相當多，在參加國外的發明展方面，都是由各發明團體協會主辦，台灣的發明界每年有組團參加的展覽會，

例如，德國紐倫堡國際發明展、瑞士日內瓦國際發明展、美國匹茲堡國際發明展、莫斯科俄羅斯阿基米德國際發明展及中國發明展等（請參閱本書6.02「國際各項發明展覽及創意競賽資訊」所列場次），有意參展者可以自費報名參加。

在歷年的實際參展成果中，中華民國參展團所展出的創作品，在國外各個展覽會中，都獲得很大的好評與肯定，獲得獎牌的總數量時常是各國參展團的第一名，這也表現了在台灣這塊土地上，許多發明創作者的超強創新能力。

經濟部智慧財產局為鼓勵發明人擴展商機，走向國際，得獎人除了可享有國際性展覽得獎之殊榮之外，還特別公告針對參加「著名國際性發明展」，榮獲金、銀、銅牌等正式獎項之得獎人，可向該智慧財產局申請該參展品之運費、來回機票及其他相關經費之補助，補助標準原則如下：亞洲地區以新台幣二萬元為上限；美洲地區以新台幣三萬元為上限；歐洲地區以新台幣四萬元為上限。

2012年智慧財產局公告之「著名國際性發明展」，展覽名稱如下十一項（註：每年公告的「著名國際性發明展」展覽名稱場次，會視情況增刪調整）：

1.莫斯科俄羅斯阿基米德國際發明展（Moscow International Salon of Industrial Property "Archimedes"）。

2.瑞士日內瓦國際發明展（Exhibition of Inventions Geneva-Palexpo）。

3.法國巴黎國際發明展（Invention Exhibition in Paris, France）。

4.美國匹茲堡國際發明展（Invention & New Product Exposition, INPEX）。

5.德國紐倫堡國際發明展（International Trade Fair "Ideas-

Inventions-New Products"，IENA）。

6.韓國首爾國際發明展（Seoul International Invention Fair, SIIF）。

7.烏克蘭國際發明展（International Salon of Inventions & New Technologies）。

8.波蘭國際發明展（International Warsaw Invention Show）。

9.克羅埃西亞INOVA國際發明展（Croatian Salon of Innovations）。

10.馬來西亞ITEX國際發明展（International Invention, Innovation & Technology Exhibition）。

11.經本局認定已辦理三屆以上、展覽頻率至少爲兩年一次、參展國家數或地區數超過十個且參展作品數三百件以上之其他著名國際發明展。

　　另外，若參展品能在國外的著名國際性發明展（報經智慧財產局核准之發明展）中獲獎者，則發明社團、協會等，會行文敦請總統或院長、官員安排時間召見發明人給予嘉勉。

2.23 世界著名設計展

　　工業設計是以人機工程學、美學、經濟學爲基礎，對工業產品進行設計，工業設計師的設計構思，應包含產品的整體造型線條及各種細節特徵（如材質、顏色、相關位置等），也要考量其生產成本及產品在銷售中所展現的特色，工業設計的產品除能申請專利外也能參加各種設計展與發明展。

　　工業設計師必須兼顧作品造型美感與機能實用性及工業生產

性，是一種多元設計能力的綜合表現，另外還要瞭解使用者和生產者雙方的觀點，讓抽象的意念系統化與具體化，以完成實物作品。綜合上述條件後，還要考慮到生產及技術上的限制、產品成本的限制、市場的機會、售後服務等種種因素。工業設計的意義，在於運用設計師的創意和巧思，藉以創造或改善現有產品的外觀及功能，以增加該產品之價值。

設計展與發明展的評審重點項目有所不同，發明展的評審重點在於科技的創新性、功能的改善、構造的改良和功效的呈現等項目；而設計展主要著重於作品的工業設計創新性、美感、功能性、人體工學等要項，在工業設計界國際上有四項著名國際大獎，再加上台灣由經濟部工業局主辦的金點設計獎與「國際設計聯盟」（IDA）創辦的世界設計大展等，共有六個享有盛名的設計大會如下：

1.德國red dot紅點設計獎（被譽稱為「工業設計界的奧林匹克獎」）。
2.德國iF設計獎（被譽稱為「工業設計界的奧斯卡獎」）。
3.日本G-Mark設計獎（日本消費產品設計代表性大獎）。
4.美國IDEA設計獎（美國消費市場工業設計代表性大獎）。
5.台灣GPDA金點設計獎（台灣工業設計界最高榮耀大獎）。
6.世界設計大展WDE（具包容性與整合性超越設計與非設計的界限）。

以上四大國際性設計大獎（red dot、iF、G-Mark、IDEA），為教育部在教授升等或學生國際得獎獎金、升學加分所認可的工業設計國際性設計競賽。當然，台灣的金點設計獎因是官方主辦也在認定之列，只是仍缺乏國際能見度。在四大國際比賽中，除美國的IDEA僅由書面及輔助資料作為評選方式外，其他三大比賽皆需經

由初審及複審的過程，且複審皆需有實際的成品（產品或模型）供評審參考。

德國red dot紅點設計獎

由德國著名的設計協會Design Zentrum Nordrhein Westfalen也是歐洲最具聲望的設計協會，所設立的「red dot紅點設計獎」創立於1955年，被譽稱為工業設計界的奧林匹克獎，為最主要的國際性設計競賽大獎之一，評審團由公認的專家組成，獲獎作品可陳列位於德國Essen的紅點

圖片來源：紅點設計獎官網
www.red-dot.de/cd

設計博物館，該處蒐集了世界最豐富的現代設計作品，red dot的頒獎儀式每年吸引產業界及文化界等上千名貴賓出席，已成為設計界著名的一大盛事。得到這個獎之後，等於拿到國際通行證，創作人的作品往來世界各地，都會得到最多的關注。這個獎主要分產品設計、傳達設計、概念設計三大部分。每個部分的評分都個別舉行，還會由得獎作品中再選出「Best of Best」的最佳設計作品，得到最高殊榮。紅點設計獎每年舉辦一次，參選獎項分為產品設計、傳播設計與設計概念等三大類別，並以參選產品之創新程度、功能性、市場性、環保性等要項作為評選重點。由評審團在每年參賽約四十四個國家和地區超過六千件作品中評選出六百件得獎作品。

◆紅點設計獎評審重點

1.原創性：設計獎項最重視原創性，作品是否展現出獨有的風

格與個性感覺,是否有別人影子或擷取部分創意的作品,作品是否勾起觀衆的情緒等都是評選的要項。

2. 品質:作品概念與媒介是否相配,是否有多餘的細節,作品概念再好,若沒有精良製作技術也是枉然。本項評審重點取決於產品製作是否精緻,周邊的線條是否流暢。

3. 材料應用:作品所用的材料是否配合用途、使用的材料、成本、生產技術和能源消耗要和產品質量成比例,也要考慮到再循環利用及廢物處理方面的問題。

4. 環保性:環保性是當今地球環境最重要課題,產品設計若能考慮到具有環保概念,則評審大都會給予加分。

5. 趣味性:強調生活趣味,其設計除了其本身實際用途外,還能提供使用者感官、情感方面的價值。

6. 視覺美感:作品是否融入了實用性與美感。

7. 人體工學:作品在操作使用時是否符合人體工學,操作順暢。

8. 市場性:作品是否符合市場需求,爲使用者帶來更多便利。

德國iF設計獎

國際論壇設計（英文:International Forum Design,德文:Industrie Forum Design Hannover,慣稱iF）創立於1954年,是位在德國漢諾威的一間設計公司,主要以推展國際級設計活動爲主,並與多個國際大展合作,辦理多項設計競賽,鼓勵具創新設計元素之產品,

圖片來源:iF設計獎官網
http://www.ifdesign.de/index_e

打入國際市場。近年台灣產業在國際設計獎的獲獎數量上也有大舉斬獲，尤其在德國「iF設計獎」與德國「red dot紅點設計獎」上。而專為學生舉辦的「iF設計獎」與德國「red dot紅點設計獎」是免收報名費的，比起針對產業的獎項而言，學生的參賽門檻更容易。iF設計獎以發掘創新設計的優良產品為目標，多年來已成為卓越設計與品質的象徵及設計界的指標型競賽，被譽稱為工業設計界的奧斯卡獎。

◆iF Award（iF設計獎）的類別

　　‧產品設計獎（iF Product Design Award）

　　‧傳播設計獎（iF Communication Design Award）

　　‧中國設計獎（iF Design Award China）

　　‧材料獎（iF Material Award）

　　‧包裝獎（iF Packaging Award）

　　‧概念獎（iF Concept Award）

◆iF Award（iF設計獎）評審重點

　　‧創新的程度

　　‧設計品質

　　‧功能性

　　‧實用性

　　‧環保性

　　‧材質的選擇

　　‧人體工學

　　‧操作方式視覺化

　　‧安全性

‧品牌價值

‧品牌塑造

日本G-Mark設計獎

G-Mark設計獎（Good Design
Award）設立於1957年，由日本國
際貿易工業組織所創立的獎項，
至今亦已演變為日本工業設計推
廣組織（Japan Industrial Design
Promotion Organization, JIDPO）。
G-Mark有風格獨特的得獎標誌，

圖片來源：G-Mark設計獎官網
http://www.g-mark.org

更是代表這個獎項的重要象徵，在日本已是超過70%以上的消費者
高度認同的設計保證標誌，更經由它來提高品牌認同以及各種產品
的價值。評審單位從獨特性、功能性、易於操作、美感、實用性、
創意、安全等各方面來評選參賽的作品，最後再給予肯定的獲獎資
格認證。

G-Mark的初賽報名約在4月份開始，提供書面的參賽報名表。
經過評審單位的初審通過後再給予複審的資格通知。複審的方式為
現場展覽方式評審，評審後作品開放給專業人士、企業買主及一般
民眾參觀，這是四大著名國際大獎中，唯一開放給民眾參觀的設計
展。

◆G-Mark設計獎的類別

‧建築與環境設計類（Architecture and Environment Design）

‧傳播設計類（Communication Design）

・新領域設計類（New Territory Design）

◆G-Mark設計獎的評審重點

・創新性：對未來的創新概念
・人性化：能鼓舞人心並將概念具體化之產品
・察覺性：對現今時代的察覺力
・美感：對富足的生活型態及文化充滿想像力
・環保道德性：審慎考慮這個社會與環境

美國IDEA設計獎

相較於歐洲觀點的iF設計獎，由美國工業設計協會（IDSA）和美國《商業周刊》（*Business Week*）共同舉辦的「IDEA設計獎」（International Design Excellence Awards）創辦於1980

圖片來源：IDEA設計獎官網
http://www.idsa.org

年，則代表美國的價值。設立的目的旨在提高商業界及大眾對於工業設計的認識與理解，提高人們的生活品質，優良工業設計對於人們生活與經濟極為重要，借此展示美國及世界各國工業設計的優秀作品，若贏得IDEA設計獎的肯定，便超越了任何品牌的影響力，這代表你的作品在同業與客戶間及世界各地的消費者心目中都是最卓越的。IDEA設計獎特別著重設計的原創概念及人文關懷，被視為難度極高的設計競賽，分為九大主要類別，包含了展覽設計、包裝設計、軟體設計、設計概念、學生的研究及計畫案等。評判標準主要有設計的創新性、人性化考量、產品市場價值、對用戶的價

值、是否符合生態學原理、人體工學、生產的環保性、美觀性和視覺上的吸引力等。

◆IDEA設計獎的評審重點

· Innovation（創新）

· Business（商業）

· User（對使用者的好處）

· Aesthetics（美學）

· Environment（環境）

台灣GPDA金點設計獎

台灣「金點設計獎」（Golden Pin Design Award）是由經濟部工業局主辦，爲提升台灣設計之視野並與國際接軌，經濟部工業局將原國家設計獎（2005年創立）更名爲國際級之設計獎項「金點設計獎」，由台灣創意設計中心與中華民國室內設計協會執行。評選共分

圖片來源：金點設計獎官網
http://www.goldenpin.org.tw/

「初選」及「決選」兩階段，通過初選者即可獲頒「金點設計標章」，並取得晉級決選之資格；從決選中脫穎而出者，可獲頒設計界年度的最高榮譽「金點設計獎」，成爲最傑出的設計典範。參賽類別包含工業設計類、視覺傳達設計類、包裝設計類、室內設計類等四類。

獲得金點設計標章及金點設計獎的產品，將可以金點設計之

高品質設計形象參加國內外推廣與行銷活動。同時將安排於報章媒體及海內外展覽活動，並且有資格典藏於台灣第一座設計博物館的「台灣設計經典館」，並舉辦盛大的頒獎典禮，表揚獲得金點設計獎年度大獎的好產品。

金點設計獎成立目的為鼓勵廠商注重產品設計的研發，以設計增加品牌的附加價值，並樹立台灣產品優良設計的形象。另外，也透過推薦參加國際競賽的服務，協助台灣廠商與國際接軌交流，充實設計的內涵及美感，提升市場競爭力。為鼓勵台灣優良設計邁向國際舞台，通過金點設計獎初選產品即可申請補助參加國際四大知名設計競賽（德國iF、德國red dot、日本G-Mark及美國IDEA），台灣創意設計中心也會提供參賽協助及諮詢等服務。

◆金點設計獎的評審標準

　　1.工業設計類：
　　　(1)造型：具滿足開發目的之設計考量，外觀整體美感及造型原創性。
　　　(2)功能：具滿足該產品使用目的之適當功能、操作與維修之便利性，及人因之考量。
　　　(3)品質及安全：具高品質與安全性，符合相關安全規定及完整之產品使用說明。
　　　(4)其他：考量其生產性、經濟性及永續性等因素。
　　2.視覺傳達設計類：
　　　(1)美感：作品整體表現具和諧性與美感。
　　　(2)創新：作品構想、表現手法及素材與技術運用之創新。
　　　(3)訊息傳達：須能有效傳達作品表現之目的。
　　3.包裝設計類：

(1)整體表現：

　　‧表達商品價值及企業形象。

　　‧造型、色彩、文字及圖案，能有效傳達商品資訊。

　　‧符合當地文化與民情。

(2)創新：作品構想、表現手法及素材與技術應用之創新。

(3)功能：

　　‧提供內容物之保存或保護。

　　‧易於搬運、填充、封合、啓閉、倉儲及生產管理。

(4)環保：

　　‧選用合理包裝材料，避免包裝不足或過度。

　　‧著重於社會適性、資源回收及循環再生或再用。

4.室內設計類：

(1)創新：表現手法及材料技術應用之創新。

(2)功能：能夠滿足使用者需求，易於使用、維護且具安全性。

(3)環保：著重於社會適性、資源回收及循環再生或再用。

全球首次世界設計大展

　　台北曾在2011年舉辦「世界設計大展」（World Design Expo），以「交鋒」（Design at the Edges）為主題，期待設計在與其他領域相互激盪後有前瞻突破。設計，不僅反映了每個時代

圖片來源：台北世界設計大展官網
http://www.2011designexpo.com.tw/default.aspx

科技、經濟與文化的內涵，設計的意義也隨著時間而演變。在未來，設計將扮演更具包容性與整合性的角色，超越設計與非設計的

界限，滲透至每一個領域，成為一種新的國際語言。

國際三大設計社團組織為國際工業設計社團協會（Icsid）、國際平面設計社團協會（Icograda）與國際室內建築師設計師團體聯盟（IFI），為因應全球化及未來跨設計領域的潮流，Icsid、Icograda於2003年組成「國際設計聯盟」（International Design Alliance, IDA），2008年國際室內建築師設計師團體聯盟（IFI）亦正式加入IDA組織。IDA的組成，是期待能夠透過跨領域組織的合作，期望能夠達成個別組織無法單獨完成的任務和使命為由，組成期望能達到更佳之跨領域合作。「台北世界設計大展」為IDA組織成立後首次的世界設計大會。

台灣創意設計中心在政府的支持下，經過長期的努力，終於從全球十三個國家、十九個城市中脫穎而出，取得2011年世界設計大會的主辦資格。這項結合平面設計、工業設計及室內設計等三項設計領域的設計盛宴，可謂是設計界的聯合國大會，在台北的首次世界設計大展期間，吸引大量的參觀人潮，而後將由各國城市輪流主辦此一盛大的展覽活動。台灣為延續這股設計熱潮，自2012年起獨立舉辦「台灣設計大展」，其他相關設計展資訊，讀者可參閱6.03「國際各項設計展資訊」。

2.24 如何撰寫專利合作企劃書

一個優良傑出的發明創作，如果沒有一份優質的「專利權買賣授權企劃書」，其專利權的買賣或授權等，尋求買主來投資的推廣活動，所能收到的效果將大打折扣，反之，若能備妥一份完善的企劃書，必可得到相對的加分作用。

每一項發明創作，都是發明人經過長時間辛勤付出後的結

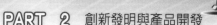

晶，若在最後推廣的階段，無法有效的尋得投資者將之商品化，則前段的辛苦都將付諸流水，也無法為發明人帶來實質的獲利，十分可惜。故專利權買賣或授權的企劃書就更顯出其重要性了。在歷年的全國發明展或其他的展覽會中，常可見到有很多發明人的創作品專利權，要尋求投資者將之商品化，但大部分的發明人不是沒有準備「專利權買賣授權企劃書」，就是寫得太過簡略或是寫得長篇大論而不知所云，這些現象，都是值得發明人再去思考及努力的地方。

　　企劃書的目的，就是要讓企業家投資者能很快速正確的瞭解該項創作品的特點及商品化的利基所在，與投資者須付出的成本有多少等。這些都是投資者們最關心的事情，所以一份優質完善的企劃書，無論是用於展覽會場上，或主動向企業郵寄，或親自登門拜訪推薦等，都將能讓投資者動心，進而願意投資使之商品化，創造投資者與發明人雙贏的局面。

　　以實務面而言，專利權買賣授權企劃書最好能準備兩份，一份為「重點式」的企劃書，另一份為「完整式」的企劃書。重點式企劃書的作用，是要以最短的時間（大約兩分鐘以內）就能吸引投資者的目光，引起想要進一步瞭解的興趣，然後再以完整詳細的企劃書，來為買主做較為深入的分析。所以第一份「重點式」企劃書篇幅不宜太多，約一至三頁就已足夠，如能放入創作品的照片則更佳，其主要內容可由第二份「完整式」企劃書中將重點摘錄出來。而第二份「完整式」企劃書撰寫時，提供以下一些建議給大家參考。

企劃書的格式（包括三大部分）

◆封面

包含企劃書名稱、企劃者姓名、聯絡資料（電話地址）、撰寫時間（年月日）等。

◆內容

包含摘要、創作品特點、應用場合、市場目標、投入資源項目及費用預算表、導入商品化開發時程進度表、權利金報酬支付方式、成本回收預測、獲利回饋預測、其他附加價值預期效果等。

◆附件

包含參考的文獻有關資料、市場調查相關佐證資料等。

撰寫時應注意事項

◆摘要內容是關鍵

摘要是整份企劃書的精華所在，篇幅雖然不大，但投資者往往是依摘要中的論述，來判斷是否繼續深入瞭解內容或就此放棄，所以摘要的撰寫須特別加以用心。

◆企劃目標要明確

產品及市場目標通常是企劃書的重點，撰寫時應力求明確具體。例如，產品是老人用的醫療輔助器材時，什麼樣的病患是非常需要這種器材的，目前全台灣或全世界有多少這樣的病患人數，有多少病患人口比例是有能力購買者等。

◆導入SWOT分析

Strength（優勢）、Weakness（弱勢）、Opportunity（機會）、Threat（威脅），導入SWOT分析是一般所稱的「策略規劃」過程中相當重要的一環，發明人可就創作品與其他相關產品進行優勢、弱勢、機會、威脅等各項特質的分析，作為策略規劃時的重要參考，來說服投資者。

◆要價的原則

在企劃書主要內容中的「投入資源項目」裡，會有一部分提及專利權買賣或授權方式，投資者需支付多少報酬給發明人，在這部分發明人的要價應確立一個原則，那就是「要價要讓買主感到有點心痛，但不要高到讓買主不得不自己搞R&D」。要價要得如此精準，雖然並不是一件簡單的事，但總是值得發明人去努力的一個目標。

◆注意編撰結構與錯字訂正

企劃書給投資者的第一印象很重要，所以，若發生文案內編撰結構混亂、用詞語法錯誤、錯別字一堆等，種種令人留下不好印

象的企劃書，恐怕會讓投資者心理感到疑惑與不安。

◆勿過於吹噓

「過於吹噓」是很多發明人會犯的毛病，要強調自己的創作有多麼優秀，其實是應該的，但最好是能舉實例比較說明，千萬不要太過吹噓誇大，以免令人懷疑其人格誠信。

◆用語要肯定

企劃書中的用詞應以肯定用語為要，例如「必定XX」、「一定會XX」、「確定XX」、「能XX」、「可以XX」，而要避免缺乏信心似的含糊用詞，例如「可能XX」、「或許是XX」、「大概XX」等，易令投資者看後引起質疑的情況。

◆數量與品質

企劃書的頁數與品質並沒有一定的關係，一份優質的企劃書也不一定是長篇大論的，篇幅過長投資者不一定有時間看，撰寫應把握「言之有物，簡潔中肯」為原則，一般而言，篇幅約為二十至三十頁是較適當的。

古有明訓：「事之成敗，必由小生」，上述的幾點撰寫時應注意的事項，乍看之下雖是小事一樁，但有很多的機會其實都是由小事、小細節所累積而來，更何況是一份對發明人而言相當重要的企劃書。

2.25 發明與創業

發明人適不適合以自己的發明作品來作為創業呢？這是經常有人提出的一個問題，而依筆者個人的看法是「最好不要貿然創業」。其實，通常發明人在性格上是有其特質的，他們的心思細密、見識廣博、對「物」能仔細觀察、愛幻想、勇於嘗試且富冒險精神、個性執著因而能努力不懈堅持到底，直到自己的創意實踐為止。然而創業者（即公司經營管理者），通常在性格上的特質是善於與人接觸及溝通也擅長於瞭解人們心思行為、對於產品的行銷、企劃與商品包裝具專才的人，然而發明人與創業者這兩種不同的性格，通常很難同時存在於一個人身上。

曾有一位聰明又傑出的發明家，要向銀行借貸資金來創業，雖然他有很新的高科技發明產品，但銀行經過評估後，卻不敢放款給他。原因在於這位發明家無法具體說出新創業的公司要如何經營管理，以及自己的發明產品客戶群是誰、市場需求在哪裡、如何去販售。

有一些發明家會以為，創業者的行銷管理能力與市場調查不是那麼重要，只要產品優異，自然就會有消費者上門來買，這是我們所常見到的一般專業技術創業者的最大盲點，若創業者無強烈的市場意識而只會閉門造車，無論再怎麼埋頭苦幹，也可能只會以失敗收場。

從過去實際的案例中，也可發現發明人自行創業成功的例子並不多，大都是以失敗為收場的，究其原因，一般多為經營管理不善與行銷不利，而非發明作品本身不好。所以發明人最好專心在發明創作上，至於行銷上的業務，最好交由專業的經理人去執行，若

能兩者彼此協調合作，各司其職，那將可有一番作為。

　　有個案例，在多年前台中有位姓林的發明人，發明了VHS錄影帶的自動清潔器，將它裝在VHS錄影帶盒磁帶開口端的內部，在看影片時可讓錄影帶在轉動的同時，一起同步清潔錄影機的磁頭，不但清潔效果非常好，而且生產製造時的成本也很低，在那時第四台有線電視系統尚不發達的年代裡，家家幾乎都用自己的錄影機看影片，這項發明的市場價值非常高，只要有正確的產銷觀念，這項發明應該是可以成功致富的，但是這位林先生卻是以賣掉一棟房子來還清債務，作為這項發明的結局。大家可想而知，這樣的結局對一個發明人而言是多麼大的打擊呀！

　　我們來分析，為何一項很好的發明會變成如此的下場呢？也給其他發明人作為一個警惕的教材。這位林先生本來從事於水電業，在偶然的機緣裡，有了這項創作的靈感，也認為若能創作成功，這樣的產品會有很大的市場需求，於是從錄影帶盒的結構，到錄影機的運轉原理，經過一番的研究後，設計出了磁頭自動清潔器，再經手工打造模型測試及開模具正式測試，經過千辛萬苦花費了不少的時間及金錢之後，終於研發出滿意的作品，透過申請專利的程序，也很順利的取得了中華民國的專利權，這是林先生一生中取得的第一項專利，當在收到專利證書時，真是心喜若狂，想必以後可以大發利市，大賺一票。於是為了更進一步想在外國也保護他的創作專利，也請專利事務所幫他代辦申請了許多海外主要的國家專利權，當然也很順利的得到這些國家的專利權核准，林先生到此為止，光是研發費用及申請專利的費用，就已經支出了近百萬元，在本身資金有限的情況下，為了要使這項創作產品繼續推動下去，於是便用自己的房子去向銀行抵押貸款，為使這項新產品免於和別人共享利益而可獨得，於是便是自己申請成立公司，運作方式則是請太太在公司內接聽電話，林先生再僱用兩名業務人員，便開始了

產品的推廣及行銷工作，由於對產品行銷的要領及經驗不足，在經過和錄影帶出租店、一般住家、展覽會、媒體廣告等等的宣傳推廣後，雖經過兩年的努力，但對銷售業績的成長似乎沒多大起色，在這兩年的期間裡，所投注下去的公司固定開銷、銀行利息、人員薪資、宣傳廣告費、產品的製造與庫存費用等，在收支不平衡的情況下，又虧了大約五百萬元。眼看著這項產品已無法再繼續推動下去，只好把自己的房子給賣了，去還清銀行的貸款。

在這個案例中，有幾點可供我們警惕的就是，在測試階段時，盡量不要正式去開模具，因正式的模具費用相當高，在尚未確定是否大量生產前，如此做是不妥當的。另一點是當取得一項具有市場潛力產品的專利固然很興奮，但不要想著所有的利益都要獨享，從研發、生產、行銷都要自己來，應該用更開放的胸襟來看待，不妨與他人分享，找個能力好的行銷公司，或有市場眼光的創業投資公司來投資合作，推動取得專利權後的各項業務。再來，至於海外國家的專利權取得，因由專利事務所代辦申請的費用相當高，必須要評估自己的經濟能力及必要性，不妨可協議由合作的行銷公司或創業投資公司出資去申請，如此則可幫發明人省下一大筆錢。

另舉一個成功的案例，也供大家分享，有位吳先生發明了真空吸吮的女性隆乳器，在多年前當時女性健胸隆乳產品不像現在琳瑯滿目，當時吳先生發明這項產品後，與具有行銷專長的人士合作促銷，在一連串的行銷企劃案的推動下，這項產品很快的就被女性消費市場所接受，銷售量也急速上升，當然發明者口袋也有大筆的進帳，不但買了新房子，自己的物質生活也得到很大的提升，連原本的代步工具腳踏車，也一下子變成了汽車，吳先生在繼續不斷的發明了許多實用的產品後，也熱心參與推動台灣發明界的事務，後來成為某個發明協會的理事長，真可謂「名利雙收」。

　　故然發明本身非常重要，但有好的行銷更重要，處於創新經濟時代的二十一世紀裡，各專長領域的人士必須要分工更需要合作，如果不能團結合作，卻想要讓新產品在市場上推廣成功，那恐怕成功的機率太小了，甚至有可能「賠了夫人又折兵」。

眼光獨具的發明者，還需要善於行銷的幕後推手。

——佚名

「發明」本身故然非常重要，但有好的「行銷」更重要。

——佚名

大部分的發明人是：精通創意，不懂生意。

——佚名

PART 3

專利與智慧財產管理

前　言

　　智財之管理制度與科技發展息息相關，我國企業在積極迎向高科技產業及邁向國際化挑戰之時，各種智慧財產糾紛必然接踵而至，而智財管理制度之良莠，則取決於以下幾項因素：(1)智財的觀念是否正確；(2)智財制度、法律與管理執行辦法是否健全；(3)自主創新能力是否足夠；(4)智財利益之歸屬與分配是否合理；(5)是否有完善的國內外資訊系統。

　　若能有良好的智財管理、正確的投資評估與成熟之技術移轉機制，必能提升我國企業的國際競爭力，再創經濟發展的高峰。

3.01 智慧財產權之相關保護基本概念

何謂智慧財產權？

　　所謂智慧財產權，依1967年成立「世界智慧財產權組織（WIPO）公約」中的規定，對智慧財產權（IPR）的界定之概念包含了與下列事項有關的權利。

　　智慧財產權包含：

1.藝術、文學及科學之著作。

2.演藝人員之演出、錄音物及廣播（即學理上所稱之著作鄰接權）。

3.人類之發明及產業上之新型及設計專利。

4.科學上之新發現。

5.製造標章、服務標章、商業標章及商業名稱與營業標記等。

6.不公平競爭之防止。

7.其他在產業、科學、藝術、文學各領域中，由精神活動所產生之權利。

在我國與智慧財產權有關之法律名稱當中，並沒有所謂「智慧財產權法」這部法律，而是以《專利法》、《商標法》、《著作權法》、《營業秘密法》、《積體電路電路布局保護法》及《公平交易法》等，有關智慧財產保護之相關法律的統稱（如圖3-1）。在這六部法律中，《公平交易法》占有相當重要的地位，其他五部法律的權力保護與市場秩序的公平性方面扮演著平衡保護的角色，《公平交易法》所規範的範圍項目包括獨占、結合、聯合行為及不公平競爭等。

簡言之，為了保護創作人在創作上與商業上應有的權利而制定了《專利法》、《商標法》、《著作權法》、《營業秘密法》、《積體電路電路布局保護法》等，另一方面為了不使智慧財產權的

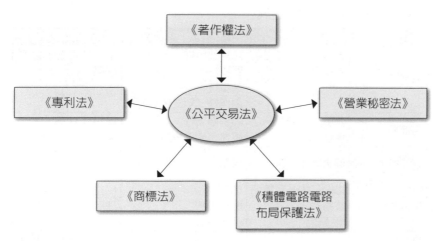

圖3-1 智慧財產權之相關法令

權利無限的擴張，所以都要受《公平交易法》的規範，以達合理的
創作人應有權利保護與公平的市場機制。

智慧財產權之特性

有關智慧財產權之特性與保護標的、要件等，依各類智慧財
產權之不同而有所差異（如**表3-1**）。

◆專利權

專利權主要在於保護具有產業價值之創新技術，但在國外（如
美國）已不限於單純技術方面的創新，更擴大到物流方面或商業模
式，如戴爾（Dell）電腦在網路上接單、製造出貨、付款、售後服務
等創新流程商業模式（Direct-sales Business Model），申請了四十二
項專利，及亞馬遜（Amazon）書店的（One-Click）模式，在網路
上簡易快速又安全的購物商業模式運作，均已申請取得了專利。

表3-1　智慧財產權之特性差異

	保護標的	保護要件	權利取得
專利權	具有產業價值之創新技術	產業利用性 新穎性 進步性 創作性（新式樣專利）	申請「審查」通過取得
商標權	表彰商品或服務之標識	特別顯著性 確實有使用意思	申請「註冊」核准取得
著作權	觀念之「表達」	原創性	著作完成即享有保護
營業秘密	Know-How（專門技術） 營運資訊	秘密性 經濟價值 保密措施	秘密產生並採取合理保密措施時取得
積體電路電路布局	電路布局	原創性 非普遍性	申請「登記」核准取得

◆商標權

商標權經申請註冊核准後取得權利，主要在於保護表彰商品或服務之標識，保護要件為特別顯著性（即能為公眾明顯識別者）及註冊後確實有使用者，若註冊後未繼續使用時間達三年以上者，則可將權利廢止。

◆著作權

著作權的取得乃採創作保護主義，即著作完成時就能享有著作權的保護，完全不需向任何的機關申請、註冊或登記，當發現他人有侵犯你的著作權時，只要事後能提出事證證明著作權人為你，如此就能主張權利，受到《著作權法》的完整保護。

◆營業秘密

營業秘密的保護取得也不需向任何的機關申請、註冊或登記，即可取得權利保護，但重要的是企業內部本身要有「合理的保密措施」，若企業內未能有合理的保密措施時，當營業秘密遭他人竊取使用時，就無法主張其權利的保護。

◆積體電路電路布局

積體電路電路布局經登記核准後取得權利，保護要件為原創性及非普遍性。而所謂積體電路（Integrated Circuits, IC）係指相互連結的電子線路組成分子，藉由其在某一媒介上加以整合，作為一個單體，而產生功能。近年來由於半導體產業的蓬勃發展，積體電路設計公司（Design House）如雨後春筍般的成立，而積體電路

晶片設計布局乃人類智慧之結晶，性質上屬無體財產權，而納入智慧財產權之範疇加以保護。

智慧財產權之歸屬與存續

智慧財產權之歸屬與存續，依我國《專利法》、《商標法》、《著作權法》、《營業秘密法》、《積體電路電路布局保護法》之規定，具以下之特質與差異性。

◆專利權

1.權利的歸屬：

(1)依契約約定。

(2)僱傭關係：

　　．受雇人於職務上所完成的發明、新型、設計，其專利申請權及專利權屬於雇用人，雇用人應支付受雇人適當的報酬。發明人或創作人享有姓名表示權。

　　．受雇人於非職務上所完成的發明、新型、設計，其專利申請權及專利權屬於受雇人。但其發明、新型、設計係利用雇用人資源或經驗者，雇用人得於支付合理報酬後，於該事業實施其發明、新型、設計。

(3)出資聘人：出資聘請他人從事研究開發者，其專利申請權及專利權歸屬於發明人或創作人。但出資人得實施其發明、新型、設計。

凡是太陽底下的新東西都可以申請專利。

——美國專利界名言

2.權利的存續：

(1)發明專利：發明專利權期限，自申請日起算二十年屆滿。

(2)新型專利：新型專利權期限，自申請日起算十年屆滿。

(3)設計專利：設計專利權期限，自申請日起算十二年屆滿。

註：專利證書第二年起年費須準時繳交，若年費未繳，專利權自該年年費期限屆滿之日起即消滅。但年費過期六個月內仍可補繳，費用則須以比率方式按月加繳專利年費，最高加繳至專利年費「加倍」之數。另外，屆滿一年內仍可申請回復專利權，但必須繳納「三倍」之專利年費。

◆商標權

1.權利的歸屬：商標權歸屬於申請註冊人。

2.權利的存續：

(1)商標權期間為自註冊公告當日起十年。

(2)商標權期間得申請延展，每次延展專用期間為十年（無次數限制）。

(3)申請商標權期間延展註冊者，應於期間屆滿前六個月起至屆滿後六個月內申請；其於期間屆滿後六個月內申請者，應加倍繳納註冊費。

3.權利的廢止：

(1)自變換商標或加附記，致與他人使用於同一或類似的商品的註冊商標構成相同或近似，而有使相關消費者混淆誤認之虞者。

(2)無正當事由迄未使用或繼續停止使用已滿三年者。

(3)商標已成為所指定商品或服務的通用標章、名稱或形狀者。

(4)商標實際使用時有致公眾誤認誤信其商品或服務的性質、品質或產地之虞者。

　　(5)商標使用結果侵害他人著作權、專利權或其他權利，經法
　　　　院判決侵害確定者。

◆著作權

1.權利的歸屬：
　(1)依契約約定。
　(2)僱傭關係：
　　　·受雇人於職務上完成的著作，以該受雇人為著作人。
　　　·以受雇人為著作人者，其著作財產權歸於雇用人。
　(3)出資聘人：
　　　·出資聘請他人完成的著作，以該受聘人為著作人。
　　　·以受聘人為著作人者，其著作財產權歸於受聘人。
　　　·著作財產權歸受聘人享有者，出資人得利用該著作。
2.權利的存續：
　(1)著作人格權：永久（著作人死亡或消滅者，關於其著作人
　　　格權的保護，視同生存或存續）。
　(2)著作財產權：
　　　·存續於著作人的生存期間及死亡後五十年。
　　　·著作於著作人死亡後四十年至五十年間首次公開發表
　　　　者，著作財產權的期間，自公開發表時起存續十年。
　　　·法人為著作人的著作，其著作財產權存續至其著作公開
　　　　發表後五十年，但著作在創作完成時起算五十年內未公
　　　　開發表者，其著作財產權存續至創作完成時起五十年。
　　　·攝影、視聽、錄音及表演的著作財產權存續至著作公開
　　　　發表後五十年。
　　　註：屆滿日期以從寬認定，以該年的12月31日為屆滿日期。

◆營業秘密

1.權利的歸屬：

(1)依契約約定。

(2)僱傭關係：

　‧受雇人於職務上研究或開發的營業秘密，歸雇用人所
　　有。

　‧受雇人於非職務上研究或開發的營業秘密，歸受雇人所
　　有。但其營業秘密係利用雇用人的資源或經驗者，雇用
　　人得於支付合理報酬後，於該事業使用其營業秘密。

(3)出資聘人：出資聘請他人從事研究或開發的營業秘密，其
　營業秘密歸屬於受聘人所有。但出資人得於業務上使用其
　營業秘密。

2.權利的存續：

(1)無期間限制。

(2)營業秘密的喪失：

　‧涉及該類資訊之一般人士所知悉者。

　‧無實際或潛在的經濟價值。

　‧未採取合理的保密措施者。

　註：可允許多家公司擁有「各自研發出來」的相同技術、配方等，而各
　　　公司不會有侵犯「營業秘密」的狀況。

◆積體電路電路布局

1.權利的歸屬：

(1)依契約約定。

(2)僱傭關係：受雇人職務上完成之電路布局創作，由雇用人

申請登記。

(3)出資聘人：出資聘人完成之電路布局創作，准用前項之規定（即由出資人申請登記）。

註：受雇人或受聘人，本於其創作之事實，享有姓名表示權。

2.權利的存續：

(1)權利期間為十年（自電路布局登記之申請日或首次商業利用日，二款中較早發生者起算）。

(2)有下列情勢之一者，電路布局權當然消滅：

· 電路布局權期滿者，自期滿之次日消滅。

· 電路布局權人死亡，無人主張其為繼承人者，電路布局權自依法應歸屬國庫之日消滅。

· 法人解散者，電路布局權自依法應歸屬地方自治團體之日消滅。

· 電路布局權人拋棄者，自其書面表示之日消滅。

 3.02 創新研發制度之規劃設計與運作

從智慧財產保護的角度來做企業內部的創新研發制度之規劃設計與運作時，有以下幾項重點（如**圖3-2**）：

1.首先應以契約和員工簽訂有關創新研發成果的權利歸屬，用此明確化方式為之，以免日後的權益紛爭。

2.妥善保存所有的原始研發紀錄或創作原稿，以為侵權之推定依據。

3.無論是專利上的發明創作或商標方面及積體電路上之布局創作等，必須及時的去辦理申請、登記、註冊等手續，以保障

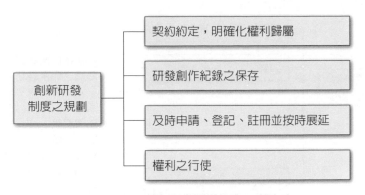

圖3-2 創新研發制度之規劃設計與運作

研發成果。如為商標或專利應在時效到期前辦理期限之展延及繳交年費，以繼續維持其有效性。

4.積極的行使權利，注意市場動態，若有他人侵權時，則應儘速主動提出主張權利。

營業秘密保護之制度規劃設計與運作

在營業秘密的保護之制度規劃設計與運作方面（如圖3-3），因其保護要件必須要有「合理的保密措施」，故保密措施的設計及運作是極為重要的一環，其重點有以下幾項：

1.企業應制訂營業秘密的政策並將公告之，讓所有員工瞭解此一政策。

2.與涉及營業秘密相關之員工簽訂保密契約，其中包括在職期間的保密義務及離職後之保密義務。

3.保密措施包括建立訪客記錄資料，在公共區域及必要之處所裝設錄影監視系統。電腦的使用方面，必須採身分密碼登入方式以便管控，資料的存取也要保留記錄，Internet網路安

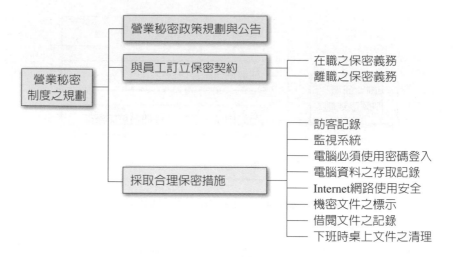

圖3-3　營業秘密保護制度之規劃設計與運作

全與電子郵件的傳送也要妥為管理，以防機密資料外洩。企業內傳送的機密文件必須加以標示機密等級（如「機密」、「極機密」等），以及借閱文件要加以記錄，利於追蹤管理，並在下班前將桌上文件清整歸檔妥當。

營業秘密權利的取得，在於「秘密產生並採取合理保密措施時」產生，對於他人是否侵害之推定的重點之一，就是如何證明你有合理的保護措施。所以企業必須做到上述三項基本的制度規劃設計和澈底的運作執行，如此方能達到保護權利之目標。

 # 3.03 台灣的智財權主管機關與相關業務

台灣智財權的主管機關為經濟部智慧財產局，簡稱TIPO（原名經濟部中央標準局，自1999年1月26日起正式更名為經濟部智慧

財產局），目前該局主管的業務範圍有專利權、商標權、著作權、營業秘密、積體電路電路布局、反仿冒等六大項目，在此僅就與發明人有較密切關係的專利權部分業務做介紹。

目前智慧財產局有台北、新竹、台中、台南、高雄五個服務處（詳細地址聯絡資料可參閱6.05「經濟部智慧財產局聯絡資料」）。目前所有有關專利的各種業務，如專利申請、舉發、再審查、專利申請權讓與登記、專利權授權實施登記等，皆可由各地的服務處收件。然後會統一集中送件到位於台北的專利組進行審查，個人也可以將專利申請案件，用郵寄的方式直接寄到台北的專利組即可。至於專利申請書表格，以往必須向智慧財產局的員工消費合作社購買，但目前已經停售，現在必須用網際網路（Internet）在智慧財產局的網站（http://www.tipo.gov.tw）中，點選「專利」項目下之「專利申請表格」，即可直接免費下載所有表格，依表格所示，自行電腦打字後列印出來送件即可。

現在經濟部智慧財產局網站除了「專利申請表格」提供免費下載外，其他如「申請實體審查」、「舉發」、「再審查」、「專利補充、修正申請書」、「專利信託」、「專利讓與」等，亦皆提供所有申請表格免費下載，並有撰寫說明及撰寫範例可供參考，所以自行撰寫申請書並不困難，發明人可多加利用，詳細的免費下載申請書表格種類內容，請參閱智慧財產局網站，免費下載網頁「專利申請表格暨申請須知」一覽表。

3.04 認識專利

專利是什麼？為什麼各國都會訂定《專利法》來保障發明創作的研發者，這是要踏入發明之路的人，首先要認識的概念。

專利是什麼？

　　專利權是一種「無形資產」，也是一般所稱的「智慧財產權」，當發明人創作出一種新的物品或方法技術思想，而且這種新物品或方法技術思想是可以不斷的重複實施生產或製造出來，也就是要有穩定的「再現性」，能提供產業上的利用。為了保護發明者的研發成果與正當權益，經向該國政府主管機關提出專利申請，經過審查認定為符合專利的要項規定，因而給予申請人在該國一定的期間內享有「專有排他性」的權利。「物品專利權人」可享專有排除他人未經專利權人同意而製造、為販賣之要約、販賣、使用或為上述目的而進口該物品之權；「方法專利權人」可享專有排除他人未經同意而使用、為販賣之要約、販賣或為上述目的而進口該方法直接製成物品之權，這種權利就是「專利權」。

　　歸納其專利權的特性具有以下五項：

1. 無體性。
2. 排他性。
3. 地域性。
4. 時間性。

為販賣之要約（offering for sale）

　　在中國大陸專利法稱作「許諾銷售」權，是指以販賣為目的，向特定或非特定主體所表示的販賣意願。例如：簽立契約、達成販賣之協議、預售接單、寄送價目表、拍賣公告、招標公告、商業廣告、產品宣傳、展覽、公開演示等行為均屬之。惟因意圖侵權之概念已存在時就可進行法律上的保護。此權利的保護可在銷售行為準備階段即採取防範措施，以遏止侵害行為的蔓延，而達到更有效維護專利權人權利之目的。

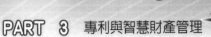

5.不確定性。

專利權是一種無體產權，不像房子或車子具有一定的實體，但專利權也是屬於一種「所有權」，具有動產的特質，專利權得讓與或繼承，亦得為質權之標的。所以專利權所有人可以將其創作品，授權他人來生產製造、販賣或將專利權轉售讓與他人，若專利受到他人侵害時，專利權人可以請求侵害者侵權行為的損害賠償。但某些行為則不受限於發明專利之效力，如作為研究、教學或試驗實施其發明，而無營利行為者。原則上專利權會給予專利權人一定期限內的保護「時間性」（如十至二十年）。所謂的專利權「不確定性」，係指專利權隨時有可能因被舉發或其他因素而使得專利權遭撤銷，這種權利存續的不確定性。

何種創作可申請專利？

凡對於實用機器、產品、工業製程、檢測方法、化學組成、食品、藥品、醫學用品、微生物等的新發明，或對物品之結構構造組合改良之創作，及對物品之全部或部分之形狀、花紋、色彩或其結合，透過視覺訴求之創作及應用於物品之電腦圖像及圖形化使用者介面，都可提出申請專利。但對於動／植物及生產動／植物之主要生物學方法；人體或動物疾病之診斷、治療或外科手術方法；妨害公共秩序、善良風俗或衛生者，均不授予專利。

何時提出專利申請？

何時提出專利申請最為適當？這也是發明人所關心的事，一般而言，專利當然是越早提出通過的機率會越高，尤其是在以「先

申請主義」作為專利授予裁定基礎的國家（如中華民國），專利申請提出送件當日叫做申請日，當有二人以上提出相同的專利申請案時，中華民國是以誰先送件申請，誰就能獲得該項專利，而不去管到底誰是先發明者。所以在台灣瞭解到這一點的發明人，有必要時會於專利構想好之後就馬上提出申請。而於申請後再實際的進行研發工作，但這也有一定程度的風險，因為有時只靠構想推理就提出專利申請，恐怕在實際研發驗證時，會出現某些未料想到的問題或思考的盲點，而導致無法照原意實施的失敗結果。但若要等到一切研發驗證通通完成才來申請專利，又擔心可能會讓競爭者有機可乘，捷足先登。所以，要在何時提出專利申請最為適當，這就是見仁見智的問題了，但大原則應該是「在有相當程度的把握時，要儘早提出申請」。

美國在2011年9月之前，是採用「先發明主義」作為專利授予裁定基礎的國家，當有二人以上提出相同的專利申請案時，是以誰能提出證明自己的發明最早，專利權就授予誰，而不管專利申請日的早晚，因這種「先發明主義」在有爭議時的審查及界定上的程序較為嚴謹，但審查過程非常繁雜。美國於2011年9月新修改的《專利法》中已改採「先申請主義」。而「先申請主義」在界定上非常清楚且容易，也是世界各國所通用的模式。

誰能申請專利？

專利申請權人，係指發明人、創作人或其受讓人或繼承人，可自行撰寫專利申請書向智慧財產局提出申請，亦可委託專利代理人（專利事務所或律師事務所）申請。但在中華民國境內無住居所或營業所者，則必須委託國內專利代理人辦理申請。

專利申請須花費多久時間？

專利審查的作業流程甚爲複雜，爲求嚴密，必須非常謹愼的查閱比對有關前案的各種相關資料，以及《專利法》中所規定的新穎性、進步性及產業上的利用等要項，必須符合才能給予專利，所以審查期間會耗時較長，這也是世界上各國共同的現況，如美國平均約二十個月，日本約二十四至三十六個月，我國則約須耗時十二至十八個月。

職務發明與非職務發明

受雇人於職務上所完成之創作，其專利申請權及專利權屬於雇用人，雇用人應支付受雇人適當之報酬。但契約另有訂定者，從其約定。受雇人於非職務上所完成之創作，其專利申請權及專利權屬於受雇人。但其創作係利用雇用人資源或經驗者，雇用人得於支付合理報酬後，於該事業實施其創作。

取得專利的優點

取得專利對創作人的權益保障大致有幾點：

1.能防止他人仿冒該創作品。
2.專利是創造力、創新能力的具體表現結果，也是競爭力的指標，而且可提升公司及產品的形象。
3.可將專利權讓與或授權給他人實施，爲公司或創作人帶來直接的獲利。

4.若專利為某產業的關鍵性技術，則能阻礙競爭者的市場切入能力與進入領域。

取得專利須支出哪些費用成本

取得專利及專利權的維護，一般而言費用負擔大致會有以下幾項：

1.專利申請書表格：以前須以每份新台幣二十元購買，現在則改由網路免費下載。
2.專利申請費用：若自行申請只須繳交申請規費新台幣三千至一萬零五百元之間，視申請類別及是否申請實體審查而定。若由代理人來協助申請則須再負擔代理人的服務費用（可參考「如何選擇專利代理人」文章中的收費行情參考資料）。
3.專利證書領證費用：每件新台幣一千元。
4.專利年費：視發明專利、新型專利、設計專利及專利申請人為企業法人、自然人或學校與專利權的第幾年專利年費而各有差異（詳如6.13「專利規費收費辦法」）。

獲得專利權後之注意事項

當創作人收到智慧財產局的審定書是「給予專利」，經繳交規費後，開始正式公告時，即表示創作人已擁有該創作的專利權，在獲得專利權之後，須注意以下事項：

1.須留意專利公報訊息，對於日後專利公報中的公告案，若與自身的創作相同類似者，可儘速蒐集相關事證後，提出「舉

發」來撤銷對方專利權以確保自身權益。

2. 須準時繳交專利年費，若年費未繳，專利權自期限屆滿之次日起消滅。

3. 若專利尚在申請審查期間內，可在產品上明確標示，專利申請中及專利申請號碼，以供大眾辨識。取得專利權後應在專利物上標示專利證書號數，不能於專利物上標示者，得於標籤、包裝或以其他足以引起他人認識之顯著方式標示之。附加標示雖然不是提出損害賠償的唯一要件（僅為舉證責任的轉換而已），但如能清楚標示，就可於請求損害賠償時，省去舉證「證明侵害人明知或可得而知為專利物」的繁瑣事證。

3.05 專利申請之要件

專利的申請與取得，必須符合其相關之要件（如**表3-2**），才能順利通過審查。

發明及新型之專利要件

1. 產業利用性。
2. 新穎性。
3. 進步性。

表3-2　專利要件重點分析比較表

	產業利用性	新穎性	進步性	創作性
發明專利	凡可供產業上利用之發明。	（無下列之情況） ・申請前已見於刊物或已公開使用者。 ・申請前已為公眾所知悉者。	其所屬技術領域中具有通常知識者依申請前之先前技術所能輕易完成時，仍不得依本法申請取得發明專利。	—
新型專利	凡可供產業上利用之新型。	（無下列之情況） ・申請前已見於刊物或已公開使用者。 ・申請前已為公眾所知悉者。	其所屬技術領域中具有通常知識者依申請前之先前技術顯能輕易完成時，仍不得依本法申請取得新型專利。	—
設計專利	凡可供產業上利用之設計。	（無下列之情況） ・申請前有相同或近似之新式樣，已見於刊物或已公開使用者。 ・申請前已為公眾所知悉者。	—	其所屬技藝領域中具有通常知識者依申請前之先前技藝易於思及者，仍不得依本法申請取得新式樣專利。

設計之專利要件

1.產業利用性。

2.新穎性。

3.創作性。

專利要件之內涵與意義

◆產業利用性

產業利用性也可稱為「實用性」，其創作必須：

1.達到真正的「可實施性」。
2.達到真正的「可在產業上使用的階段」。

換言之，產業利用性是需要具備可供人類日常生活使用的實際用途（Practical Process）。例如，依化學元素所排列組合而成的化學物質，雖知其如何組合完成，但尚不知其實際用途？可用於何處？能提供產業上何種功效？則仍屬不符「產業利用性」。

此一「產業利用性」內涵意義的立法目的在於排除一些「不符合人類生活所需，就沒有必要給予專利的獨占利益，以防止因知識獨占而妨礙了科學的進步」的申請案。

產業利用之「可實施性」在判斷基準上，簡易的基準可用「以所屬技術領域的一般技術人員能否實現」為判斷標準。

◆新穎性

我國專利對於新穎性是採用反面列舉「不具新穎性」的方式，即專利申請案喪失新穎性者，不予專利之原則處理。判斷基準則以申請日或主張優先權日為準，就該專利申請案對當時已知技藝與現有知識做比較：

1.刊物：不限於國內或國外之刊物。

2.公開使用：不限於國內或國外之地域，及使用規模大小或已公開銷售者。

3.公眾所知悉：已為一般公眾所知悉者。

4.因研究實驗者、因陳列於政府主辦或認可之展覽會者、非出於申請人本意而洩漏者等狀況，而時間超過六個月以上者，亦視同喪失新穎性。

◆ 進步性

進步性在美國則稱為「非顯而易知性」（Non-obviousness），係指該專利申請案對於現在之技術而言，是否為那些熟習此一技術領域之人士來說，屬於明顯而易知悉者。此一內涵意義的立法目的在於排除「一般技術人員之傳統技術，以防止一些金錢上、投資上的浪費，以及技術貢獻少」的申請案。

前述兩項專利要件（產業利用性、新穎性）在專利審查判斷上，都是屬於較容易界定的，而進步性在界定上是最困難，也是引起最多爭議的部分，以實務上的經驗而言，有80%以上的專利申請遭拒案中，就是因為被認為「不具進步性」而被駁回的。由此可知進步性的確認在專利要件中的重要性了，所以創作者在設計創作品時應特別注意這項「非顯而易知性」的特質所在，也就是說創作品應該是能說服專利審查員，讓他認為你的創作是「非一般熟習此一技術領域之人士所能（輕易）想到的」，這樣的作品才能被專利審查員所接受。

◆ 創作性

在設計之專利要件，其關鍵在於「創作性」，設計專利須為有關工業量產物品，也就是說「能夠被利用於工業上的重複製造生

產出來的物品之形狀、花紋、色彩或其結合之創作」。

設計應著重於「視覺效果」之強化增進，藉商品之造型提升與品質之感受，以吸引一般消費者的視覺注意，更進而產生購買的興趣或動機者。由此可知，設計的創作性著重在於物品的質感、視覺性、高價值感之「視覺效果」表達，以增進商品競爭力及使用上之視覺舒適性。

另外，對於純以動物、花鳥之情態轉用時，也就是說屬具象之模仿，並不被認為屬設計專利之「創作性」作品，故一般的繪畫、藝術創作等作品並不能申請設計專利，而創作者應採用「著作權」的方式來保護。

 ## 3.06 專利分類與各國專利概況比較

專利的種類

在我國的《專利法》中，規定的專利種類有三種：發明專利（Invention）、新型專利（Utility Model）、設計專利（Design）（如表3-3）。其詳細法規內文說明，請參閱PART 6中的各項相關資料，在此先就一般概念性的問題加以說明。

◆發明專利

係指利用自然法則之技術思想之高度創作，其保護項目甚廣，包括物品（具一定空間型態者）、物質（不具一定空間型態者）、方法、微生物等。簡言之，就是創作必須是以前所沒有人創作過，且技術層次是較高的創作。

表3-3　專利的種類

專利分類	保護項目	保護期限
發明專利	物品、物質、方法、微生物之發明，利用自然法則之技術思想之創作	自申請日起算二十年屆滿
新型專利	物品（具一定空間型態者）之形狀構造或裝置之創作或組合改良，利用自然法則之技術思想之創作	自申請日起算十年屆滿
設計專利	物品之形狀、花紋、色彩或其結合，透過視覺訴求之創作，及應用於物品之電腦圖像及圖形化使用者介面	自申請日起算十二年屆滿

　　例如，某人創作出「水煮蛋自動剝殼機」，可供食品廠生產作業使用，可節省人工剝蛋殼的大量人力。如果以前從未有人創作出這種機器，則這就是屬於「物品」的發明專利。又如，某人創作出某種特殊氣體，具有醫療某種疾病的特殊效果，若這種特殊的氣體物質是前所未見的，則是屬於「物質」的發明專利。

　　發明專利，若經智慧財產局審查通過，自公告之日起給予發明專利權，核發專利證書給予申請人，發明專利權期限為自申請日起算二十年屆滿。

◆新型專利

　　係指利用自然法則之技術思想對「物品」（具一定空間型態者）的形狀構造或裝置之創作或組合改良。簡言之，就是創作品屬於在目前現有的物品中，加以改良，而可得到創新且具實用價值的創作。

　　例如，由市面上已有的窗型冷氣創作出「不滴水窗型冷氣機」，它係利用室內側冷卻器，所冷凝下來的排水，將之導往室外

側的散熱器加以霧化，而可達到增加散熱效果及不滴水的目的，這是從構造上去做改良的創作例子。而「物質」（不具一定空間型態者），則不適用於「新型專利」，例如，化學合成物或醫藥的研發改良，都不適用於「新型專利」的申請，而應該直接以「發明專利」來提出申請審查。

新型專利，若經智慧財產局審查通過，自公告之日起，給予新型專利權，核發專利證書給予申請人，新型專利權期限為自申請日起算十年屆滿。

◆設計專利

係指對物品之形狀、花紋、色彩或其結合，透過視覺訴求之創作。簡言之，就是創作品屬於在外觀造型上所做的創作，例如「流線形飲水機面板」等。

設計專利，若經智慧財產局核准審定後，應於審定書送達後三個月內，繳納證書費及第一年年費，始予公告；屆期未繳者，不予公告，其專利權自始不存在。設計專利，自公告之日起給予設計專利權，並發證書。設計專利權期限為自申請日起算十二年屆滿。

其他世界主要工業國家專利種類與專利概況

其他世界主要工業國家專利種類與專利概況比較如下：

◆歐盟專利

歐盟專利（EPO）在1973年，由歐洲各國於德國慕尼黑所簽訂，1978年開始實施，申請歐盟專利，即可得到其會員國有法國、英國、德國、丹麥、瑞典、西班牙、葡萄牙、芬蘭、義大利、比利

時、盧森堡、希臘、奧地利、荷蘭、愛爾蘭、瑞士、捷克共和國、保加利亞、斯洛維尼亞、賽普勒斯、列支敦斯登、摩納哥、土耳其、斯洛伐克、愛沙尼亞、立陶宛等的專利保護，惟申請歐盟專利，申請人必須付指定會員國的費用。其可申請的專利種類為發明專利，專利權年限為自申請日起算二十年屆滿。

◆美國專利

美國專利之保護領域及於美國五十州、波多黎各、關島及美屬維京群島等地區，台灣與美國有簽訂互惠條約，申請人可以主張「專利優先權」。

美國專利種類分為：發明與設計兩種。發明專利若經審查通過，發明專利權，自申請日起算二十年屆滿；設計專利若通過，則專利權自申請日起算十四年屆滿。

◆加拿大專利

加拿大專利種類分為：發明與設計兩種。發明專利若經審查通過，發明專利權自申請日起算二十年屆滿；設計專利若通過，則專利權自申請日起算十年屆滿。

何謂「專利優先權」？

所謂「專利優先權」係指就同一發明創作，申請人在締約中的一國第一次提出專利申請案後，在其規定的期限內，又在其他締約國提出專利申請時，申請人有權要求，以原先第一次提出專利申請案之申請日期，作為後申請案之優先權日，其他締約國會以該優先權日，作為判定後申請案，專利要件之新穎性及進步性的分界點。在美國要提專利優先權時，發明專利，必須為在台灣提出專利申請之日起十二個月內提出，而設計專利，必須為在台灣提出專利申請之日起六個月內提出。

◆中國大陸專利

　　大陸為巴黎公約及歐盟專利之締約會員國，可於會員國間主張專利優先權。中國大陸專利種類分為：發明、實用新型、外觀設計三種。發明專利若經審查通過，發明專利權自申請日起算二十年屆滿；實用新型專利若經通過，專利權自申請日起算十年屆滿；外觀設計專利若通過，則專利權自申請日起算十年屆滿。

◆日本專利

　　日本與台灣有簽訂互惠條約，申請人可以主張專利優先權，日本也為巴黎公約及歐盟專利之締約會員國，可於會員國間主張專利優先權。日本專利種類分為：發明、新型、設計三種。發明專利若經審查通過，發明專利權自申請日起算二十年屆滿；新型專利若經通過，專利權自申請日起算六年屆滿；設計專利若通過，則專利權自公告日起算十五年屆滿。

◆英國專利

　　其專利權可延伸至大英國協之殖民地，如北愛爾蘭等地區，英國專利種類分為：發明與設計兩種。發明專利若經審查通過，發明專利權自申請日起算二十年屆滿；設計專利若通過，則專利權自領證日起算五年屆滿（可在屆滿前再申請展延年限，專用年限最長可達二十五年）。

◆德國專利

　　德國對發明專利的審查非常嚴密，但如能得到核准，在世界

各國的專利中是很具公信力的，德國專利種類分為：發明、新型、設計三種。發明專利若經審查通過，發明專利權自申請日起算二十年屆滿；新型專利若經通過，專利權自申請日起算十年屆滿；設計專利若通過，則專利權自領證日起算五年屆滿（可在屆滿前再申請展延年限，專用年限最長可達二十年）。

◆澳洲專利

澳洲專利種類分為：發明、新型、設計三種。發明專利若經審查通過，發明專利權自申請日起算二十年屆滿；新型專利若經通過，專利權自申請日起算六年屆滿；設計專利若通過，則專利權自申請日起算十六年屆滿。

3.07 專利的具體評估

專利的申請對創作人而言，不但是金錢上的一項投資，也是精神及時間上的付出，而對政府機關智慧財產局來說，則必須投入人力和物力資源，以進行審查工作。所以專利的申請，無論是對創作人或政府部門，都是一種資源的投入，為求雙方節省不必要的浪費，故創作人一定要先正確瞭解，具備何種條件的創作才能申請專利，以及如何正確提出專利申請，如此才不致盲目的申請，形成整體不必要的資源浪費。

從市場經濟的角度去評估專利申請案

專利的取得必須符合幾項要件：發明及新型之專利要件為「產業利用性、新穎性、進步性」；設計之專利要件為「產業利用

性、新穎性、創作性」等。

　　若我們的創作已符合以上的要件，但是否真的要去提出專利申請？最好能再從市場經濟的角度去做進一步的評估，例如，國內或國外專利的申請規費、領證費、年費、事務所的代理服務費等，須支出多少成本？該創作的技術市場或商品市場規模有多大？取得專利權之後，所實施或讓與或授權他人，可得到的實質經濟效益有多高？這些的項目考量，都是評估是否要提出專利申請的重要議題。

具體的評估方面

　　在具體的評估方面有以下幾點：

◆不值得申請專利

技術細節不想曝光者

　　因申請專利，必須公開其技術細節，若為一項獨有的技術，創作人擔心將技術細節資訊公開後，反遭競爭對手做進一步的「逆向工程」分析破解出來，導致競爭對手圍繞該技術研發出更先進的技術，反而對自己的專利形成了包圍，讓自己損失更大，在這種情況下，則可考慮不去申請專利。

　　以「可口可樂」的獨有配方為例，由於該公司的「營業秘密」，在管理上做得很好，而並未將這個秘密配方申請專利，所以，其他競爭者一直無法調配出完全相同口味的可樂飲料，可口可樂這個秘密的配方，使用超過一百年，已創造無限的商業價值。又例如，本土台南的「度小月擔仔麵」（位於台南市名勝古蹟赤崁樓旁）的肉燥香料配方，自1895年創立至今，未申請專利，但使用也

超過一百年，遠遠超過專利所能保護的期限。

在關鍵技術保護上，有許多人是採取所謂「黑盒子」（Black Box）的策略，對於具有合乎專利申請要件的獨門技術，不去申請專利，而對產品採取破壞性的封裝處理方式，將重要的關鍵性零組件，用黑膠或其他無法拆解的方法完全封死，讓競爭對手無法運用「逆向工程」，從成品中分析模仿進而取得技術竅門，如此做法，當然競爭者比較難窺其堂奧。但用此方法來保護技術，不去申請專利，相對的也有風險存在，若競爭者雖然較晚開發出同樣的技術，但卻提出專利申請獲准，則情況可能就要大逆轉了，先開發者因無專利權的保護，若又無法舉證出有力的研發記錄，來加以反駁或撤銷對方的專利權，則在法律上，自己反而會成為仿冒者。

產品生命週期太短者

從專利的申請到專利權取得，平均約須費時一至二年，若所創作的產品性質為流行性的商品，或許流行的時間只有一年，所以這類的創作產品生命週期太短，也就不值得浪費時間和金錢去申請專利了。

策略性的技術公開者

在某些情況下，可以將一些認為技術層次不是太高的部分，故意將它公開，以達到其他人要申請專利時，已失去新穎性而無法通過的目的，例如，某些電子書閱讀機的下游技術，為了讓更多人參與產品的生產製造，以打開市場規模，原研發者只保留核心的晶片技術專利，而將其他的周邊技術做策略性的公開，讓公眾使用。又如，早期JVC公司的VHS錄放影機技術的開放供同業使用，以期擴大市場規模。

◆值得申請專利

因申請專利是必須付出費用代價的，所以當發明人衡量出自己真正的需求時，就可放心的提出專利申請，以保護自己的權益，衡量事項如下：

1. 創作人想要藉由專利的保護，來達到某一專業領域的主導地位時。
2. 創作人想要藉由專利的取得，來和其他的專利權人進行交互授權時。
3. 創作人想要自己進行生產製造，且希望能排除他人的競爭行為者。
4. 創作人想要將專利權讓與賣斷或授權他人進行製造、販賣、使用者。
5. 創作人認為該技術具有前景的卡位策略考量，雖短期無利可圖，但將來有很大發展潛能者。

專利申請文件撰寫能力與權益問題

當決定要提出申請專利時，則必須衡量是要自己撰寫「專利申請書」送件申請，或委託代理人來撰寫送件申請。因為專利申請文件撰寫功力的好壞，會實際影響到是否能順利的取得專利權，以及是否取得夠大的專利範圍等實質的權益問題，一旦「專利申請書」送件之後就無法再做實質性的修改，事後也只能提出較小層面的補充或更正而已，所以若撰寫上有所缺失，就會造成難以補救的遺憾。因此，若申請人對自己的撰寫功力沒有把握的話，且經濟上有能力支付代理人的服務費用時，不妨交由專業的代理人來代勞。

專利申請書撰寫概要

若創作人要自己申請專利，就必須瞭解一下「專利申請書」的撰寫應注意哪些事項，專利申請書包括了四大部分：

1.申請人的基本資料。
2.發明（創作）摘要及內容說明。
3.申請專利範圍。
4.圖式。

◆申請人的基本資料

關於「申請人的基本資料」，只要依表格照實填寫申請人與創作人的基本資料即可。

◆發明（創作）摘要及內容說明

再來是「發明（創作）摘要及內容說明」的撰寫，必須要詳細的揭示有關先前的技術實況，以及你的新創作之目的、技術特點、可達成何種功效，並將創作本身的各種細節操作原理，一一加以解說到「可使熟悉本技藝人士據以實施」的程度，並且撰寫時應注意，對於「技術用語」應有一致性的用詞，避免含糊模稜兩可的文句，如此，才能確保專利審查人員不會曲解該項創作的原意，順利通過審查的機率才會較高。

◆申請專利範圍

接下來是「申請專利範圍」的撰寫，就是用文字來宣告你的

創作專利權限範圍有多大，權限範圍越大，則這個專利就會越有價值，因爲後人再來申請該類專利時，就越難跳脫出你的權限範圍，後來者就不易再取得該類創作的專利許可，就能排除他人的競爭。

所以「申請專利範圍」的撰寫，在整個專利申請書中，是非常重要的部分，用字遣詞應字斟句酌小心謹愼。

◆圖式

最後是「圖式」的繪製，圖式可以是立體圖、分解圖、機構圖、剖面圖、電路圖、示意圖、方塊圖、流程圖等，依申請人表達創作的需要自行繪製，其用意很單純，就是要讓熟悉本技藝人士能按圖索驥，更明確的瞭解相關的技術細節，在繪製圖示時應注意「指定代表圖」中的元件代表符號說明要統一，且各圖中的標號要能對應到創作內容說明文件中的專有技術關鍵名詞上。另外，還要注意發明之圖式，應參照工程製圖方法以「墨線繪製」清晰，於各圖「縮小至三分之二」時，仍得清晰分辨圖式中各項細節。

關於已先行公開或展覽及專利優先權問題

另外，對於創作品在提出專利申請前，已先行公開或展覽者，依《專利法》第22條規定：「因實驗公開者、因於刊物發表者或因陳列於政府主辦或認可之展覽會者，必須於其事實發生之日起六個月內提出專利申請」，否則即會喪失其新穎性，而無法獲得專利權，這一點申請人應注意。

如有意申請外國專利者，目前與我國簽訂專利優先權協定國家有：美國、澳洲、日本、德國、法國、瑞士、列支敦斯登、英國、奧地利以及世界貿易組織（WTO）會員國各國，均可主張「專利優先權」，發明及新型專利必須爲在台灣提出專利申請之日

起十二個月內提出，而設計專利必須為在台灣提出專利申請之日起六個月內提出才具有效性。

3.08 專利地圖的應用

以往許多企業並不進行專利分析，就直接投入產品研發，其結果研發生產出來的產品，不是別人已經有了，不然就是相似或他人具專利權的產品，這都是很大的研發浪費。

隨著專利與智慧財產保護的觀念在國內企業的逐漸落實，企業必須懂得如何透過專利來提升自己的競爭力，在科技發展一日千里的今天，要如何有效的掌握市場資訊及發展趨勢，與瞭解競爭者的研發狀況，這一直是各研發單位的重要課題，至於要如何應用一些正確又有效的資料，就成為這些研發單位高度重視的事項了，而「專利地圖」（Patent Map）就是在這種情況下所發展出來，一種對於專利的科學統計分析的方法。

專利資料具備「技術」與「法津」雙重特性

在眾多的研發資訊中，專利資料是唯一具備技術與法律雙重特性的重要資料。而所謂「專利地圖」，簡言之，就是將專利資訊分析後給予「地圖化」方式呈現出來，正所謂「文不如表，表不如圖」，因此，在做專利分析時，以圖形化的方式來表現是最容易瞭解也最容易分析的，能達到一目瞭然之效果（如**圖3-4**）。專利地圖乃是結合許多的技術專家及智財法律專家之智能，針對某一特定技術主題，透過地毯式全面性的資訊蒐集，運用科學的統計方法，做出各種的歸納分析，也就是一套將大量的專利資料加以縝密及精

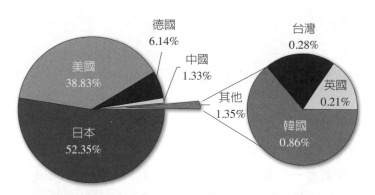

圖3-4 商用機器人主要技術研發國家分析（專利地圖範例）

細歸納、分析、整理的手法，用統計圖來表現，以呈現管理面及技術面之脈絡，將專利訊息正確解析出來，作為經營管理及技術研發之用，並進一步預測技術的未來走向，以達進可攻（積極進攻技術領域）退可守（消極認知專利地雷）的目標。如此才能決定是要全力投入技術研發，或採取迴避設計，還是技術挖洞等手段，以免誤觸他人的專利地雷，以確保自身的競爭力。

專利地圖可分為三大類

專利地圖依其製作目的之不同，可分為「專利管理地圖」、「專利技術地圖」、「專利範圍地圖」（即專利權力地圖）這三大類。在應用實例方面，如日本發明與創新研究所亞太工業產權中心，早在1997年至1999年間，就已製作了六十六種針對日本重點發展技術領域的專利地圖，提供給日本的產業界使用。而南韓政府為了輔導產業全力進軍全球的3G行動電話市場，在韓國知識產權局（KIPO）的研究協助下，於1999年10月也公開了「行動電話專利地圖」，以幫助產業界開發全球市場，由於此一做法成效良好，KIPO自2000年起積極推廣更多產業的專利地圖，並提供分析軟體

給產業界使用。

專利地圖分析執行的流程

專利地圖分析執行流程圖如**圖3-5**所示,在確定要分析的主題後,就須進一步擬定如何檢索專利資料,如檢索的國別、檢索哪幾類是相關的技術等,再進而將蒐集到的大量資料加以篩選出確實重要的資料來繼續深入解讀分析,經過分類、歸納、分析、整理、統計後,即可得到專利管理地圖、專利技術地圖、專利範圍地圖這三類主要的專利地圖情報,再依情報精析的結果來做出實際因應的對策,進而依實際需要執行新技術再研發及專利的申請,以保障自身的研發成果。

專利地圖之種類與製作要件及分析目的

專利地圖製作要件如**圖3-6**所示,可依專利管理地圖、專利技術地圖、專利範圍地圖之各類所

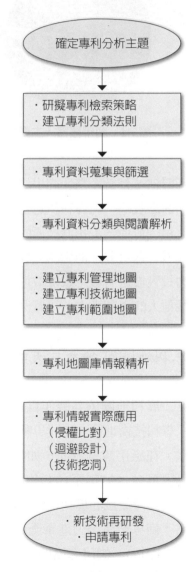

圖3-5 專利地圖分析執行流程圖

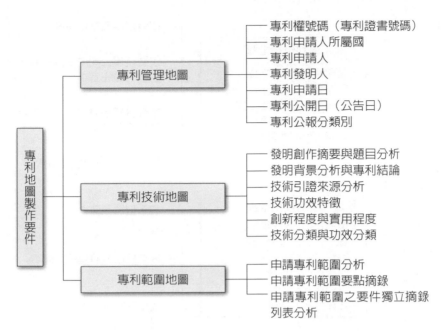

圖3-6　專利地圖製作要件圖

需檢索製作要件項目，來滿足專利地圖製作時之基礎資料。

　　專利地圖之種類與分析目的如**圖3-7**所示，即可瞭解研發重鎮國家有哪些？競爭者是誰？誰最具潛力？我們要怎麼辦？未來技術發展趨勢為何？還有哪些專利範圍可供研發？產品之研發空間及投入的利基在哪裡？各種分析的結果都是可供企業作為經營管理及技術研發之用。

> 所謂有效的專利管理：其重點不是在於單純的「文書管理」，真正的重點是在「技術內容」，也就是「專利申請書的內容撰寫品質」，而產生「智財權利保護」的強度是否足夠？
>
> ——佚名

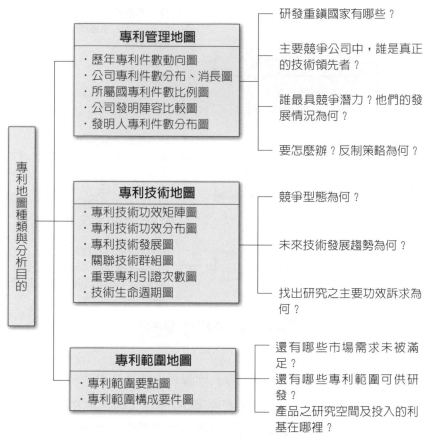

圖3-7　專利地圖之種類與分析目的

3.09 如何選擇專利代理人

　　專利事務所不是大或人多就好，應以崇高專業服務道德再加上多元豐富的服務經驗，這才是優質的事務所。當你有創作需要申請專利時，若自己沒時間撰寫專利申請說明書，或不知該如何撰寫

時，則可委託專利代理人來辦理，坊間專利事務所及律師事務所有上千家，如何選擇一家良好的事務所作為代理人去申請專利則是相當重要的一件事，若不慎交給一家信譽不良的事務所代辦，可能會發生專利技術機密外洩給第三者，使得他人搶在先前提出送件申請專利，或專利申請說明書撰寫功力不夠，而無法幫委託人爭取到最大的「申請專利範圍」等，損及自身權益的情況。

　　坊間許多事務所是由業務專員接案後，再交由其他同仁撰稿及繪圖，並非由該名專員親自處理。甚至有些事務所為降低人事成本，撰稿及繪圖皆採外包作業，因此品質大打折扣。有的為節省時間，將圖、文減量，以求快速完成送件申請。也有事務所在申請前不先檢索查詢，就直接提出專利申請。這些情況，普遍存在於坊間一些事務所之中，因此發明人必須慎選優質的專利事務所。

什麼是「保證取得證書」的代辦方案？

　　一般而言，請事務所來做創作案的粗略評估，例如，創作是否符合專利申請要件、專利申請的各種問題諮詢等，都是不收費的。而在目前坊間已有出現一些專利事務所，推出所謂「保證取得證書」的代辦方案，其作法為委託人提出專利申請案，事務所會將之嚴謹詳細的評估，若認為確實可以取得證書，則雙方再簽訂合約履行，但收費價格加倍。若未取得專利證書，則將退還所有已付之費用，目前已有一些發明人採取這種方式進行委託代辦。

如何評選「專利代理人」事務所？

　　發明人必須要與有信譽的專利事務所合作，對於辛苦研發的商品智財權才有完善的保障，有了專利權的保障，你的發明作品在

市場上才能具有獨占性，在商品化交易（專利授權或讓與）洽商時，才有較好的談判籌碼。

　　申請專利時，發明人最擔心的就是創意構思機密被外洩，及專利申請書的撰寫是否嚴謹有無漏洞，是否容易被仿冒者以專利迴避設計的手法閃避其專利權的侵犯，而讓你功虧一簣，這是一件極為重要的事，如何評估優良的專利事務所，以下幾點提供參考。

◆是否為專業的專利事務所

　　是否依法登記成立，成立服務的年數幾年，可參考專利事務所的網站資訊，瞭解各事務所的歷史專長與背景等，但千萬不要過度相信網頁介紹，網頁內容僅可供參考之用。另外，由智慧財產局官網，輸入代理人姓名也可客觀瞭解代理的專利件數、核准率、擅長之領域等作為選擇代理人之參考。

　　專利案件最好是委託專業的專利事務所來代辦，雖然一般律師事務所也可代辦此類業務，但通常律師事務所大多以處理民事的訴訟案件為主，若專利案件事務並非該事務所的專長業務，恐怕會影響專利的服務品質，畢竟專利案件的處理與一般的訴訟案件仍是有所差別的。但目前有些律師事務所，在非專長的業務部分會與其他專業的專利事務所合作，當接到非專長的專利個案時，則會用合作承辦的方式來服務委託人，以確保服務品質。

◆事務所中是否有足夠的各領域專長工程師

　　某些事務所會為了降低人事成本，而未聘有足夠的各領域專長的工程師，然而專利申請說明書的撰寫，通常都要牽涉到專業的技術層面，若由一個技術背景不相稱的人來為你撰寫時，可能會詞不達意，無法完全表達出你的技術思想，也就無法為委託人維護最

大的申請權益。所以,要求申請前先給發明人看稿,這是一項必要的做法。另外,事先應瞭解事務所內有無翻譯人員,可避免案件被轉包翻譯時的洩密風險,及翻譯品質降低。

◆專利工程師的流動率是否太高

從專利案件的申請到取得專利證書,都要耗費相當久的時間,若事務所內的專利工程師流動率太高,則客戶委託交辦的案件,可能會一再的轉手交接多人處理,易造成申請流程中的疏失,而損及委託人的權益。

◆收費是否合理

在國內委託申請專利案件,有其約略的費用行情,雖因各事務所的作業成本不一,而收費有所差別,但其行情上的要價應不致於太離譜。另外,建議不要在申請前就支付全額費用,待申請送件完成後再支付所有款項,以避免被事務所予取予求。再者不要受專利工程師鼓吹、誘導而申請各國專利,不隨意申請過多不必要的國外專利布局,發明人應視實際需要再考慮進行申請,因國外專利申請費是非常昂貴的。

◆其他事項

其他如專利爭議及侵權事件的處理經驗是否足夠(如法庭經驗、侵權判斷能力)、各國專利制度與法規的熟悉度、承接過哪些其他客戶口碑是否良好等。另外,絕不要相信走後門(送紅包),就一定能更快獲准專利。若如此所獲得的專利,將來仍有可能被第三者以舉發的程序,撤銷其專利權或要求縮減專利範圍。

專利是一種「以小搏大」的工具

專利的申請，長久以來就被認為是一種「以小搏大」的工具和手段，相對的，它也有背後潛在的龐大商業利益的可能性，少則數十萬，多則以億元計算。所以，若有一個新的構思或新的研發成果，如果你認為它的可行性高，且市場上尚無類似的技術或產品出現，千萬不要遲疑，儘快提出專利申請，以保護自己的研發成果。因台灣專利權是採「先申請主義」，若不幸被別人先行送件提出申請，那你費盡辛苦所研發的成果都將成為泡影。

目前，委託由專利事務所來申請專利的費用一件約新台幣15,000～28,000元的行情，若以近年來的平均核准率約70%計算，對照數十萬至億元的背後潛在龐大商業利益，相形之下，這幾萬元的申請費用成本及風險，可說是微不足道的，難怪依據智慧財產局的統計數字顯示，最近這二十年來，每年提出專利申請案件數，幾乎都是年年成長的。

國內的專利事務所提供之服務項目

國內的專利事務所通常皆能提供下列的服務項目：

1.專利公告資料的查詢服務。
2.發明、新型、設計專利申請（國內及國外）。
3.發明、新型、設計專利之舉發、讓與、授權等相關事務。
4.專利資料檢索、調卷。
5.專利案件行政救濟。
6.專利爭訟之鑑定。

7.一般專利事件的諮詢服務。

代理人「服務費」行情概況

代理服務費用會因各國地區及申請案件專利技術的難易度而有所差異，專利事務所委辦事項一般行情供參考如下：

◆國內申請專利（不含規費）

1.發明（每件）：NT.20,000～28,000元。
2.新型（每件）：NT.18,000～23,000元。
3.設計（每件）：NT.15,000～18,000元。

◆國外申請專利（不含規費）

1.發明（每件）：NT.50,000～100,000元。
2.新型（每件）：NT.40,000～60,000元。
3.設計（每件）：NT.30,000～48,000元。

以上為一般申請代理服務費用，若申請過程中，遭遇到中間須再答辯簽辦的狀況時，則須再另外加付服務費及規費等費用，國內申請部分每次約需幾千元至一萬元左右，國外申請部分視不同國別，每次約需二萬至八萬元。

國內的專利申請除上述這幾點需注意外，對於國外專利申請方面，也要注意專利事務所內是否有專業的外文譯稿人員，許多專利事務所的外文稿件（如英文、日文），是直接請翻譯社協助翻譯的，若非專業科技人才所翻譯的外文，可能會有詞不達意，專業用語錯誤的狀況發生。這些都會使你的申請專利品質粗劣，甚至專利審查無法通過。

另外，對於收費報價方面，雖然說「貨比三家不吃虧」，但也有句俗話說「一分錢一分貨」。在專利收費報價時，發明人應秉持「比價而不過度殺價」的正確概念原則，今天你殺價殺得很爽快，但必然發生兩種狀況，一種是好事務所因不敷成本，不想接你的案件。一種是即使有專利事務所願意接你的案件，但試想一下，他會安排最好的專利工程師給你嗎？其專利申請品質可能有疑慮，發明人應避免被前段申請費看起來便宜低價所蒙蔽，待答辯次數過多，後續產生的費用反而更高時，才驚覺得不償失。專利事務所是發明人在智財權保護上重要的合作夥伴，所以，一定要慎選為之。

3.10 企業中的專利層次與價值

不同質量的專利在企業中扮演著不同的層次與角色，一般來說，專利層次可分為四大層次（如圖3-8）。

各階專利層次與核心價值

其中，「防禦用專利」是最為基礎的專利，其性質多為在產

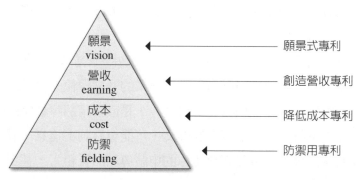

圖3-8　企業中的專利層次

業中已相當成熟的技術，主要爲了防範被別家企業告侵權，所申請布局的自我保護型專利，其核心價值在於「防範被告」。再向上一層爲「降低成本專利」，其性質多爲製程的改善或產品本身的改良，以達降低成本之目的，其核心價值在於「節省成本」。再向上一個層次即爲「創造營收專利」，其性質多爲增加產品之功能或效率之提升，以創造更高的產品價值及營業收益，其核心價值在於「創造營收」。最上一層爲「願景式專利」，其性質多屬技術生命週期中的萌芽期技術專利，雖在短期內並無利可圖，但日後有很大發展潛力的專利，其核心價值在於「願景的實現」，雖然此一層次專利的技術研發困難度高，投資金額也大，但假如開發成功，則能爲企業帶來巨大的利益，甚至能扭轉企業的命運。

> 成功的關鍵不只在於偉大的點子或專利，執行力也是關鍵所在！
> ——戴爾電腦執行長　麥可‧戴爾（Michael Dell）

> 「創新研發」有成的企業必備之能力：
> 1.具前瞻性的眼光。
> 2.擁有堅實的技術。
> 3.擁有系統整合的管理能力。　　　　　　　　　　　——佚名

如何合理分配研發經費

在總體研發資源經費的合理分配思考上，依企業型態類別的不同可分爲「高研發型」企業與「一般研發型」企業，而在投入經費的比重上如**表3-4**所示。

需要高研發特性的企業在新產品的專利技術的研發上，經費依其「願景」：「營收」：「成本＋防禦」可爲2：3：5，而一般

表3-4　企業研發經費比重參考表

層次　企業	願景 專利、產品研發	營收 專利、產品研發	成本 專利、產品研發	防禦 專利、製程改善
高研發型	20%	30%	50%	
一般研發型	10%	30%	60%	

研發特性的企業則以1：3：6的比例來做分配是適當的。也就是說，如果是一家高研發特性的企業，年度研發經費預算有一億元時，則拿兩千萬元投入於願景式的專利、產品研發上；三千萬元投入於創造營收的專利、產品研發上；五千萬元則用於降低成本和防禦層級的專利、產品研發與製程改善上。

「願景式專利」的成功實例

以前貝爾實驗室（現在的AT&T）所發明的電話專利技術，就是一個最經典的例子。

貝爾實驗室在1876年發明了電話並申請專利，在當時大多數企業家對這項新發明並不感興趣，但獨具慧眼的貝爾實驗室並不灰心，持續推動電話商品化的應用，因本身握有專利權而使得該公司壟斷了美國長途電話市場長達一百餘年，據美國許多專家預估，AT&T電信公司將還會再持續主宰通信產業一個世紀。

其他，如握有DVD播放機及CD-R（可燒錄光碟片）規格專利的荷蘭飛利浦（PHILIPS）和日商的索尼（Sony）、東芝（Toshiba）、三菱（MITSUBISHI）等少數幾個國際大廠，居該產業的主導地位，而台灣的企業無論有多了不起的生產代工製造技術，終究要付給這幾家國際大廠可觀的專利權利金。

下一波「願景式專利」的實現即將開啟

如目前已發展成功，即將商品化上市的商用機器人和家用機器人主要技術研發國家（日本），多年來已投注大量人力、物力資源進行開發的關鍵性技術也都已取得專利權。又如，現在所面對全球的石油枯竭問題，日本汽車業者在氫燃料的燃料電池動力汽車的研究上已頗具成果，預計在2016年即可量產上市，將來若是台灣要生產製造這類願景式專利產品，同樣的，就要付出高額的權利金。

這就是願景式專利的威力及為先創者帶來的巨大利潤，此一層次的專利技術研發，也是一般台灣中小企業較為缺乏的部分，是最值得再繼續努力發展的方向，如此，在國際上的競爭力必能大幅提升。

企業建立「專利組合」及「專利布局」的方式

在國際間具有競爭優勢的企業，通常都會建立自有的專利組合及有規劃性的進行專利布局，其方法不外以「自行研發」取得專利權及「向他人購買」專利權和「交互授權」，用這三種方法來滿足對專利的需求。其中，向他人購買專利權，是最快速取得企業本身所需專利組合的方式，不但可省去自行研發的時程與人力及失敗的風險，更可節省龐大的研發經費。在企業的經營管理中，降低成本的重心不只是製造成本而已，也包括了研發成本，專利權標售取得的來源無論是國內或國外，都是降低研發成本的一種方法。

近年來台灣的企業積極進軍國際市場，有了良好的專利組合與布局，將可作為研發產品品質的保證，有助於爭取訂單更可提升與他企業進行交互授權時的談判籌碼。由於目前國內對於專利權的

需求已大幅的增加，此一趨勢日後將更加明顯，也會因此更帶動我
國在專利權及專利技術交易市場的熱絡發展。

應積極培養頂尖研發人才

　　台灣的半導體之父——張忠謀曾在1998年時指出：今天台灣
的「科技產業」最為缺乏的是「創新性與突破性」的科技開發，目
前台灣產業的專長僅在於「生產技術」而已，雖然我們的技術在若
干領域已非常接近尖端的水平，但始終不能領先，這其中最大的原
因，就在於目前台灣的教育制度雖然能夠培養出很好的「技術人
才」，但卻難以造就出「富於創意的真正頂尖科技研發人才」。

　　哈佛大學管理學的名教授Michael E. Porter在1999年4月再度來
台灣演講時，也一再的指出：台灣未來最大的潛力及優勢，就是
「科技創新」，若能把握發展的時機，培育人才與有效的執行推
動，台灣的經濟型態將可脫胎換骨，擺脫「代工產業」而進入更高
層次的「創新產業」。

適合研究用途與居家
行動監視，首創機器
人專用鞋保護，提高
運動性能與效率，與
Mitshno共同開發出的
機器人鞋，實現了理
想的步行動作。

家用人型機器人Nuvo
2006年機器人教育博覽會，台北（葉忠福攝）

198

機器人樂團（人型機器人）

2006年機器人教育博覽會，台北（葉忠福攝）

來自日本愛知博覽
會超人氣美女機器
人Actoroids，逼真
又能充分地表現的
人造擬真接待機器
人，它可透過人造
肌肉做出表情，更
有四十八處動作點
及關節與人的身段
接近。

仿生機器人

2006年機器人教育博覽會，台北（葉忠福攝）

3.11 專利申請布局的考量重點

在全球化的競爭時代下，各國對於專利的申請取得與全球化的布局，都相當的重視，近年世界經濟論壇（World Economic Forum, WEF），為強調創新智慧能力強弱，對於一個國家未來競爭力的影響，而以各國的「專利獲准數」指標，來作為衡量「國家創新能力」的一項重要指標。

若要提升國家整體及企業的競爭能力，創造技術領先的優勢，以及阻礙追隨者的加入競爭，取得專利權的保護是一種重要的手段。而專利申請布局的考量，在智慧財產的管理上，有著極為重要的地位，過去台灣的中小企業及發明家們，並不太注重海外的專利布局，但現在海外的投資活動日益頻繁，大家也逐漸意識到專利布局與保護的重要性。

何謂「完善的專利申請布局」？

所謂有良好的專利申請布局，並非到處去申請專利在各國均取得專利權，就是良好的布局，因為在現今技術的變化非常迅速，而且專利申請及維護的成本也相當昂貴，史丹佛大學（Stanford University）曾做過統計，在美國平均一個專利的生命週期，從提出申請開始至每年的規費支出直到年限期滿，約要花費2.2萬美元（以匯率1比30計算時，約新台幣66萬元），所以專利要如何布局才符合成本與效益，是須用心好好去衡量評估的。

專利的申請布局

專利的申請布局可分為國內與國外兩部分，茲分述如下：

◆國內部分

在國內部分，首先要考慮該項專利技術的發展，所處「技術生命週期」的時點為何？是處於「技術萌芽期」或「技術成長期」或「技術成熟期」。若你的專利是一種新興技術，尚處於技術萌芽期，則專利應多申請，尤其在申請專利範圍方面，應儘量放大，以便使你的專利能先卡位在最有利的位置。若是處於技術成長期，則應儘量尋求核心技術之改良，及調查清楚當前他人的專利技術發展情況，以避免重複的研發或誤踩專利地雷。當處於技術成熟期時，除尋求技術之改良，及調查他人的專利技術發展情況外，應儘快尋求新的替代技術。

而在專利卡位策略方面，以往時常可以發現在台灣有一些快速追隨者（老二主義的公司），就在一些處於技術萌芽期的大專利旁邊，部署一些小專利，用意在於卡住這個大專利的發展，以便來日搭順風船，迫使與擁有大專利的雙方交互授權，就能以較低的成本得到授權技術，各取所需。

◆國外部分

在國外部分，除考慮前述技術發展所處的各時期階段應注意的事項外，更重要的是要衡量其「是否真正必要？」，以往常見台灣的個人發明家，其創作除在台灣申請專利外，也漫無目的的在國外許多地區申請了專利，表示自己的創作很了不起，而沒有依實際

的布局需要才去申請的原則處理，這種觀念和做法不是很妥當，也不太符合專利成本效益的管理。申請國外的專利是很昂貴的，由專利事務所代辦申請時，光是從申請到專利證書核准下來，一個專利案件就須花費新台幣十至三十萬元（視申請國別及申請過程是否順利、是否需要答辯及答辯的次數而定），這還不包括日後每年應繳的專利年費。所以，國外的專利申請及維護費用是相當可觀的。

國外申請專利的「是否真正必要？」考量重點

一般而言，創作發明在考慮是否有申請國外專利的「是否真正必要？」考量有三項重點：

1. 本創作品是否已有將產品行銷到該國或已在該國進行生產製造？
2. 本創作品在該國是否具有潛在的市場，且以後可能會在該國行銷或製造？
3. 本創作品的專利權是否可能在該國「授權」或「賣斷／讓與」出去？

若未經過以上的考量，而一味的到國外申請專利，既浪費資源又沒有效益產生。所以，目前對於國外的專利權申請，無論是企業或個人發明家，應瞭解到這一點，除考量實際的「是否必要」之外，更要採重點式的申請，尤其是以市場較大且工業科技水準較高的國家，如美國、日本、中國大陸、歐盟國家等作為優先申請的目標，以達到較好的經濟效益。

個人發明家在外國專利的布局策略上，有一個小技巧，不但能節省可觀成本且可得到很大的效益。這個技巧就是：在台灣專利申請送件前，就要把該項專利產品行銷或授權洽商對象的聯絡資料

先查詢準備好,待專利申請送件後,馬上就可開始進行行銷或授權廠商的洽談工作,因外國專利申請的「國際優先權」有一年內皆可提出申請的規定,所以,只要在這一年內找到願意行銷或授權的廠商,在外國專利申請部分,就可請該廠商出資去申請。如此做法,不但可保障該項新產品的外國專利權,更可替個人發明家節省可觀的外國專利申請成本。

在企業方面,較具規模的企業應在公司內部設置法務部門,由專人來處理國內、外的專利申請與管理問題,如此,才能較有效率的處理國外授權與行銷、製造的事務,發揮較大的產業效益。而所謂「有效的專利管理」,其重點不在於單純的「文書管理」,真正的重點是在「技術內容」,也就是「專利申請書的內容撰寫品質」,而產生「智財權利保護」的強度是否足夠?

品牌與代工智財管理策略的差異

台灣的產業以往大都以代工製造為主,而生產製造業應以何種策略來管控賴以維生的核心技術呢?台灣的生產製造業者看到他所代工的品牌產品都申請了「產品」設計上的許多專利,而台灣代工業者為了保護其製程方法,也隨之去申請製程方法的專利,雖然在《專利法》中製程方法也能申請取得專利權,但如此的智財管理策略,恐讓自身企業陷於得不償失的危險。這樣的企業,過去以一些電子業、晶圓代工廠、TFT LCD業者居多。

品牌經營與代工業屬性的不同

品牌經營業者主要是以賣到消費者手中的最終產品為其智財保護之標的,如蘋果(Apple)、惠普(HP)、宏達電(hTC)等

品牌大廠的電子通訊產品。因此一最終產品是能透過逆向還原工程方式逆推得知其技術精髓，所以必須用申請專利來保護其產品智財權。反之，若生產製造代工業者把製程中的技術精髓申請專利，這意味著必須將其賴以維生的核心技術公諸於世，其保護又僅限於有限的幾個申請國地域內而已。就現實面而言，因製程方法專利並非能在最終產品的特徵上表現出來，而代工競爭者是否侵權其製程方法專利實難判定。故，生產製造代工業者將其製程方法申請專利，可能會使自身陷於技術機密過度曝露於其他代工競爭業者的險境中。在上述之現實狀況下，對生產製造代工業者而言，最適當的智財管控策略應使用「營業祕密」的方式，來保護製程中的核心技術。

生產製造代工業核心技術不當專利化的缺點

1. 製程核心技術曝光，無法由逆向還原工程中判定競爭對手是否侵權。
2. 付出龐大專利申請費及專利年費。
3. 專利布局國家地域有限，能保護的地域廣度有限。

以往台灣不少的生產製造代工業者，將其製程中的核心技術申請專利，本以為能保護其智財權與維持企業的競爭力，殊不知「不當專利化」的結果，於申請專利的過程中，必須將其「必要的技術特徵揭露」，如此不但造成製程核心技術曝光，專利申請費及專利年費也是一筆龐大的開銷，況且專利保護為「屬地主義」，專利布局往往僅以重點國家及母國為主，能保護的地域廣度有限，所以，生產製造代工業的智財管理策略應以「營業祕密」之方式為主才是王道。

3.12 專利技術授權之評估與準備

企業在進行接受技術授權時的評估與事前準備工作上，需要企業內各部門間的相互配合（如圖3-9）。

技術研發部門

首先，企業在確定需要何種產品後，進而由技術研發部門確

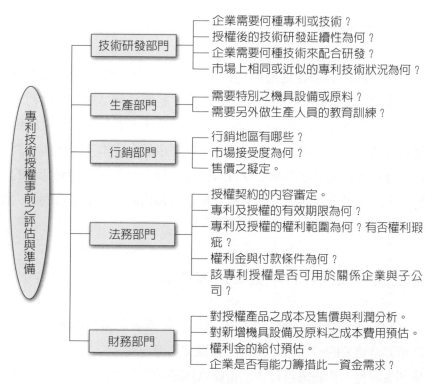

圖3-9　專利技術授權事前之評估與準備

定該產品需要何種專利或技術，以及企業本身需要何種技術能力來
做研發的配合，產品研發後是否有延續性或衍生性，並分析市場上
相同或近似的專利技術狀況為何？

生產與行銷部門

　　生產部門須評估是否需要特別增添生產之機具設備或原料，
以及如何對生產人員做線上生產教育訓練等，而行銷部門則須分析
競爭對手的產品比較及規劃產品的行銷地區有哪些、售價為何等等
行銷企劃之事務。

法務與財務部門

　　法務部門必須審定授權契約內容是否符合企業的利益或不公
平的條款，以及授權之有效期限與授權之範圍為何？是否有權利瑕
疵？權利金與付款條件及授權是否包括子公司與關係企業皆可使用
實施等議題。在財務部門方面則須對授權產品之成本及售價與利潤
進行分析，以及新增設備與原料所需成本費用之預估，和權利金的
給付方式，最重要的還有企業本身是否有籌措此一資金需求的能力
等事項。

專利技術授權合約之重點內容架構

　　關於專利技術授權之合約訂立，對授權者與被授權者而言，
都是非常重要的一件事，合約內容條文是否合理、公平保障雙方的
權利與義務，都將成為日後是否能合作成功的重要關鍵。以下介紹

主要以被授權者的角度來看合約之內容，而授權者則可用對等的立場來審視合約是否合理公平，在專利技術授權合約中的重點內容架構如**圖3-10**所示。

◆授權分類

此項目中要確認清楚所授權的分類為哪一類，通常授權有：

1.專屬授權（Exclusive License）。
2.非專屬授權（Non-Exclusive License）。
3.整批授權（Package License）。
4.交互授權（Cross License）。
5.再授權（Sub License）。

以上五類，各類的授權權利屬性皆有所不同。

上列「專屬授權」係指僅授權給予一家公司，具有獨占性之優勢，故通常這類授權的權利金比較高。而「非專屬授權」係指可同時授權多家公司，去實施同一專利技術，此時則市場上並非獨占性，被授權者必須同時面對多家的競爭態勢。「整批授權」係指以多項專利技術整批來談授權。「交互授權」顧名思義，就是授權者與被授權者雙方彼此有技術需求，而進行的互相授權，以達互惠之目的。「再授權」則是指子公司或其他關係企業，是否能同時實施使用該專利技術的授權。

◆授權標的與範圍

在此項目中「專利實施權」要確認清楚的是，在《專利法》中規定的「製造、販賣、使用、進口之專屬權」之中，你的授權是包含哪幾項？或是全部的權利。「授權有效期限」顧名思義，當然

創新發明 原理與應用

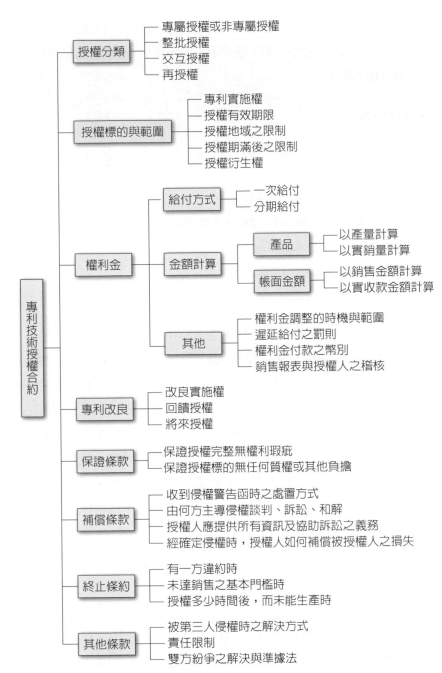

圖3-10　專利技術授權合約之重點內容架構

是期限愈長愈具價值。「授權地域之限制」係指製造地或銷售地僅限於本國或其他國家地區，還是包括哪些指定的國家或地區之限制條款。「授權期滿後之限制」在於約定授權期滿後，被授權人繼續使用該技術之權利是否受到限制。「授權衍生權」係指該授權的實施而產生其他的效益，所衍生而來之權益歸屬或分配方式。

◆權利金

權利金之給付方式可分為「一次給付」與「分期給付」方式。一次給付方式常見於以「買斷授權」的狀況為多，而分期給付者常見於合作生產銷售後，以百分比（％）抽取權利金的狀況為多。用百分比抽取權利金的方式中，在金額計算方面，有以「產品」量產時之生產數量計算者，也可用實際的銷售量來計算。也有以「帳面金額」作為計算基礎者，此時會用帳面上之「銷售金額」或以「實收款金額」來作為計算，此部分之事宜應事先約定清楚，以免日後發生爭議。

其他還包括「權利金調整的時機與範圍」，此項在於約定權利金的最大變動幅度（例如，實銷1,000台以內權利金為定價的10％，1,001～5,000台為12％，5,001台以上為15％，並且最高以15％為上限），鎖定權利金的浮動範圍，以保障雙方可接受的範圍。「遲延給付之罰則」通常是以加計利息的方式來約定。「權利金付款之幣別」主要須考量匯率變動的風險，應明文約定以新台幣或美元或其他幣別來作為付款。而「銷售報表與授權人之稽核」，此項除有賴於雙方的誠實互信外，最好能做到銷售報表是經合格且信譽良好的會計師簽核認證過，以昭公信。

◆專利改良

關於專利「改良實施權」（Improvement），也就是經授權而被授權人有改良的再發明時，被授權人可去申請專利，所以契約中可特別約定被授權人就授權專利之改良，具有專利申請權及實施權，以保障權益。而「回饋授權」（Grant-Back License）在於約定再發明時以無償或相當之對價回饋給原發明人的條件。「將來授權」（Forward License）則在於約定原發明人本身若有再發明時，能確保被授權人可優先取得最先進之技術的權利。

◆保證條款

此項應載明授權人應有的保證事項，例如，保證有「完整之權限」將授權標的完整無瑕的授權給被授權人，尤其是當標的為多人共同發明之授權時。以及保證所授權之標的在授權契約簽定之前與之後並無任何的質權（質押）或其他負擔。

◆補償條款

此項在於規範「侵權行為」時之解決方式，例如，收到侵權警告信函時之處置方式，及由何方主導侵權之談判、訴訟、和解等事宜。授權人應提供有關之資訊及協助訴訟之義務。另外亦應載明，若經確定侵權時，授權人如何補償被授權人在財產及聲譽上之損失。

◆終止條款

合約終止條款一般都是雙方自行協議而成，通常會有以下幾項：(1)有一方片面違約時；(2)未達銷售門檻時（被授權者沒有良

210

好的產品行銷能力時）；(3)授權幾年（或多少時間）後，而未能
生產時。

◆其他條款

　　其他條款是有關被第三人侵害專利授權時之解決方式約定。
而「責任限制」在於約定，何種情況下授權人是不對被授權人負責
的，例如，被授權人所實施的範圍超過授權人所授權之範圍，因而
侵害到他人時之責任。在「雙方紛爭之解決與準據法」方面，在於
約定雙方有紛爭時要依據哪一國的法律爲依據，訴訟或仲裁時用哪
一個地方法院或仲裁機構，最好是能主動選擇本國法律及距離自己
最近的法院或較爲熟悉的仲裁機構，尤其是對方爲外國公司時，因
爲外國法院在審理與判決上，通常還是會比較祖護自己的公民。另
一方面若打起海外訴訟時，光是旅費與律師費及時間上，就是一項
很大的負擔。

◆其他注意事項

1. 技術轉移之進度是否有約定？若進度落後者，是否需負有何
   種責任？對於技術轉移之完成，有否認定標準之約定？
2. 主動擬稿（Drafting）的重要性（最好是己方來擬合約稿，
   再由對方確認或修改部分條文）。
3. 注意「定義」之解釋說明。
4. 文句的簡潔（通常合約均會十分叨長）。
5. 國外合約的格式及語言（務必要正確解讀國外用字的涵義）。

企業是否能獲利的兩個關鍵法律文件：專利及合約。

—— 佚名

3.13 專利價值的鑑價方法

　　有句話說：「專利價值，其實就是市場價值。」所以要評定專利的價值，其實最主要就是看它能在市場中為企業帶來多大的利潤。

　　專利是智慧財產，也是「無體財產權」，在未具體實施前，既看不到也摸不著，所以，要進行實際買賣或質押時，價值的估價若無一套客觀的方法，想要實際去估價，實在是很困難的事。在目前無論國內外的發明界，已有一套慣用的估價模式，這套模式有其相當的客觀性，雖因各技術種類及各產業的專利估價狀況略有不同，但也有其共通性。

「買方」觀點

　　以買方的觀點而言，鑑價方法可分為「市場比較法」、「成本法」、「效益法」等三方面，分述如下：

1. 市場比較法：此法即是將以往類似的產業技術，實施的結果價值拿來相比較，以推估本次鑑價案件的價值，但實際在進行分析時，則必須取得很多客觀的數據資料，如此方能真正的做到客觀的評價。
2. 成本法：以要實施該專利時，需要再投入資源的多少（含人力、資金、時間等），或是導入新技術後，能取代舊技術，可降低多少成本。
3. 效益法：以未來可得到的經濟效益作為評量點，其價值尤其

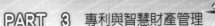

是以可直接或間接得到的「現金流量價值」，最為專利的買方所重視。

「賣方」觀點

以賣方的觀點而言，鑑價要項有下列幾點：

1. 研究開發經費：以該專利技術的研發過程中，發明人所投入的資源費用有多少，來作為評估的參考因子。
2. 附加價值：因該專利的知識產權，所延伸出來的其他價值。
3. 二八定理：因技術創新而產生的利益，20%歸發明人（賣方）所有，80%歸實施者（買方）所有。
4. 時間因素：將專利權的剩餘有效年限，列為評估因素，有效年限越長者，則越有價值。
5. 授權領域：是否將專利的「技術授權領域」或「地域授權領域」作切割，也會影響到鑑價的價值，技術領域或地域領域越大者，當然會越有價值。
6. 市場供需與競爭者：市場上已有的類似專利技術是否很多，其技術的替代性為何？或是為獨有的專利技術，尚無競爭者，這也是影響評價的因素之一。
7. 股票折讓價值：專利權人若以技術入股的方式，參與新公司的該項專利實施，公司應給發明人多少的入股股份以作為報酬（一般技術作價的範圍約10～30%，但依實務經驗來看，通常是以15%作為技術入股的報酬）。

專利授權「權利金」行情概況

　　客觀的鑑價須綜合「買賣雙方」的觀點，如此才能取得較為合理且雙方都能接受的結果，以上所述幾點鑑價方式，主要用於買賣與質押時的專利鑑價，供讀者參考。

　　以目前發明界的實務經驗，若專利以授權方式，合作生產製造時的授權權利金模式則較為單純，一般而言，屬「設備性」的專利產品（如自動停車塔專利技術、冷媒回收機的生產專利技術等），則專利授權人大約可得產品售價的8～20%之權利金，若屬民生用「消耗性」的專利產品（如冰棒的新製造方法、新研發的清潔抹布等），則專利授權人大約可得產品零售價的2～10%之權利金。

　　上述這些授權方式的參考行情為一般的情況。其實，授權權利金會因各種不同的狀況而有所差異，無法一概論之，只要授權者與被授權者雙方同意，也覺得合作條件滿意，其實並沒有真正的固定行情。

3.14 專利侵害鑑定與迴避設計

　　從事創新發明工作的人員，一定要有「專利侵害鑑定與迴避設計」的基本概念，專利產品在商品化過程中，如何面對專利權的糾紛處理是現代企業的重要課題，同時在專利管理的議題上，首要的兩部分為：「專利侵害」與否的鑑定及如何做「專利迴避設計」。而在鑑定專利侵害與否的最核心問題上，就是如何界定彼此的專利權範圍。簡言之，就是如何運用分析的法則去比對糾紛雙方的「申請專利範圍」（Claim），這是當發生專利權糾紛時的首要

工作。

　　比對申請專利範圍時，因權利範圍與專利說明書撰寫方式及專利申請範圍文字敘述內容之限制，必要時需再詳細比對專利說明書的內容。而在專利侵害的鑑定法則裡，基本上主要有三項：即「全要件原則」、「均等論」、「禁反言」。其他如「逆均等論」、「貢獻原則」、「先前技術阻卻」也都是鑑定輔助法則之一，適用範圍包含發明專利及新型專利，簡要分述說明如下：

全要件原則

　　所謂「全要件原則」係指申請專利範圍中，至少有一個請求項的技術特徵「完全對應表現」在待鑑定的對象（物品或方法等）中。例如，申請專利範圍中共有十五個請求項，只要有一個請求項的每個必要元件和被控嫌疑侵害品的技術特徵經比對後「完全對應表現」，即符合「全要件原則」的「文義侵害」。簡言之，「全要件原則」就是以「文義」上的解讀去鑑定判斷是否有專利範圍內容的「文義侵害」狀況。但若專利侵害與否的鑑定僅限於文義描述時，當有蓄意之侵害者，只要針對全要件原則中的每個必要元件之敘述文字做適度的改變，就能閃避其專利的約束，如此則專利制度即失去其鼓勵創新研發產業技術，保護智慧財產之立法精神。

　　若僅以狹義的文義鑑定就判斷專利是否侵害，則對專利權人較為不利，為顧及被控者與專利權人雙方的權益公平，所以專利的侵害與否之鑑定除了全要件原則之「文義」上的解讀鑑定外，還需再經過均等論及禁反言等，各方的綜合考量與判斷才能確定。

　　依「文義侵害」鑑定所獲之結果，可歸納為三種原則：即精確原則、附加原則、刪減原則等（洪瑞章，《專利侵害鑑定理論》，頁33-34，經濟部智慧財產局，2007）。

1. 精確原則：乃指被控侵害物直接抄襲其聲明專利的申請專利範圍中至少一個請求項的全部構成要件，每個必要元件完全相同（完全對應表現）。

2. 附加原則：乃指被控侵害物除直接抄襲其聲明專利的申請專利範圍中至少一個請求項的全部構成要件，每個必要元件完全相同外，並另外「添加」了其他新步驟或新構件者。

3. 刪減原則：乃指被控侵害物僅抄襲其聲明專利的申請專利範圍中「部分」構成要件，而「刪減」其中一項或數項要件者。

茲舉以下案例說明：

K公司的「座椅」，該座椅的專利範圍之請求項中包含：椅腳（a）、座墊（b）、椅背（c）所構成。

L公司的「搖椅」，該搖椅的專利範圍之請求項中包含：椅腳（a）、座墊（b）、椅背（c）、搖動裝置（d）所構成。

M公司的「床椅」，該床椅的專利範圍之請求項中包含：椅腳（a）、座墊（b）、椅背（c）、變換裝置（e）所構成。

K、L、M這三家公司的專利在技術構成的概念關係圖，可用圖3-11來表示。

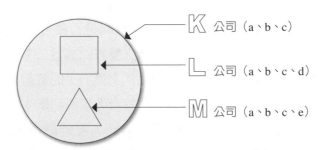

圖3-11　K、L、M三家公司專利技術構成概念關係圖

專利侵害分析：

K公司 的行為	1.若製造「座椅」：使用構成要件a、b、c，因未使用d及e，故不會侵害到L公司及M公司（刪減原則）。 2.若製造「搖椅」：使用構成要件a、b、c、d，所以侵害到L公司的專利範圍（精確原則）。但不會侵害到M公司的專利範圍（刪減原則）。 3.若製造「床椅」：使用構成要件a、b、c、e，所以侵害到M公司的專利範圍（精確原則）。但不會侵害到L公司的專利範圍（刪減原則）。
L公司 的行為	1.若製造「座椅」：使用構成要件a、b、c，所以侵害到K公司的專利範圍（精確原則）。但不會侵害到M公司的專利範圍（刪減原則）。 2.若製造「搖椅」：因使用構成要件a、b、c、d，故侵害到K公司原有a、b、c專利構成要件之全要件的專利範圍（附加原則），簡言之，L公司只在K公司的專利範圍構成要件上添加d，但還是使用了K公司原有a、b、c的構成要件。而對於M公司則無侵害其專利範圍（刪減原則）。 3.若製造「床椅」：使用構成要件a、b、c、e，故仍侵害到K公司原有a、b、c專利構成要件之全要件的專利範圍（附加原則），也會侵害到M公司的專利範圍（精確原則）。
M公司 的行為	1.若製造「座椅」：因使用構成要件a、b、c，故侵害到K公司的專利範圍（精確原則）。但不會侵害到L公司的專利範圍（刪減原則）。 2.若製造「搖椅」：因使用構成要件a、b、c、d，故侵害到K公司原有a、b、c專利構成要件之全要件的專利範圍（附加原則）。且同時侵害L公司的專利範圍（精確原則）。 3.若製造「床椅」：因使用構成要件a、b、c、e，故侵害到K公司的專利範圍（附加原則）。但不會侵害到L公司的專利範圍（刪減原則）。

均等論

　　均等論（Doctrine of Equivalents），也就是一種「等同主義」，前述在全要件原則中，若僅以狹義的文義鑑定就判斷專利是否侵害，則對專利權人而言較為不利。全要件原則中，若欠缺專利範圍構成要件中的某一個，則不構成侵害（就是一種：刪減原則）。例如：

甲：「構成要件包含：**a＋b＋c＋d之方法**」的專利範圍

乙：「構成要件包含：**a＋b＋c之方法**」的專利範圍

則乙因欠缺**d**，故不含於甲的專利範圍內，即不構成侵害。

　　均等論用簡單的概念來說，假如乙使用「加上別的東西置換代替d的功用」之方式，而使之達到與甲在專利上的「功能、技術手段（原理或方法）、結果（達成效果）」都相同，即所謂的「實質相同」時，這就構成了專利侵害。如此方式即為「均等論」中的構成專利侵害行為的「實質相同」之要素。運用均等論可使專利權人有較為廣義的解釋。而使用「均等論」時，則須先符合全要件原則，始有成立的可能。

　　但若乙使用的是不同的「技術手段（原理或方法）」，雖然「功能、結果（達成效果）」相同，但因使用的「技術手段（原理或方法）」有所實質差異，則因屬「實質不同」，故可判斷為不構成專利侵害。

禁反言

　　「禁反言」又稱為「禁反言之阻卻」或稱「申請歷史禁反言」，也是在專利訴訟案件中，常被用來作為被告一方答辯或防禦的理由。所謂「禁反言」乃指：國家的專利主管機關，對於專利申請人所提出的「申請專利範圍」有意見，須做「修正」或「限縮」其原來所提出請求的申請專利範圍，或已取得專利權人的專利範圍，受到第三人向國家的專利主管機關提出專利質疑的「舉發」動作時，專利權人為了答辯這幾種質疑，以確保其既有之專利權，而必須做出「清楚界定專利範圍所不包含的範疇」或「專利範圍的限縮」，而放棄原先請求的某些專利申請範圍。對於此類「已放棄」之專利範圍項目，在做專利侵害鑑定之專利範圍比對時，即不得再做重新主張，以免產生前後矛盾的狀況。

　　「禁反言」立論之目的，即是為了避免均等範圍的不當擴大，用以輔助界定「申請專利範圍」。例如，「申請專利範圍」宣

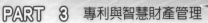

稱某裝置的導熱材料指定爲銅時，則被控一方所使用的導熱材料，只要用銅以外的材料都不構成專利侵害，雖然雙方都是要達到導熱的相同目的功能，但因與宣稱的材料和效果上有差別，所以就不構成專利侵害（但是，若「申請專利範圍」宣稱某裝置的導熱材料爲一種金屬時，則被控一方所使用的導熱材料，無論用銅或鋁或銀等，只要是金屬材料都算是構成專利侵害）。

所以，「均等論」和「禁反言」，一者爲申請專利範圍的擴張立論，用於保護專利權人；一者爲申請專利範圍的限縮立論，用於保護被控者，兩者相互平衡對應，以確保專利權人與被控者雙方的公平權益。

逆均等論

「逆均等論」其功能爲「均等論」的相反，主要係用於被控方的抗辯，也是於符合全要件原則時，進一步鑑定是否構成專利侵害的原則之一。如前述均等論中，若被控侵害之一方，即使在全要件原則中「落入文義範圍」，同時「功能、結果（達成效果）」也相同，但其使用的「技術手段（原理或方法）」是「實質不同」的，在此情況下，應判定無專利侵害，這即是所謂「逆均等論」立論的基礎。其目的爲防止專利申請權人在撰寫專利申請範圍時，不合理的任意擴大文義範圍於申請專利範圍中。

貢獻原則

所謂「貢獻原則」（Dedication Rule）是在1996年由美國的法院判例（Susan M. Maxwell v. J. Baker, Inc.）一案中所確立的原則，而後一些國家也開始依此一原則作爲專利侵權判定之參考依據。

219

簡單的說，也就是未在申請專利範圍請求項中的揭露內容之技術項目，即視爲「公共財」。所以在專利說明書中所撰寫的說明內容，一般而論，很可能都是先前爲人所發明或已爲人所知悉使用之技術，因此不應被專利申請人作爲主張均等論，而形同構成等同侵權之依據。

貢獻原則的最大意義，是在於避免造成專利申請人的投機心理，以此明確界定專利說明書內容中，有揭露但無載明於專利範圍請求項中之技術項目，不得再主張適用均等論，而擴大其涵蓋範圍，此部分應視同貢獻給公衆。總而言之，要主張均等論者，只能以載明於專利範圍請求項中之項目爲其主張依據。

先前技術阻卻

「均等論」是擴張專利範圍闡述的立論，而相對的解釋限縮專利範圍的立論，除了「禁反言」和「貢獻原則」外，還有「先前技術阻卻」。

前述之「均等論」是把專利權人的專利範圍做「擴張解釋」，但如果將之擴張至屬於該技術領域具一般通常知識者之顯而易見的技術或已公開的資訊，屬於「先前技術」的部分，則實屬不合理，故產生了「先前技術阻卻」的立論。

所謂「先前技術」，其涵蓋之範圍爲：專利申請日之前所有能爲公衆得知之公開資訊，不限任何形式，如書面、口頭、電子、網際網路、展示或已公開使用者。也不限於何種語言或世界上之任何地方。

因「先前技術」屬於「公共財」，任何人皆能分享與使用，不能將之先前技術爲專利申請人所獨享，故形成了一種專利權的阻卻作用。因而在系爭專利中，若被控者所使用之技術爲：屬於該技

術領域具一般通常知識者之顯而易見的技術或已公開的資訊所做成的簡單組合時，在此情況下，即符合「先前技術阻卻」之主張，而不構成專利侵害行為。

何謂「系爭」？

　　「系爭」是一種法律用語，例如系爭專利、系爭商標、系爭法規、系爭措施等，是指該件事實「爭議所涉及到的」專利、商標、法規、措施等。

　　以「系爭專利」為例，若用白話來講，則為「本件爭議所涉及到的專利」的意思。

專利侵害鑑定流程

　　關於專利是否構成侵害之解析比對，身為一位專利權人或將來會成為專利權人而言，都必須具備專利侵害解析比對的基本能力，才能在處處是專利地雷的創新發明領域中展現優勢。

　　專利侵害的解析比對，首重於要先對專利權人的「專利輪廓」有充分的認識，此一專利輪廓的形成，是由當初提出專利申請時的「專利說明書」所載內容建構而成的。包括所載明之摘要、技術領域、先前技術、創作背景、圖式、申請專利範圍等，而這些重要的參考資料，都是為了藉以解讀真正的專利權容貌，也就是「申請專利範圍」。當專利權人充分瞭解自身的申請專利範圍時，方能正確的對侵害對象有所主張。

　　專利侵害的鑑定流程原則上分為兩個階段：

1. 解析我方申請專利範圍及待鑑定對象物之技術內容、方法、結構元件等，基於「全要件原則」解析待鑑定對象物是否符合「文義讀取」？

2.基於「全要件原則」解析待鑑定對象物是否適用「均等論」
　或「逆均等論」？

　　如圖3-12所示，由以上鑑定流程的兩個階段中，一開始先針對
兩個系爭專利的申請專利範圍做比對，基於全要件原則就每一項技
術特徵是否「完全對應」表現於待鑑定對象物中，若至少有一個請

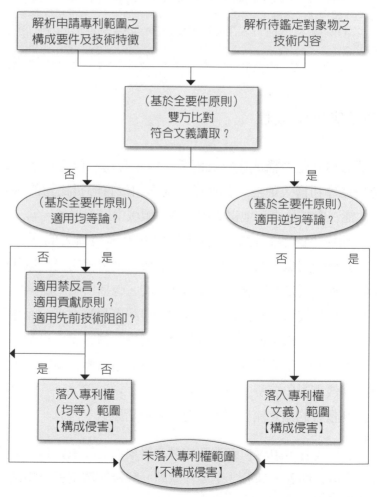

圖3-12　發明及新型專利侵害鑑定流程圖

求項中的每一個必要元件「完全對應」表現於待鑑定對象物上，則此即為所謂的「文義侵害」，也就是「形式上字面意義相符」，再經由解析是否適用「逆均等論」，若不適用，則即可判斷為「落入專利權（文義）範圍」而構成侵害。

另，如上述，基於全要件原則就每一項技術特徵是否「完全對應」表現於待鑑定對象物中，若待鑑定對象物未落入所謂的「文義侵害」，則進一步再解析是否適用「均等論」，若不適用，則即可判斷為「未落入專利權範圍」而不構成侵害。但如適用「均等論」，則再進一步解析是否適用禁反言、貢獻原則、先前技術阻卻等，若為不適用，則即可判斷為「落入專利權（均等）範圍」而構成侵害。

專利的侵害鑑定原則，僅為提供專利侵害鑑定機構或法院作為判定的參考，而非限定法院判決的唯一依據。專利侵權爭訟，法院的判斷有兩個重點，其一為被控方主觀上是否為故意侵害或過失侵害；其二為被控方所使用的關鍵技術內容侵害事實之認定。此類侵害事實的解析比對，是決定判決勝敗的重要關鍵所在。而當法院的專業領域所不及者，則會仰賴專業鑑定機構所提出的侵害鑑定報告，以作為判斷之重要依據。

早在1996年，我國已制定了《專利侵害鑑定基準》，引進美國這套鑑定流程及方法，依全要件原則、均等論、禁反言、逆均等論、貢獻原則、先前技術阻卻等，來作為判斷是否專利侵害的原則。我國雖於2004年10月起停止適用該《專利侵害鑑定基準》，但後續辦理專利侵害鑑定時，各法院仍延續參考此鑑定原則，供作判決時之重要依據。

當我們瞭解什麼樣的狀況會構成專利侵害時，相對的即可知道如何進行迴避設計，而免於重複研發或踩到專利地雷，造成侵權。企業侵犯他人專利時，可能要付出大筆的權利金或罰款，使企

業的發展受制於他人。

專利迴避設計手段不應被視為一種「惡意侵權」的行為。相反的，專利迴避設計是突破現有「申請專利範圍」的另一種創新發明方法，在專利迴避設計的研發過程中，通常會產生更新的技術出來。如此的專利迴避設計，可以被認為是一種提升科技水平和促進產業發展的良性方法。

3.15 專利權受侵害時的救濟行動

關於專利權受侵害時，要如何進行救濟以維護專利權人應有的權益，若要細說，這實在是一個相當大且專業的題目。在此以重點的方式及最常見的狀況來做介紹與探討，讓讀者能容易的瞭解及建立概念。

專利權人若能有效掌握解決專利爭端的機制、方法與途徑，不但能用最得宜的方式來處理，減少相關的事件所帶來的衝擊與壓力，更可在複雜且曠日費時的救濟訴訟行動中，以最有效率且較低的救濟行動成本來維護自身應有的權益。

當發現他人未經你的授權而仿冒製造販售你的專利產品時

◆先蒐集證據

此事可請徵信公司代勞或自行為之，在蒐集證據時含對方的廣告宣傳資料、型錄等，最好能實際去買一份仿冒品且取得打上日期、品名、金額的發票及出貨的簽收單，可作為法院對仿冒製造販

售行為，確定的有利證據及將來判賠的金額計算依據。若你的專利產品並非一般大眾產品，而是少數人在使用的高單價專業設備或技術，則必須從非仿冒者的第三者（善意的購買者或使用者）著手，設法向第三者說明專利權的始末，以及真正的專利權人是誰，讓第三者與你合作，蒐集相關證據並願為法庭上的證人，且應注意設法避免第三者向仿冒者告密而使你功虧一簣。

◆取得侵害鑑定報告

目前台灣的「專利侵害鑑定專業機構」有五十七所，皆是由立場較為公正客觀的學術單位、各產業的工程學會及技師公會等組成，例如，台灣大學、台灣科技大學、陽明大學、清華大學、車輛研究測試中心、中國化學工程學會、台灣省機械技師公會等（詳細資料可參考6.07「侵害專利鑑定專業機構之參考名冊」）。因專利是否侵害的判斷，是一門很專業的學問，若能取得有利於專利權人的侵害鑑定報告，將於法庭上對法官的判決結果發揮關鍵性的作用（雖然在2000年5月19日大法官釋字第507號的頒布，宣布當時《專利法》第131條專利權人提出告訴時應檢附「侵害鑑定報告」及「侵害排除通知」等規定，宣布該條文即日起無效。但到目前，由於在實務上專利權人與法院已習慣此一鑑定報告的採證判斷方式，因此即使是現在的專利訴訟案件，若能提供有利於專利權人的侵害鑑定報告，對於訴訟案件的立案及法官的判決，必定有相當程度的助益）。

◆發律師函

委請信譽良好的律師，發律師函如，警告函、公開信、存證信函、廣告啟事等的「請求排除侵害之書面通知」，但要注意發律

師函的行為，必須符合公平會對其所謂「正當行為」訂定原則，以免濫發律師函反而觸犯《公平交易法》所規範之不公平競爭行為。

　　律師函中可要求侵害人出面和解，若雙方和解條件能達成共識，則雙方進行和解並簽訂和解書。如此是較為簡便的解決侵害行為方式，因為若是投入進行專利訴訟及等待法院的判決與執行，畢竟是曠日費時，浪費當事人雙方的人力及時間，政府、司法單位也必須投入動用資源來處理這些案子。

◆提起訴訟

　　專利權人應檢具有關的事證，如指名仿冒品、仿冒者、仿冒事實地點、交易憑證或廣告資料型錄、請求排除侵害之書面通知（律師函）、侵害鑑定報告、專利權證書影本、訴狀等資料，並到管轄之地方法院提出告訴。

何謂「管轄之地方法院」？

管轄之地方法院是指：
1. 被告住所地之地方法院。
2. 若被告為法人、公司由其主事務所或主營業所所在地之地方法院管轄。
3. 也可由專利侵害的「行為地」地方法院管轄，而行為地可以是製造地、銷售地或使用地。

專利侵害提起訴訟前的考量與評估

　　專利權人應瞭解無論提起何種的專利侵害訴訟，都必須付出相當成本，無論是人力、時間、律師費用等，對專利權人而言，都是一種負擔，在瞭解相關的法律規範和蒐集證據後，是否真的要委

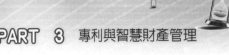

請律師處理，提出訴訟，專利權發明人有必要仔細衡量，包括訴訟的可能勝算有多少，所能獲得的賠償與付出成本的多寡，是否真的符合效益，需做以下這些項目的考量評估：

1.「申請專利範圍」的比對：應比對仿冒品的實施範圍，與你的申請專利範圍是否一樣或近似，其相仿的程度為何？侵權成立的機率有多高？

2.訴訟期間的「人力」成本。

3.訴訟期間的「時間」成本。

4.律師費用與搜證費用成本。

5.可能得到賠償金額的多寡。

6.商譽與市場競爭潛力的價值衡量。

掌握有效的「請求權」期限

依《專利法》第96條規定：「自請求權人知有行為及賠償義務人時起，二年間不行使而消滅；自行為時起，逾十年者，亦同。」

專利請求損害賠償時的賠償金額如何計算

有關專利損害賠償金額的計算，理論上有利益說、差額說、總銷售額說及業務上信譽減損等各種計算基礎，在我國的《專利法》規定於第97條，請求損害賠償時，得就下列各款擇一計算其損害：

一、依民法第二百十六條之規定。但不能提供證據方法以證明其損害時，發明專利權人得就其實施專利權通常所可獲得之利益，減除受害後實施同一專利權所得之利益，以其差額為所受損害。

227

二、依侵害人因侵害行為所得之利益。

三、以相當於授權實施該發明專利所得收取之權利金數額為所受損害。

假扣押與假處分的保全措施

所謂「假扣押」係指專利權人為確保在訴訟勝訴後，能獲得實質的賠償，而請求法院扣押侵權者的動產、不動產，以防其「脫產」的行為。而所謂「假處分」係指專利權人為確保侵權者，不再繼續從事生產製造、銷售、使用等「行為」，而請求法院禁止侵權者繼續從事這些「行為」。

在侵權案件中，雙方若能達成和解是最理想的，但如果不幸必須走上訴訟途徑，由法院來判決時就比較麻煩了，一般的官司訴訟，等到法院判決下來快則半年至一年，慢則可能要拖上好幾年（甚至五年以上），在這麼長的時間裡，若侵權者有心要脫產，必定有足夠的時間來操作，到時候即使法院判決確定專利權人勝訴，恐怕得到的也只是一張沒有用處的「債權憑證」而已。

專利權人在訴訟期間尚未判決確定前，若擔心侵權者有脫產及繼續從事侵權行為之虞時，可依《民事訴訟法》第522條：「債權人就金錢請求或得易為金錢請求之請求，欲保全強制執行者，得聲請假扣押。」及第532條：「債權人就金錢請求以外之請求，欲保全強制執行者，得聲請假處分。」來進行假扣押及假處分的保全措施（通常都會在正式提起訴訟之前就先向法院聲請「假扣押」與「假處分」等保全措施，以有效防止「脫產」情況的發生）。而在申請「假扣押」時，專利權人必須提供擔保金，為假扣押標的物的三分之一金額。申請「假處分」時，則由法官評估侵權人不作為所引致之損害金額（通常以半年的期間來做金額估算），來裁定擔保

金的多少。

被競爭對手提出專利侵權訴訟時如何自保

在這個競爭激烈的市場中,也許會遭競爭對手以專利侵權訴訟來抵制或削減其市場競爭力,若接到競爭者的侵權警告律師函時,該如何處置呢?

◆先比對確認雙方的申請專利範圍

自己先確認是否誤觸對方的專利範圍,並主動要求對方的專利權人明確的指出遭侵害的專利範圍項目為何?以利有明確的資訊來判斷是否真的侵權。

◆確認自己所實施的是否為專利權效力的排除條款

依《專利法》第59條規定:

發明專利權之效力,不及於下列各款情事:

一、非出於商業目的之未公開行為。

二、以研究或實驗為目的實施發明之必要行為。

三、申請前已在國內實施,或已完成必須之準備者。但於專利申請人處得知其發明後未滿六個月,並經專利申請人聲明保留其專利權者,不在此限。

四、僅由國境經過之交通工具或其裝置。

五、非專利申請權人所得專利權,因專利權人舉發而撤銷時,其被授權人在舉發前,以善意在國內實施或已完成必須之準備者。

六、專利權人所製造或經其同意製造之專利物販賣後，使用或再販賣該物者。上述製造、販賣，不以國內為限。

七、專利權依第七十條第一項第三款規定消滅後，至專利權人依第七十條第二項回復專利權效力並經公告前，以善意實施或已完成必須之準備者。

前項第三款、第五款及第七款之實施人，限於在其原有事業目的範圍內繼續利用。

第一項第五款之被授權人，因該專利權經舉發而撤銷之後，仍實施時，於收到專利權人書面通知之日起，應支付專利權人合理之權利金。

◆若競爭對手以「濫用專利權」的方式發律師函

對手以不公平競爭行為濫發律師函，企圖影響我方的商譽、生產及行銷，削減我方市場競爭力時，則可向「公平交易委員會」提出申訴，主張競爭對手「濫用專利權」或採取「不公平競爭行為」而加以制裁。

◆若對方向法院提起專利侵權訴訟

競爭對手若已向法院提起訴訟時，想必已取得有利的「侵害鑑定報告」，此時你也可尋求別家具公信力及權威性的鑑定機構，取得對自己較為有利的「侵害鑑定報告」，在法庭上加以抗辯，讓法官來做判定。

另一方面，則可詳加研究對方的專利申請說明書，看是否能從《專利法》第21至24條中的不予專利項目，或已有前案（同樣的創新已被申請過）或該技術是早已公開的技術已無新穎性，不具取得專利的要件，向智慧財產局提出舉發以撤銷對方的專利權。

PART 4

創新發明小故事

前　言

　　人類生活的不斷進步與便利，依靠的就是有一大群人不停的在各種領域中研究創新發明，目前全世界約六秒鐘就有一項創新的專利申請案產生，光是台灣地區一年就有超過八萬多件專利申請送審案件，全世界每天都有無數的創新與發明，促成了今日社會的文明，別小看一個不起眼、天馬行空的構想，一旦實現，可能會改變全人類的生活。例如，現在每個人都會使用到的迴紋針就是發明者在等公車時無聊，隨手拿起鐵絲把玩，在無意中所發明的，雖是小小的創意發明卻能帶給人們無盡的生活便利。

4.01 創造力可以致富的故事

　　一提到創造力或創新，可能有很多人以為這是高科技或發明家才用得到，其實創造力是可以用在任何地方的，無論是傳統產業或任何行業之中。

　　從前中國大陸有一個村莊，因為水源離村莊有一段距離，每天村民都要辛苦行走一小時的路程，去挑水回家使用，村中的幾位大老為了要解決村民的不方便，於是開會決定貼出公告，徵求廠商來村莊賣水的事宜。為了市場不被壟斷獨占，而同意了甲、乙兩家廠商一起來賣水，在市場開放之初，甲廠商很快的買了水桶，跟兒子和幾位工人辛勤的用人力開始了挑水賣水的生意。這時，乙廠商卻到外地去，不見人影，由於甲廠商成為村莊中賣水的獨占生意，村民覺得水賣得很貴，而且水中常有挑水途中飄入的灰塵雜質，但看到挑水的父子們每天都在辛勤努力的工作，也不好意思多說什麼，這對父子每天辛勤的挑水，每天都有賺錢，心裡都很高興，這

樣的榮景，維持了好一段時光。

後來乙廠商從外地回來了，帶來抽水馬達及水管和濾水設備，將水管接到每個村民的家中，使用新的取水技術，於是乙廠商可以用更便宜的價格賣水，而且水的品質更好，每天坐在家裡不用付出勞力，就有錢可賺。

這時甲廠商還是用舊方法，雇用了更多的人力來挑水，水桶上也加了蓋子防止挑水途中灰塵的汙染，水的品質雖有所改善，但還是無法與乙廠商競爭，於是虧損累累，最後被淘汰出局了。

從這個故事我們可以獲得幾項啟發：第一就是「知識的生產力的確是可以致富的」，也就是要勤於動腦筋去思考如何創新與改變；第二就是「系統的創新」，無論是改善銷售的模式、產品製程或經營管理的方法，有時甚至能發展成一個全新的市場規模，為先創者帶來極大的利潤；第三就是創新需要「持續力」，假如乙廠商滿足於現狀，不知持續創新，總有一天，也會和甲廠商一樣，遇到更強的新競爭者加入時，馬上就會被淘汰出局。

插畫繪圖：連佳瑄

 4.02 「穀東俱樂部」的創新思維

當「黑心」食品充斥著新聞版面時，無論是農作物的農藥殘留、動物肉類的抗生素問題，還是魚類的禁藥使用等令人怵目心驚的訊息，尤其在我國加入WTO之後，面對強勢進口的各國農產品的同時，台灣人有了多元的選擇，但相對的，台灣農業也必須承擔更多的風險與挑戰。

多年來台灣人對農地的過度剝削，以及農藥、化肥的不當使用，在如此的惡性循環下，似乎就顯現了不下重藥、不施化肥，土地就長不出東西來的這番情景。

一個綠色農業革命的奇蹟，帶給我們許多的啟發與學習的典範，原本在「主婦聯盟」擔任「共同購買」的賴青松先生，於2004年在宜蘭三星鄉創立了「穀東俱樂部」，目前已有廣大的「穀東」支持參與，相信未來的參與者將會更多，這場綠色農業革命也將對未來台灣的農業型態發展，有著正面的啟發作用。

賴青松先生小時候曾在鄉村度過快樂的童年歲月，有感於目前國人的主食（稻米）生產過程的「不自然」，以及對農村的一份特殊情感，而決定種出「讓土地有尊嚴」的米，他堅持「有機」的耕作方式，不噴農藥、人工除草，用有機肥施作，並以「穀東」認「穀」的創新模式經營，每位「穀東」依當年度認「穀」的數量，先繳交生產成本共同的管理基金（一戶最低認穀量為1穀份，最高以12穀份為上限，1穀份=30台斤，每台斤稻米80元）。在你指定的月份，以全程冷藏保鮮的方式為你寄上當月碾製的新鮮稻米。

「穀東」還可隨時和家人一起到田間參與農作或察看稻米施作生長情形，共享田園之樂。並透過網際網路將每月每日所記錄的

堅持有機無毒的耕作方式種植稻米

攝影：葉忠福

「田間大事紀」，上網公布，讓分散各地的「穀東」隨時上網就可瞭解田間的狀況，每年的收成按「穀東」的「認穀」比例，按月分批將碾好最新鮮的稻米宅配分送到穀東家中。當然「穀東」也必須分擔天災所帶來的風險，如颱風、鳥害等自然的損失，雖然這樣的有機耕作方式比起市面上一般稻米種植方法，平均每台斤稻米的生產成本高了許多，但這樣自然、健康、新鮮又好吃的稻米還是大受「穀東」們的歡迎。

由這個「穀東俱樂部」的創新思維經營管理模式，我們可獲得一些省思和啓發，那就是即使是最傳統的農業，只要能掌握社會的需求及利用創新的思維加以用心經營，同樣能使最古老的行業發光發熱。

（請參考「穀東俱樂部」網址http://sioong.groups.com.tw；樂多網誌http://blog.roodo.com/sioong）

每一次錯誤的嘗試，都會把我往前更推進一步。

　　　　　　　　　　　　　　　　　　　　　　——愛迪生

4.03 文盲也有創新能力

　　有一個墨西哥的文盲在美國擔任大樓清潔的工人，他是大樓外牆透明電梯的發明者。

　　這位文盲任職於聖地牙哥（Santiago）的希爾頓大飯店（Hilton Hotel），有一天，他在使用吸塵器從事清潔工作時，有一位當地著名的建築師帶著一群工程師，走到這位文盲工作的地方，要求他暫時停下工作，因為吸塵器的聲音太吵了，他們無法交談。這位清潔工就停下工作站在一旁聽他們談論計畫，原來是因為飯店客人很多，大樓內的電梯不敷使用，想要在建築物內再增設一部電梯，要在這棟大樓的每一層鋼筋水泥的地板挖一個大洞，以裝設新電梯，這是一棟二十層高的大樓，此事真是一個大工程。

　　這位清潔工聽了他們的談話，心裡覺得這位建築師實在太笨了，要多加一部電梯只要在牆外將鋼架搭好再用玻璃圍起來做就行了嘛！於是這位清潔工就走近問那位建築師說：「你們要做什麼呢？」那是一位很有名的建築師，他就說：「你不懂，不要問！」再過了一會兒，他實在忍不住了，再次問那位建築師：「你們到底要做什麼呢？」建築師生氣的回答：「Shut up！」（你不要說話！）於是這位清潔工就大聲自言自語說，如果像你們計畫的這樣，每層樓挖一個大洞，這是一棟二十層的大樓，到時候「大飯店」就要變成了「大工地」，這麼長的施工期間，誰願意來住宿消費呢？要多裝設一部電梯只要在牆外將鋼架搭好並用透明玻璃圍起來，再將靠近大樓牆面的原來大樓玻璃拆下，改為電梯門供客人進出，不就行了，而且大樓外面的風景也很漂亮，客人也可欣賞風景，不是一舉兩得嗎？

大樓外牆透明電梯的發明者是一個文盲
攝影：葉忠福

　　這位傲慢的建築師聽了之後都傻了，竟驚叫地說：「Good Idea！」於是世界上首部大樓外牆透明電梯就這樣誕生了。

　　在這個故事中，我們可獲得一些啓發：那就是「不要看不起那些沒受教育的人，因爲他們沒受教育，思考不受制式教條的約束，反而思想自由，也許比受高等教育的人還要有創意。」

> 想像力比知識更重要。（大家強調知識和創新，卻很少人談想像力，不知想像力是一切的源頭）
> 　　　　　　　　　　　　　　　　　　　　　　　　——愛因斯坦

 4.04 立可白的誕生

　　在美國德州長大的——貝蒂・奈斯密絲（Bette Nesmith），1951年任職於德州信託銀行的秘書工作時，經常需要使用打字機，而當打錯字時，幾乎沒有辦法擦掉修正，一整頁的文件就必須重打，這個問題一直困擾著她。

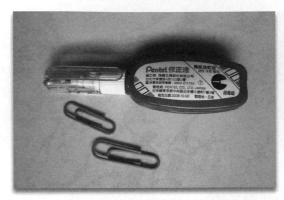

立可白的發明帶來許多方便

攝影：葉忠福

　　有一次在聖誕節前夕，她看到銀行請了一些工人在重新粉刷門窗，頓時她心中有了錦囊妙計，打錯字時，何不像粉刷工人一樣，把錯字刷上白色顏料，待顏料乾了之後再重新把字打上就行了，這個秘密方法她一直藏著，但後來還是被她的同事知道了，她說：「打錯字是不太光彩的事情，能不說就不說吧！」

　　打錯字或寫錯字是大家常遇到的困擾，這個秘密方法傳開來後，很多同棟辦公大樓的同事，都來向她要這種修正液，後來當地的辦公室用品公司建議她把這個點子拿來賣錢，她這才瞭解原來創意是有價的，是可以賺錢的，起初她把這個發明命名為Mistake Out（除錯液），後來覺得這個名稱太拗口了，也不好記，於是又改名為Liquid Paper（立可白），就是「液體的紙」之意，並申請了商標及專利，企業化經營。

　　在1976年，她把「立可白」公司以四千七百萬美元的高價賣給了吉列集團，自己則投入慈善事業和過著快樂的退休生活。

> 如果你堅持不能犯錯，那就永遠不會有新事物發生。
> ——名作家　蓋瑞·哈默爾

4.05 歪打正著妙發明

在我們日常生活中所用的很多東西，在發明的當時，其實並不是有意的去研究創造出來的，而是陰錯陽差歪打正著所產生的，至於歪打正著又能成功的關鍵，就在於「能否從失敗的經驗結果中發現它的新用途」。這一種「無心插柳柳成蔭」的事情，在人類的發明史上，也占了相當重要的一部分，例如，現在醫藥界熱賣的威而剛壯陽藥，其實原本是研發來治療心血管疾病的。

雙金屬材料的誕生

再舉幾個例子來說，比如，我們常用的電鍋中雙金屬電源開關，和眼鏡的不怕折能自動恢復原狀的記憶合金耳架，這種具記憶特性的雙金屬材料的誕生和新用途的發現是這樣的：在1962年服務於美國海軍武器研究室的金屬專家——比勒，當時因研究工作所需，要使用到鎳鈦合金絲，所以到了倉庫取出鎳鈦合金絲放在工作室的角落，但並未即時使用，過了幾天，當比勒要使用時，卻發現這些合金絲每根都呈現彎曲狀，沒有一根是直的，比勒記得他從倉庫取出時都是直的，為什麼現在會全變成彎曲狀呢？後來比勒發現放合金絲的角落有台電熱爐，這地方周圍的溫度特別熱，所以直覺的認知，合金絲的形狀變化一定和溫度的冷熱有關，於是又從倉庫中取出直的合金絲，放在酒精燈上加熱實驗，果然合金絲因受熱馬上彎曲起來，放置冷卻後又能恢復原狀，後來又發現除了鎳鈦合金外，銀鎘、鎳鋁、銅鋅合金等，都具有此種溫度記憶的特性，這種記憶特性的材料，後來除了應用於民生用品上，也被製成特殊的機

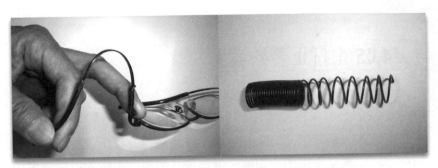

記憶金屬製成的不怕折眼鏡架及工業用記憶合金絲

攝影：葉忠福

械接頭扣件，當在較低溫時接頭能緊扣在一起絕不脫落，而在常溫下又能自動恢復鬆開的原狀，這項發明後來也應用到美國海軍F-18大黃蜂及F-14熊貓式戰鬥機上。

杜邦公司的意外發明

杜邦公司的鐵氟龍發明也是個有趣的例子，1930年代杜邦的工程師們正在開發新的冰箱制冷劑（冷媒），有一天工程師忘了將實驗品的四氟乙烯桶子鎖好收藏起來，於是桶內的氣體慢慢蒸發而聚合起來成了固體，過了幾天工程師發現，桶內的四氟乙烯固化而成為聚四氟乙烯（PTFE），也就是現今我們所稱的鐵氟龍，這項因作業失誤所產生的非預期結果，其相關的經驗資料檔案，曾被封存多年，沒人去特別注意，由於鐵氟龍具耐高溫、無毒、耐磨、防腐、絕緣、密封、表面光滑、防黏的特性，後來無意間被其他的工程師發現它的新用途，直到今天已經被廣泛的應用在不沾鍋廚房用品、汽車零組件、醫療器材等方面，也為杜邦公司創造了可觀的產品營業利潤。

可耐高溫250℃的工業用鐵氟龍管材

攝影：葉忠福

3M公司的便利貼奇蹟

　　3M公司的便利貼也是誤打誤撞發明出來的例子，3M公司的黏合劑研發部工程師──席爾弗（Spencer Silver）本來是要研發超強黏著力的黏膠，無奈經過多次的實驗結果都失敗了，黏膠黏上去很容易的就被撕下來，黏著力一點都不強，覺得它一點用處也沒有。而他的同事──福萊（Arthur Fry），每次在上教堂時，都覺得夾在讚美詩歌本上的書籤很容易就掉下來，如果有一種便利貼也便利撕又不會破壞書本的貼紙那該有多好，於是他靈機一動，想到他的同事席爾弗的失敗研發黏膠，剛好具有這種特性，就拿來使用看看，果然效果令人很滿意，後來3M公司就依此市場需求製造了便利貼，現在差不多每個辦公室或家裡都能見到這種方便的黃色小貼紙，雖然只是小小一片卻能帶給人們無限方便。

　　所以發明人不必為發明過程中的失敗而感到懊惱，每一次失敗的經驗，都可能是另一次成功的起點，只要我們多用心去思索，

各式便利貼產品

攝影：葉忠福

從失敗的產品中，是否能「發現新用途」，解決以前從未想到的某些問題，或許就因這樣而創造了新的發明奇蹟。

 # 4.06 發明人遭遇尷尬處境

在發明界的實況中，有些民間發明人「勞而無獲，處境尷尬」，擁有許多發明專利，但也因投入過大，超出自身的經濟負擔能力，遲遲未能將專利權賣出或授權實現商品化，無法得到回報而債台高築，甚至妻離子散、三餐不繼的窘境。這是許多「發明癡人」的真實寫照，世界各國皆有許多真實案例。

依據2005年中國大陸山東省知識產權局的統計，這年發明專利申請案中，有69%來自民間發明人，一些民間發明家視發明創造與取得專利權為首要目標，希望能造福人類，理想崇高偉大。這群人當中不乏有成功者，發明作品得到了商品化的實現，也賺進大把的鈔票。但大部分的民間發明家們，取得專利權之後，作品卻束之

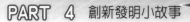

高閣，在沒有經濟回報的狀況下，嚴重影響到自己的工作和生活，甚至家庭生變者也大有人在。

山東省昌樂縣的農民發明家蕭振俠從二十五歲起，為了發明高效能的發電機，歷經二十三年的研究，期間曾被父親逐出家門，嘗盡苦頭，這部「無槽式同步發電機」雖然最後終於獲得國家專利，但始終未完成商品化生產，老婆也因他不分晝夜長期沉浸在發明創造的夢想中，數次鬧得要和他離婚。

郯城縣的民間發明家宋明勇，用了十年的時間，為了研發小型「個人直升機」，辭去了在汽車工廠上班的工作，專心研究發明，家中積蓄全花光，還向朋友親戚借錢及銀行貸款，經過十五次的試飛仍未成功，有一次還差點摔成重傷，此人如今債台高築，三餐不繼。

另有一位農民發明癡人陳健，為了發明「超高揚程節能水泵」，賣了自家的農地籌得研究經費，經過七年的研究，終於取得國家專利，自己又用了一年的時間委託工廠開模生產達成商品化，但因產品成本太高，至今銷售狀況不如預期。現在夫妻倆農地沒有了，只好靠撿拾紙箱、鐵鋁罐之類資源垃圾回收等物品，換取微薄的收入，來度過這段艱困的日子。

在發明界中，不乏因發明而致富者，但也有因發明而變得一窮二白的人，民間發明人對發明工作的態度，可以把它當作一種興趣和樂趣，但一定要衡量自己的經濟能力狀況。「發明達人」和「發明癡人」的區別，主要在於是否具有成本意識及研發風險的評估管理，發明創造從經濟學的角度來看，它本來就是一種高風險行為。

「發明癡人」一心鑽研於技術上的突破，而忽略了其他的「研發管理」要領，以致投入過大，財務失控，若幸運發明成功，則能致富，但萬一發明失敗，則生活馬上陷入困境。在發明的工作上，有良好的風險管理之後，若發明成功，則同樣能致富，但是若

不幸發明失敗，此時也不致於對正常的生活影響太大。這個秘訣在於要「保持實力」，待下回有更好的發明主題項目時，再捲土重來。一生當中總有讓你成功的機會。

在管理學上有句話說：「成功者不是起步最早的那一個，而是最後倒下的那個。」這才是成為永遠不敗「發明達人」的硬道理。

> 發明是致富的機會，但也可能是貧窮的陷阱。
>
> ——日本發明界老前輩

4.07 只有不斷創新才能反制仿冒

陳振哲是嘉義縣的一個農家子弟，由於他的努力，給了平凡不起眼的農作物，以全新的面貌創造出新的商機，使人不得不佩服他靈活的頭腦和十足的創意力。

多年前陳振哲就不斷的在植物的培養上創新發明，「魔豆」的發明人就是他。所謂「魔豆」就是在種子的表面用雷射刻字打上祝福的話，再將種子放入培養罐或培養土中澆水，經過幾天之後，這個種子魔豆就會長出枝芽，同時即可在芽葉上看到那些祝福的話，這就是近年來廣受年輕人喜愛的創意商品。

但是這幾年來，此項台灣人發明的創意商品「魔豆」，卻受到大陸嚴重的抄襲防冒，就連大陸的領導人也以為這是他們發明的商品。不過這項商品的原創者並沒有因此而被打敗，相反的，他更加努力的研發新一代的創意商品，如今已陸續研發出「魔蛋」以及「魔蛋娃娃」等更具創新性的產品，這類種在蛋殼中的魔豆，經澆水後就會破殼而出，魔豆長出枝芽後，芽葉上就能看到祝福的話。

魔豆系列商品為農作物所創造出來的附加價值很高，白鳳豆

無論是真品或仿冒品，四處
皆可看到——魔豆

在白鳳豆種子上用雷射刻上祝福的話

攝影：葉忠福

種子原本一顆約0.1元，經雷射刻上祝福語後，就能賣到一顆20元，創造出兩百倍的附加價值。而當製作成「魔蛋」時，一顆則能賣到100元，創造出更多的附加價值。這系列產品每年可外銷歐美數百萬顆，為台灣賺進大筆外匯。

對魔豆系列產品或其他易開罐花卉系列有興趣的讀者，可上羽鉅公司的網站http://www.iplant.com.tw參觀此項創意發明商品。陳振哲曾說：「只有不斷的創新，才能反制仿冒。」簡言之，就是當自己的創新能力夠強時，能不斷的創造出新商品，讓仿冒者追不上你的創新速度，如此才能真正反制仿冒。

 4.08 專利愈用才愈有價值

大部分的發明人會視自己的專利為寶貝，不願與人分享，這是人之常情的事，但反之或許我們可用另一種思考方式來看待。例如，以前SONY公司曾以Beta規格的專利技術，生產錄放影機第一個進入市場，但後來JVC公司的VHS規格錄放影機，最後卻反而成為主要的市場主導規格，打敗了Beta規格，使之在市場上消失，也使得JVC公司在這項產品上得到很高獲利。

JVC公司研發的VHS規格錄放影機用錄影帶

攝影：葉忠福

　　究其原因，雖然Beta規格的影帶體積較小、較好收藏，錄放影機也有不少優點，但SONY公司一心想要獨享這項研發技術，不願與同業共享，而無法迅速擴大市場。反觀JVC公司雖然起步較晚，但該公司卻將此項技術以很便宜的授權金，甚至是免費的授權，給其他同業生產製造產品，快速擴大市場，並共同搶攻此一新興市場，消費者一到電器店選購時，發現大部分的廠牌都是VHS規格的機型，而不再去買Beta規格的產品，SONY公司的這項產品最後因寡不敵眾而落敗了。

　　另一例為1980年代早期的電腦中文倉頡輸入法的發明人朱邦復先生，他將這項專利技術開放給大眾免費來使用，雖然他花很多心血在這項技術開發上，但他能用開放的胸襟處理，使之能很快的普級化，雖然此項專利技術未能很直接的使他獲利，但他卻得到了掌聲與好名氣，至此，已有許多知名的大公司和金主，要與他合作開發其他的產品，後來也從別的開發案中獲利了。

> 創新需要一試再試，別怕被三振，否則你絕對無法擊出全壘打。
>
> ——佚名

4.09 有了專利，小蝦米也能力抗大鯨魚

　　拍立得相機的發明人——愛得文·藍得（Edwin Land），有一次帶他小女兒到大峽谷旅遊，當時他的女兒問道：「為什麼相機不能馬上拍照即刻就能看到相片呢？如果能這樣的話，我就可以馬上看到我的美麗相片了。」藍得就因為女兒的疑問而產生了發明拍立得相機的靈感，而設計出一種拍照三分鐘後即可馬上看到相片的新技術。

　　拍立得（Polaroid）公司在1970年代推出這款相機時，很快的就蔚為風潮，並在十年之間拿下了全美國相機市場占有率的15%。原本在相機產業中的大鯨魚柯達（Kodak）公司，為了確保自己的龍頭地位，也開始研發設計並生產能馬上看到相片的照相機，但所使用的一些關鍵技術，卻侵權到拍立得的專利，而被告違反了七項專利權，經法院判決柯達敗訴，需付給拍立得公司高達三十億美元的損害賠償金。

　　柯達公司的規模超過拍立得十幾倍大，要不是因為拍立得手中握有專利權，哪能對抗像柯達這樣的大鯨魚呢？

4.10 台灣版小蝦米對上大鯨魚

　　據2006年2月21日東森新聞報ET today.com報導，台灣一位發明人劉安盛先生，控告賓士汽車照後鏡方向燈涉抄襲。賓士汽車在台灣銷售的C系列和S系列車款中的照後鏡方向燈設計，無論是燈源或光束幾乎和劉安盛先生所擁有的專利設計一模一樣。因這些車款在台灣銷售時，並未經劉安盛先生的授權，在不尊重智慧財產權

的情況下，原創作的專利權人一舉告上法院，要求賓士汽車賠償新台幣五百萬元。

劉安盛先生因目睹許多車禍的發生，都是因為汽車方向燈不明顯，以致其他車輛或行人發生相撞車禍。經過他不眠不休的設計和試驗，終於創作出在照後鏡上加裝方向燈的設計，這是有效提高方向燈明顯度的好方法，並取得專利權，現在於汽車的照後鏡上裝設有方向燈的功能已是很常見的配備。

劉安盛先生的專利自1994年智慧財產局獲准，期限有十二年，而賓士的車款1998年時才有此配備。在台灣無論是福特、裕隆等多家車商都有和他簽訂授權協議，但賓士並沒有和他簽訂授權就在台灣上市。

專利權是一種屬地主義的權利，在國外也許賓士有這款設計的專利，但在台灣若專利權是他人先申請核准的，則該產品要在台灣銷售就必須先取得原創作專利權人的同意才能進行銷售。

在「專利權是王」的年代裡，無論有多麼棒的產品設計，當你沒有專利權時，一旦被其他原創作專利權人告上時，那你就麻煩大了。有了專利權之後，就有捍衛自身權益的利器，即使你是個人發明家的小蝦米，也能對抗企業財團這種大鯨魚。

汽車照後鏡上裝設有方向燈的功能

攝影：葉忠福

PART 5

創新發明知識補給站

前 言

　　今天的發明創新環境須具備更多的人力、財力、物力及相關的知識，尤其是當自己一個人，人單力薄，資金與技術資源有限，尋求外界協助不易，對於專利法規若又是一竅不通，此時即使有滿腦子的構思，終究也難以實現，所以有正確的發明方法及知識，不但可以用較小的投入成本與相對低的研發風險承擔，來完成創新發明的目標，也能更快速有效率的實踐自己的創意與夢想，同時帶給人類更進一步的文明新境界。

5.01 什麼是TRIZ？

　　TRIZ是用於創造性技術開發的新方法論，目前逐漸在全球流行起來，這是由前蘇聯專利局的人員G. S. Altshuller在1946年所構想出來的，他和一批研究人員，以每年投入一千五百人的工作時間，藉由大量的研究世界各國的重要專利案件（超過一百萬件），他發現在各種問題的解決方案間，有著可依循的模式存在，將此模式用系統化建構下來，人們就能透過有系統的學習這些模式和技法，並獲得創造性的問題解決能力，也因此使得前蘇聯成為高科技強國。依TRIZ的重要技法中，包括了發現產品設計中的問題、技術進化理論、概念設計過程模型、衝突解決理論、消除衝突的發明原理、發明問題解決方法、五大類七十六個標準解等的主要創新發明課題。

　　所謂「ＴＲＩＺ」為俄文Теория решения изобретательских задач（Teoriya Resheniya Izobretatelskikh Zadatch）的字首縮寫，英文譯為Theory of Inventive Problem Solving（TIPS）即「創新發明問題解決理論」，在1980年

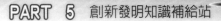
代中期前,前蘇聯官方刻意管制此一方法論,對其他國家保密。1980年代後期,隨著一批科學家移居美國等西方國家,而逐漸的被解密流傳開來,在1992年**TRIZ**相關的顧問活動和軟體工具開始在美國出現,且多用於大企業之中,如通用、波音、摩托羅拉等,而日本也在1997年開始引進推廣,應用於新產品研發上,也都創造了可觀的經濟效益。

TRIZ自前蘇聯發展至今已有六十年了,但因之前官方的刻意管制及語言上的障礙,截至目前為止只有少部分的介紹文章及有限的工具書是以英文發行的,但依目前各國關注的情況來看,應逐漸會普及化。

5.02 什麼是「藍海策略」?

藍海策略是由任教於歐洲管理學院(INSEAD)的韓籍作者金偉燦(W. Chan Kim)與莫伯尼(Renée Mauborgne)所提出,在2005年受到全球企業界及學界的矚目,在半年的期間內,就被翻譯成二十五國的語文版本,此一策略在於鼓勵企業要跳脫競爭者眾的「現有成熟需求」血腥戰場——紅海。而要以突破性的創新,不甩眼前的競爭對手,以超越既有,用「創造和掌握新需求」的態度,來開創出無人競爭的藍色商機——藍海。

在面對無法阻擋的全球化產業競爭態勢下,藍海策略的焦點是從競爭對手身上移開,超越既有市場的需求,大膽改變原有的市場遊戲規則,深入的研究未來市場,用前瞻性的思維為客戶創造出更有價值的創新。

例如,當眾多廠商一窩蜂在削價搶食MP3播放機市場,在幾乎已無利潤可言的同時,蘋果電腦於2005年推出iPod,卻能一炮而

紅，創下銷售佳績，就是一個成功的實例。又如，GPS衛星定位系統，長久以來，其應用僅限於登山、工程、航空、航海等專業用途，當所有的GPS設計製造廠商都把焦點放在高精度與高價位的型態時，神達電腦卻開發出精度符合大眾實用，但價格相對低廉的生活性普級化車用GPS（Mio衛星導航機種）。神達電腦觀察到廣大開車族對生活訊息的需求，而能在市場上成為熱賣商品，賺進可觀的獲利。神達電腦雖然是GPS系統產業的後進者，但能創造出原先業者所忽略的廣大市場需求，非但消弭了後進者的劣勢於無形，更進而改寫了產業的遊戲規則。

iPod nano

圖片來源：蘋果電腦http://www.apple.com.tw/ipodnano/

Mio衛星導航

圖片來源：宇達電通http://www.mio-tech.com.tw/

5.03 什麼是「梅迪奇效應」？

　　必須從事各種創新者，如科學、企業、藝術、文學、政治等，所遇到最大的困擾就是「如何跨越聯想障礙？」，而如何能讓人人都很容易的取得創意，這是長期以來許多創造學專家致力研究的目標。

　　所謂「聯想障礙」，就像很多各領域中的專家，他們各有其專業素養，如電腦專家、汽車專家、食品專家、企管專家，但因通常各領域的專家僅專精於本行，故經常會發現，當需要創新思維時，這些人的思考範疇就難以跨越自己的本行，而產生了「聯想障礙」的狀況，以致難以產生「突破性」的創意點子，這就是難以跨越的聯想障礙。

　　梅迪奇是十五世紀時義大利佛羅倫斯（Florence）的銀行家族，非常富有，曾經長期資助眾多範疇領域的創作家，因梅迪奇家族的長期努力及資助，使得眾多的科學家、哲學家、金融家、詩人、雕刻家、藝術家、建築家、作家、畫家等等，經常匯聚於佛羅倫斯，在這裡大家彼此交會、學習、打破不同領域與文化的界線，共同打造出一個以新觀念為基礎的新世界，這個在當時達到顛峰狀態的創新世代裡，各領域皆有突破性的發展，後來人們就將它稱之為「文藝復興時代」。這種把不同領域交會的地方叫做「異場域碰撞點」（Intersection），而這種異場域碰撞所引爆出來的驚人突破性創新，稱之為「梅迪奇效應」（Medici Effect）（如圖5-1）。

　　要跨越「聯想障礙」，增加「跨域創新能力」的有效方法，就是運用產生「梅迪奇效應」的兩個方法：

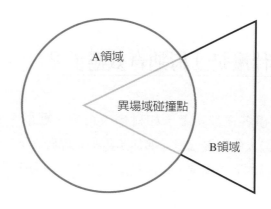

圖5-1 梅迪奇效應示意圖

1.廣納多元文化：參與不同領域的事務，吸取各方的知識價值
　與觀念。
2.從事思想散步：讓思想自由，在異場域的碰撞點上，尋找可
　能的連結關係。

　　應用以上兩個方法，我們將很容易的找到具有價值的突破性
創意點子。例如，有位建築師——皮爾斯（Mick Pearce），接下了
一個有趣的挑戰，他必須在辛巴威的首都哈拉雷（Harare）建造一
棟不裝空調設備，外觀美麗又好用的辦公大樓，哈拉雷是在沙漠地
區，一個夜間很冷白天很熱的地方，要如何不使用空調設備，去設
計一棟辦公大樓呢？
　　皮爾斯除了是位建築師外，其興趣顯然超越建築學，他長年
以來也喜歡生態學，經常觀察生態系統，在他的思緒中，突然間將
這兩個領域匯集在一起，他想到了白蟻塔狀蟻丘的冷卻方法，白蟻
能巧妙的把微風從蟻丘底部引進，經底部涼爽濕泥構成的蟻室冷卻
空氣，再把冷卻的空氣向上送到蟻丘頂端，靠著不斷的通風、換
氣，就能很精確的調節溫度。

這棟名叫「東門大樓」的建築，於1996年開幕，是辛巴威最大的商用建築，因不設置空調設備，立刻為保險與不動產集團老共同公司（Old Mutual）這位出資者節省了三百五十萬美元，而使用能源不到其他同規模建築的十分之一，且能穩定維持室內溫度在20～24℃之間，這棟大樓也得了很多世界級的建築大獎（利用蟻丘通風冷卻原理所建的東門大樓的內部結構及外觀，讀者可上網查詢參閱）。

又如，台灣的經典故事，嚴長壽先生雖然只有高中學歷，為何能在美國運通公司待了八年半的時間，由一位送貨、打掃工作的小弟開始，一路當到了台灣區總經理的職位，且在前面的四、五年間，幾乎每半年就被升遷到新的工作，嚴長壽先生就是以自創的「垃圾桶哲學」學習方法，勤於學習與接受各種不同領域的事務及技能，吸取各方知識價值與觀念，然後努力地將各領域的精華，加以重組而能做出很多跨領域創新的點子，應用於企業當中，也使得該公司的營運蒸蒸日上。

 ## 5.04 社會文化對創造力的影響

社會文化與創造力之間有著密切的關聯性，這是許多學者長年的研究結論，總體而言，因東方社會文化裡，個人較為保守，且有以大局為重，寧可犧牲小我的觀念。而西方社會文化則較重視個人權利與自由，以致影響到個人思想結構的不同，進而在創造力表現方面產生了差異。

西方社會文化有其優點，東方社會文化亦有其特色，無論我們所處的環境是在何種文化背景中，重要的是應如何學習吸取他方的長處，以截他人之長，補己之短，用於展現無窮的創造力（如**表5-1**）。

表5-1　東方與西方社會文化之比較

東方社會文化	西方社會文化
服從權威者	以我獨尊、衝撞權威
重大局	重細節
依賴前輩、師長指導	強調獨立思考
階級分明，長幼、社會地位分際清楚	階級平等，尊重個人、長幼、社會地位分際模糊
個人行為常被社會規範所約制	社會準則極少規範個人行為
強調社會的秩序及和諧	強調人與人之間以民主、開放方式的意見交換
注重面子與團體的讚許	注重個人創造潛力的發揮
只要把書讀好就行了	鼓勵自己動手做
結果：較不易展現個人的創造力	結果：容易展現個人創造力

受考試升學主義的影響，使人的「記憶力」取代了「創意力」。

——佚名

5.05 鼓勵學校師生「創新發明」之管理辦法重點

　　目前許多學校為鼓勵師生創新及提升研究水準，會依《科學技術基本法》、《政府科學技術研究發展成果歸屬及運用辦法》、《專利法》等相關法令，制定校內的《研究發展成果管理辦法》，這類辦法皆會明定接受民間企業資助、政府補助、委辦或出資之科學技術研究發展案件的實施辦法及權益之歸屬，各校也會依其本身的特質及行政管理需要，制定各具特色的管理辦法，與校內設備應運用的規則。

　　一般而言，制定管理辦法的重點會有下列幾項：

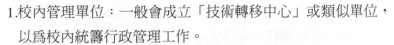

1. 校內管理單位：一般會成立「技術轉移中心」或類似單位，以為校內統籌行政管理工作。
2. 明定職務與非職務產生之創作：區別職務與非職務創作之權利義務（若為職務上的創作，出資人具專利申請權與專利所有權，而創作人具申專利署名權）。
3. 研發成果之權益歸屬與管理：包括專利申請及維護、使用授權、技術轉移、信託、委任、訴訟、收益（權利金、衍生利益、技術股份持有）分配等其他相關之事宜。
4. 收益分配比率原則：一般會扣除專利及相關規費、人事、業務、推廣費用等成本後，依所制定之比率將收益分配給資助機構、校方、創作人等三方。若出資者為校方之研發成果，則收益分配為校方及創作人等雙方。

若您所屬學校尚無制定此類辦法者，則可參考各相關法規與校方各別達成協議，借用校內設備資源從事研究發明工作，一般而言，校方都會樂見其成的。

5.06 何謂無形資產？

在企業的經營裡，所謂的無形資產，可用「具有價值但本質上並不具任何型態實體之資產」來做簡單的定義表達，其分類可為下列幾項：

1. 涉及法律方面之相關項目：如著作權、商標權、專利權、積體電路電路布局、營業秘密等。
2. 涉及技術方面之相關項目：如製程、藍圖、配方、技術手冊、電腦軟體、資料庫、研發Know-How（專門技術）等。

3.涉及市場與客戶方面之相關項目：如商譽、品牌、商業模式、行銷通路、客戶名錄等。

4.涉及合約方面之相關項目：如許可權（授權或被授權）、合約、契約、密約等。

5.涉及人力資源方面之相關項目：如技術專家、具專業經驗之員工、優良的管理團隊成員、有效的員工教育訓練模式及方法等。

6.涉及財務與法人組織方面之相關項目：如銀行之良好信貸關係、募款及集資能力、同業及異業間之政商關係等。

> 在創新經濟時代裡：三流企業做「苦力」，二流企業賣「產品」，一流企業賣「專利」，超級企業賣「標準」。　　　　　　　　——佚名

5.07 有「國際專利」與「世界專利」嗎？

　　我們經常在一些商品的行銷廣告中看到：本產品獲「國際專利」或「世界專利」等用詞。其實目前世界各國對於專利權的保護，皆是採「屬地保護主義」，也就是說，各國政府只保護有在該國申請並取得專利權的作品，才能得到該國的保障，地區也僅限於該國政府的管轄地區範圍，故其他國家的專利權保護，發明人必須分別向各國政府專利權主管單位，各別提出申請並取得專利權，才能得到該國的專利權保障，所以並沒有所謂的「國際專利」或「世界專利」的存在。

　　除非有人把他的作品，在全球約二百個主權獨立的國家中，無論是先進國家或落後地區的國家，通通提出申請並取得專利權，

但事實上是不會有發明人如此做的,因為如果要這麼做,那實在太沒經濟效益了,除了時間及精神的耗費之外,光是專利事務所的代辦費和申請費,以及每年的各國專利權年費,這些費用就需一筆龐大的金錢支出。

　　所以,目前發明人對於國外的專利權申請,都是採重點式的申請,尤其是在市場較大,且工業科技水準較高的國家,如美國、日本、中國大陸、歐盟國家等,作為優先申請的目標,以達到較好的經濟效益。

何謂「屬地主義」與「屬人主義」?

　　法律對於人的保護與約束效力,主要係指法律對誰具有效力及適用於哪些人,在法律上最常提及的莫過於「屬地主義」與「屬人主義」這兩個名詞了,它們的差異何在呢?

屬地主義

　　即「法律適用僅限於本國政府所管轄之領域內的所有人民,不論是本國公民或外國人,所作為之事都會受本國法律的保護與約束,而本國公民不在本國境內時,則不受本國法律的保護與約束」。例如,無論本國人或外國人在本國管轄之領域內皆不可從事仿冒商品或違反智慧財產權之事,否則一律依本國法律究辦。

屬人主義

　　係指「法律僅適用於本國公民,無論其身處國內或國外,而非本國之人民即使身處在本國領域內也不適用」。例如,許多稅法的制定,皆採屬人主義,即無論本國公民身處在國內或國外,皆應依本國法律之規定,繳納法定的各種稅金等。又如,我們在國內的某百貨公司裡,看到一位印度男士帶了五個太太在逛百貨公司,雖然我國法定為一夫一妻制,但印度法定為一夫多妻制,以屬人主義的效力而言,這位印度籍男士仍是合法的,雖身處我國,但不受我國法律所謂重婚罪的約束。

 5.08 什麼是專利權的權利耗盡原則？

我國專利權是採「權利耗盡之理論」（Exhaustion），也就是說，專利權人自己製造、販賣專利物品，或同意他人製造或販賣其專利物品，該物品流入市場後，專利權人已經行使了權利，應已從中獲利取得對價，而不再享有對該物品之販賣與使用權，因其就該專利物品之權利已經耗盡，這就是「權利耗盡原則」。

所以，當一項專利產品，經合法管道進入市場後，其他人就可以自由的進行販售買賣。例如，經銷商之販售行為或消費者之間的轉售行為，皆不受到限制。

如果專利權人對於前述合法製造、販賣之專利物品，還可以再主張權利，則將影響該專利物品之流通與利用。

權利耗盡原則又可分為「國內耗盡原則」及「國際耗盡原則」。

國內耗盡原則

係指專利物品只會在國內市場造成權利耗盡。若投入於國外市場，因專利權人享有進口權，所以他人若未經專利權人同意而進口該專利物品，仍會構成侵權行為，所以採國內耗盡原則者，除專利權人本人以外，並「不允許」他人從事「真品平行輸入」之進口行為。

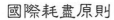
國際耗盡原則

係指專利權人若將該專利物品投入於國外市場，也構成權利耗盡，所以是「允許」他人從事「眞品平行輸入」之進口行爲的，且專利權人並不可再主張權利。

一個國家雖然對專利權採「權利耗盡原則」，但不一定就容許「眞品平行輸入」，這仍須視其採「國內耗盡原則」或採「國際耗盡原則」而定。

關於我國所採之「權利耗盡原則」，依《專利法》第59條規定：「發明專利權之效力，不及於下列各款情事：……六、專利權人所製造或經其同意製造之專利物販賣後，使用或再販賣該物者。上述製造、販賣，不以國內爲限。」即表示我國採用「國際耗盡原則」。如專利權人與被授權人另有契約約定，則依其契約。若契約無約定販賣之區域，或契約未訂定或內容不明確者，則依此「國際耗盡原則」處理。是「允許」他人從事「眞品平行輸入」之進口行爲的，且專利權人並不可再主張權利。

 5.09 什麼是專利流氓？

在「專利是王」的時代中，企業的研發成果有了專利權的保護，才能發揮其市場競爭優勢，如果企業沒有強而有力的專利權陣容，光是專利官司的人力投入及可觀的訴訟費，若不幸又敗訴時的賠償金，這些都可能會拖垮一家公司。

所以，最近美國已出現一些所謂的「專利流氓」（Patent Trolls）或俗稱「專利蟑螂」，這些公司完全不以技術研發爲經營

的核心,而是純粹用購買專利以告人為目的的公司,再將所獲得的賠償金,拿來再擴大自己的企業規模,這種專利流氓的擴張趨勢正在快速形成。

將來,有很多中小型企業若在專利上有所疏忽,可能就會被告,以致企業經營更加困難。所以,在未來企業的經營中,薄薄的一張專利權證書,將會決定你是一家創新企業,還是被放在刀俎上任人宰割的企業。

5.10 什麼是創投公司?

創業投資基金(Venture Capital Fund) 是指由一群具有科技或財務專業知識和經驗的人士操作,並且專門投資在具有發展潛力以及快速成長公司的基金。創業投資是以支持「新創事業」,並為「未上市企業」提供股權資本的投資活動,但並不以經營產品為目的。其更可擴及將資金投資於需要併購與重整的未上市企業,以實現再創業的理想之投資行為。有別於一般公開流通的證券投資活動,創業投資主要是以私人股權方式從事資本經營,並以培育和輔導企業創業或再創業,來追求長期資本增值的高風險、高收益的行業。

一般而言,創業投資公司會執行以下幾項工作:

1. 投資新興而且快速成長中的科技公司。
2. 協助新興的科技公司開發新產品、提供技術支援及產品行銷管道。
3. 承擔投資的高風險並追求高報酬。
4. 以股權的型態投資於這些新興的科技公司。

5.經由實際參與經營決策提供具附加價值的協助。

（中華民國創業投資商業同業公會，http://www.tvca.org.tw）

 # 5.11 什麼是「智財銀行」？

所謂「智財銀行」（IP Bank）這是一種創新的智慧財產權營運模式，在歐美等工業先進國家及臨近的韓國、日本近年來已陸續啓動此種運作模式，以確保國家的競爭力。此模式是由一家具有優秀智財專業團隊的「智財管理公司」，和一家以上的「智財基金」所組成的營建體系。主要任務在於取得優質關鍵技術的專利，以供國內企業被外國競爭對手控告時，能採取必要之因應措施，以減低對國內企業的衝擊，另一方面也可提供布局新興產業之用，協助國內企業持續發展。

智財管理公司之主要任務

1.蒐集國內外前瞻性技術研發趨勢情報，蒐購具有價值的專利備用及整合國內外企業專利智權訊息。
2.提供國內企業具前瞻性技術智權布局所需之專利代理仲介、專利聯合談判、專利舉發與訴訟、戰略合作、智權布局策略規劃與諮詢等專業服務。
3.協助國內企業在研發前期的專利布局以搶得市場先機，中期能抵禦競爭者的興訟攻擊確保企業利益，長期更可積極攻略拓展產業規模。

台灣智財權意識的啓萌

早在1982年宏碁（Acer）推出著名的「小教授2號」桌上型電腦時，立刻引發蘋果公司（Apple）的專利攻擊，這是我國企業首次受到國際大廠智財權的興訟攻擊。於此之後，宏碁又陸續遭到惠普（HP）、國際事務機器（IBM）等國外知名大廠的專利興訟。

當台灣的企業力爭上游有所發展，而威脅到這些競爭者時，他們勢必使出殺手鐧——專利——來使你屈服並限制你的發展。宏碁早期受到的智財權攻擊事件，這是我國企業對智財權觀念萌芽的重要轉捩點。

時至今日，我國企業仍不斷的受國際大廠的智權攻擊，雖然目前我國企業對智財權抵禦能力已有大幅提升，但這些國際大廠仍是握有許多關鍵技術專利，當我國企業的發展逐漸威脅到他們時，要面對這些外來的專利爭訟問題，也是必然的態勢。如近年來（2006～2011年）較受關注的LED產業中日亞化提起對億光的專利侵權訴訟案，手機品牌蘋果公司（Apple）對宏達電（hTC）專利侵權訴訟案，以及面板業三星（Samsung）對友達、索尼（Sony）對奇美電所一連串提起的智財權攻擊作爲，專利訴訟儼然已成爲商戰的一種必要手段。

我國智財銀行的成立

有鑑於上述智權爭訟情況，顯示國際智財權越來越重要，爲協助台商建立智財權的聯合防禦機制，經濟部於2011年提出台灣首部「國家智財戰略綱領」，建議將此戰略作爲提升至行政院層級，整合並活化國內專利資源。經濟部促成工研院於2011年成立「智財銀行」設立智財管理公司及智財基金。

一般而言，智財基金可分為三種類型：

1. 布局型基金：主要作為專利布局提前卡位準備之用，以避免國際大廠把持關鍵技術專利。
2. 反訴型基金：主要作為國際專利訴訟之用，初步蒐集以面板業及資訊通訊業所需之專利。
3. 虛擬型基金：主要作為協助學校或研發單位，能靈活運用這些蒐集到的專利技術，應用於創新產品之開發，以創造出更高的附加價值。

而目前工研院所成立之「智財銀行」主要以「布局型基金」為主。

如何建立起企業內部的智財權管理系統

台灣許多企業喜歡強調公司內擁有多少專利件數，但事實上專利的數量並非重點，專利的質量（技術層次與前瞻性）才是關鍵，許多國際大廠的專利數量並不見得很多，但其擁有的專利層次都是極具攻擊性的關鍵技術，如此的智財權管理系統都是極為嚴謹且高效率的。**表5-2**為台灣專利權及商標權使用費之收支比較表，提供讀者作為參考。

表5-2　台灣專利權及商標權使用費（收支比較表）

年度 （西元）	收入 （億美元）	支出 （億美元）
2007	2.20	25.75
2008	1.91	30.15
2009	2.2	34.24
2010	4.14	49.43

資料來源：中央銀行。

現代企業專利作戰的幾個準備步驟：

1. 預判對手：在每一種產業裡，大家都會有「誰是一軍，誰是二軍」的共通認知，若你是二軍正在力爭上游，當威脅到一軍的地位時，想必你會受到很大的壓力，因此你必須預判到底有誰可能會對你出手攻擊。

2. 瞭解彼此武器裝備性能：當預判出對手是誰之後，接著就要進行彼此技術專利範圍的相互比較，所謂：「知己知彼，百戰百勝」，瞭解彼此專利範圍的差異後，就容易採取適當的攻防策略，以及在進一步的創新技術研發中使用更好的專利迴避設計方法。

3. 預判可能發生之時間點：在受到國際大廠的專利攻擊戰爭中，多半是可預測其可能發生的時間點，例如，我方具威脅性的新產品上市前或具革命性新技術公開時，都是容易引爆專利戰爭的時間點。

4. 法律與談判團隊的建立：國際性的專利戰爭中對於國際法律的瞭解非常重要，各國對於專利爭端的審判程序與法律見解、裁判特性與傾向皆會有所差異，所以企業必須及早培養自己的法律人才。另一方面，當需要以談判手段來達成爭訟和解時，則需要有深入瞭解整體產業生態與兼具談判技巧的高端人才，方能在雙邊談判時取得對己方最有利的條件。

隨著產業競爭加劇，專利爭訟案件每年劇增，現今專利官司的訴訟幾乎成了一門「新興行業」的同時，企業經營者必須要有充分的認知，創新技術研發如果沒有良好的智財權管理系統，則研發成果與心血可能都會付之流水白忙一場，甚至在所有的市場上割地又賠款而慘遭淘汰。

5.12 什麼是PCT國際專利申請制度？

　　一般發明人較為熟悉的外國專利申請制度，為專利申請人透過常用的傳統申請程序，也就是先在某一國家提出專利申請案，再於該申請案之申請日起算十二個月內，進一步提出其他外國申請案及依巴黎公約規定主張該申請案之優先權。然而這種申請方式要求申請人，必須在十二個月內，就決定向哪些外國申請專利，並且還需完成這些外國專利申請書的多種語文版本，也就是要將專利說明書翻譯成各該申請國之語文，而且還需在申請時依不同國別分別繳納申請費用。而「PCT國際專利申請制度」，對台灣的發明人而言可能比較不熟悉。

　　PCT（Patent Cooperation Treaty，專利合作條約）是專利領域的一項國際合作條約，被認為是專利領域進行國際合作最有意義的進步指標。PCT是由世界智慧財產權組織（World Intellectual Property Organization, WIPO）中的國際局所管理，是一個方便申請人獲得眾多外國專利保護的國際性條約。該條約於1970年簽署並於1978年生效，目前會員國有一百四十五國，如美國、日本、加拿大、中國、韓國、德國、法國、英國及眾多開發中的國家等，幾乎涵蓋了全世界所有實施專利制度的國家。這是一種「國際專利申請制度」而非「國際專利授權制度」，故不存在「PCT國際專利權」。中國大陸國家知識產權局於1994年加入PCT，目前台灣則尚未加入。所以台灣的發明人若要藉由PCT的專利申請制度，進而取得多國的國外專利保護時，則可透過先行送件申請中國大陸專利，再以中國大陸的專利申請日作為PCT的優先權日即可，這是一種變通的方法。

PCT國際專利申請制度其申請程序概要分為：「國際階段」和「國家階段」兩大程序。

1. 國際階段：遞交申請書送件到WIPO的國際局，主要完成申請的受理、國際檢索、國際公布和初步審查等程序（申請此階段必須在第一次申請國之優先權日起十二個月內提出申請）。

2. 國家階段：主要繼續國際階段後的程序，完成各國家的申請及實體審查，由各個會員國單獨決定是否授予該國的專利，然後公布授予專利權等程序，並給予專利權的保護（申請此階段為已提交國際階段申請者，並必須在第一次申請國之優先權日起三十個月內提出申請）。

PCT國際專利申請制度的特色

1. 只需提交一份（一種語文版本，例如中文；PCT國際專利申請的語言可以是中文、英語、法語、德語、日語、俄語、西班牙語等）國際專利申請書，就可以向多個國家申請專利。

2. 申請人可以在第一次提交專利申請後的二十個月內辦理「國際階段」申請，如果在此階段要求國際初步審查，還可以在第一次提交專利申請之日後的三十個月內辦理國際專利申請進入每一個國家的手續。如此就能延長了進入「國家階段」的時間。利用這段時間，專利申請人可運用此段延長的時間，對於發明的商業前景與市場性及其他因素進行調查，在花費較大資金進入「國家階段」之前，決定是否繼續申請外國專利。右經過調查，決定不向外國申請專利，則可以節省不必要資金浪費。

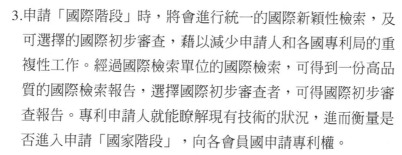

3. 申請「國際階段」時，將會進行統一的國際新穎性檢索，及可選擇的國際初步審查，藉以減少申請人和各國專利局的重複性工作。經過國際檢索單位的國際檢索，可得到一份高品質的國際檢索報告，選擇國際初步審查者，可得國際初步審查報告。專利申請人就能瞭解現有技術的狀況，進而衡量是否進入申請「國家階段」，向各會員國申請專利權。

4. 簡化了申請及繳費的手續，只需向一個受理的機關申請及繳費即可，而不需向各國的專利局分別去辦理。

若想更瞭解PCT國際專利申請制度，可上網查詢「世界智慧財產權組織」的網站http://www.wipo.int/pct/en/。

 ## 5.13 什麼是智財攻略的「養、套、殺」？

針對目標獵物，先「養」肥，然後「套」住，進而「殺」之，這是許多股票市場金錢遊戲中的重要攻略三部曲，但在智慧財產的攻略上，亦有異曲同工之妙，諸如，專利權、商標權、著作權都有此一攻略的做法。

所謂「養」，就是當發現他人已侵害你的智慧財產權時，先按兵不動，當成不知情，但私下仍進行侵權狀況的追蹤監控，讓侵權者無所戒心的情況下，投入大筆資源進行生產、行銷或商標、商品的廣告。先把獵物養大，待侵權者已實際投入大量資源，或市場開發已成形後，再出擊。

下一步的所謂「套」，就是正式提出律師警告函等方式，用智慧財產的相關保護法令套住對方，就侵權的部分逼迫對方出面和解談判，或授權協商或提出訴訟的動作。

　　進一步所謂「殺」，因對方的侵權行為已是事實，並且也已投入大量的資源，對方當然難以自我解套，勢必能逼使對方付出極高的代價來與我方磋商。

　　若發現他人有侵害智慧財產行為時，不進行「養」的動作，而直接發律師警告函，馬上進行要求和解、授權、訴訟的話，以法律面來看，當然也是對的，只不過，若侵權者只是剛開始進行侵權行為，尚未投入大量資源時，則我方可「套」住的籌碼就相對少了，此時能逼使對方付出的代價相對是有限的，所以「養」這個過程，有時候是必要的考量。

如何避開「養、套、殺」的陷阱

　　也許有人會問，在智慧財產相關法令中有規定：請求權「自請求權人知有行為及賠償義務人時起，二年間不行使而消滅……」，如此一來，若「養」的過程時間超過二年，不就無法主張權利了嗎？但依實務面而言，通常權利主張者，都只會提出對自身有利，以近期的事證來做舉發，所以成案的機率仍是相當大的。此法雖在道德上是有瑕疵的，但現實商場上就是這麼一回事。

　　企業要避開「養、套、殺」的陷阱，免於踩到智財地雷的重要方法，就是研發前要蒐集充足及正確的資訊，有了足夠且明確的訊息，才能免於被坑殺的命運。

PART 6

創新發明相關資訊

6.01 台灣各項發明展覽及創意競賽資訊

展覽名稱	展覽地點／獎金	主辦單位	報名日期	展覽日期
國家發明創作獎	視主辦單位決定（若需索取報名表，可事前與主辦單位聯絡）	經濟部智慧財產局 電話：02-27380007 聯絡人：綜合企劃組	每年約3～4月間	約6月間評選（獲獎作品可在「台北國際發明暨技術交易展」之中展出）
宜蘭國際童玩節——創意童玩發明競賽	宜蘭縣政府文化局 （競賽總獎金高達百萬元）	宜蘭縣政府文化局 http://www.ilccb.gov.tw/ch 電話：03-9322440	每年約5～6月間	約6月間
中技社科技獎	綠色產業、綠色創新、能源資源、環境保護等領域（科技研究組——獎學金、科技創意組——獎學金）	財團法人中技社 http://www.ctci.org.tw/ 電話：02-27049805	每年2月至4月間	每年7月間
IEYI台灣區世界青少年發明展（選拔賽）	選拔地點：各縣市輪辦	中華創意發展協會 電話：02-23515052 /02-77343402 E-mail： ieyitw@gmail.com http://www.ieyiun.org/	每年約5～6月間	約7～8月間（獲選為國家代表隊者，可獲補助出國參加「IEYI世界青少年發明展」）
東元科技獎（東元科技創意競賽）	地點：視主辦單位決定 每件得獎作品獎金10～40萬元	財團法人東元科技文教基金會 電話：02-25422338 http://www.tecofound.org.tw	每年3月間	約8月間
台北國際發明暨技術交易展	視主辦單位決定（若需索取報名表，可事前與主辦單位聯絡） （頒發金、銀、銅牌獎及獎狀）	經濟部智慧財產局、外貿協會 電話：02-27380007 聯絡人：綜合企劃組	每年約5～6月間	約9～10月間

展覽名稱	展覽地點／獎金	主辦單位	報名日期	展覽日期
U19全國創意競賽	全國北、中、南展出	工業技術研究院 電話：03-5919089	每年約6～7月間	9月公布得獎名單
台中盃創意大獎——創新發明應用設計競賽	台中市 （競賽總獎金高達百萬元）	台中市政府 台中盃創意大獎工作小組 電話：04-23323456轉6454 E-mail：tc_cup@asia.edu.tw	每年約8～9月間	約10月間
中華文化總會——總統文化獎（創意獎）	每位得獎者100萬元	中華文化總會（原名國家文化總會） http://www.gacc.org.tw/ 電話：02-23964256	每年3～5月間	由主辦單位決定 （約10～11月間）
「Good Idea！」環保創意發明大賽	環保署 （競賽總獎金高達百萬元）	環保署創意徵選專案工作小組 活動洽詢專線：02-87717768 網路報名E-mail：ptscross@gmail.com	每年約8月間	約10～11月間
伽利略衛星創新大賽（台灣區競賽）	新竹市	工研究 http://galileo.itri.org.tw 工業設計協會http://www.facebook.com/cida.design 活動官網www.galileo-masters.com	每年約4～6月間	約11月間 （得獎後可參加全球競賽）
i-Star國家創新發明大賽	桃園 （總獎金新台幣十萬元）	中央大學、龍華科大 報名：中央大學創新育成中心網站http://www.iic.ncu.edu.tw/	每年約8～11月間	約11月間
有庠科技發明獎	台北市 （每件得獎發明作品可獲頒中英文獎狀、獎座及獎金新台幣二十萬元）	財團法人徐有庠先生紀念基金會 電話：02-27338000分機84073 聯絡人：秘書處 http://www.feg.com.tw/yzhsu/	每年約11～12月間	隔年約1～2月間

展覽名稱	展覽地點／獎金	主辦單位	報名日期	展覽日期
世界發明大賽	大台中國際會展中心（台中市烏日區）	世界發明智慧財產聯盟總會（WIIPA）電話：02-77305848 E-mail：wiipa@tiipa.org	每年約9～10月間	隔年約1月間
IYIE國際青少年發明競賽博覽會	台南市	主辦：世界發明智慧財產聯盟總會（WIIPA）http://www.feu.edu.tw/2012IYIE/ 電話：02-77305848 E-mail：wiipa@tiipa.org 承辦：台灣發明智慧財產協會 電話：06-5979566轉7914	每年約12月間	隔年約2月間
上銀科技獎	承辦單位：中國機械工程學會（台北市）http://www.csme.org.tw（碩博士論文獎總額獎金達新台幣一千萬元）	主辦單位:上銀科技股份有限公司 http://www.hiwin.com.tw 電話：04-23594510	每年約3～8月間	隔年約3月間
IIIC國際創新發明海報競賽	台北市	中華創新發明學會 台灣國際發明得獎協會 http://www.ch580.org/ 電話：02-27782688 聯絡人：秘書處	每年約9~11月間	每年約12月間

註：依「展覽日期」月份排序。

6.02 國際各項發明展覽及創意競賽資訊

展覽名稱	展覽地點／獎金	主辦單位及報名處	報名日期	展覽日期
俄羅斯莫斯科—阿基米德國際發明展	莫斯科Sokolniki展覽場	中華創新發明學會／台灣國際發明得獎協會 http://www.ch580.org/ 電話：02-27782688 聯絡人：秘書處	每 年 約 1～2月間	約3月間
瑞士日內瓦國際發明展	RUE DU 31-DECEMBRE CH 1207 GENEVA SWITZERLAND	台灣發明協會秘書處 電話：02-28572040 傳真：02-28572238	每 年 約 1 月間	約3月間
新加坡國際發明創新展	新加坡國際展覽館	台灣發明協會秘書處 電話：02-28572040 傳真：02-28572238	約1～2月底 （每兩年一次）	約3月間
法國巴黎國際發明展	巴黎凡爾賽展覽館	台灣傑出發明人協會 電話：02-22451663 聯絡人：秘書處	每 年 約 2～3月間	約4～5月間
馬來西亞ITEX國際發明展	吉隆波——雙子星大廈旁 Kuala Lumpur Convention Centre, Malaysia（KLCC）展覽場	台灣發明智慧財產協會 電 話：02-26548410 傳 真：02-26548464	每 年 約 3～4月間	約5月間
美國匹茲堡國際發明展	美國賓州匹茲堡展覽會館 EXPO MARTPITTSBURG PA.USA	台灣發明協會秘書處 電話：02-28572040 傳真：02-28572238	每 年 約 4～5月間	約6月間
義大利國際發明展暨發明競賽	義大利，西西里——卡塔尼亞島（Catania）	中華創新發明學會／台灣國際發明得獎協會 http://www.ch580.org/ 電話：02-27782688 聯絡人：秘書處	每 年 約 1～3月間	約6月間
澳門國際創新發明展	澳門——漁人碼頭會議展覽中心	主辦單位：世界發明智慧財產聯盟總會 報名處：台灣發明商品促進協會 電話：02-26548410 傳真：02-26548464	每 年 約 4～5月間	6～7月間

展覽名稱	展覽地點／獎金	主辦單位及報名處	報名日期	展覽日期
烏克蘭國際發明展暨發明競賽	Sevastopol, Ukraine（賽瓦斯托波爾，烏克蘭）	中華創新發明學會／台灣國際發明得獎協會 http://www.ch580.org/ 電話：02-27782688 聯絡人：秘書處	每年約8月間	約9月間
日本東京世界創新天才發明展	東京新宿	中華創新發明學會／台灣國際發明得獎協會 http://www.ch580.org/ 電話：02-27782688 聯絡人：秘書處	每年約8～9月間	約10月間
英國倫敦國際發明展	英國倫敦市Barbican Exhibition Centre	台灣發明協會秘書處 電話：02-28572040 中華兩岸學生創造力教育學會 聯絡人：秘書處 電話：04-23589696 E-mail：service@scce.org.tw	每年約7～8月間	約10月間
德國紐倫堡國際發明展	NUREMBERG FAIR CENTER NUREMBERG FEDERAL REPUBLIC OF GERMANY	台灣傑出發明人協會 電話：02-22451663 聯絡人：秘書處 台灣創造力發展協會 電話：04-22325787	每年約7月間	約10～11月間
世界華人發明展覽會	香港會議展覽中心	台北市發明人協會 電話：02-27353090 聯絡人：秘書處	每年約9月間	約11月間
波蘭華沙國際發明展	波蘭華沙	中華創新發明學會／台灣國際發明得獎協會 http://www.ch580.org/ 電話：02-27782688 聯絡人：秘書處	每年約10月	約11月間
中國發明展	中國各大城市輪流主辦	台北市發明人協會 中華民國傑出發明家交流協會 電話：02-27353090 聯絡人：秘書處	每兩年一次約7月間	約11月間

展覽名稱	展覽地點／獎金	主辦單位及報名處	報名日期	展覽日期
國際英才發明家網路競	韓國 國際授權獎項： 1.Grand prize（USD500＋獎杯＋獎狀） 2.Semi grand prize（USD200＋獎杯＋獎狀） 3.金牌，銀牌，銅牌（獎牌＋獎狀） 4.特別獎（獎牌＋獎狀）	台灣發明智慧財產協會（TIIPA） http://cotes.com.tw/ 電話：02-27861248	每年約10月間	約11月間
克羅埃西亞INOVA國際發明展	札格雷布市（Zagrab）國際展覽場	世界發明智慧財產聯盟總會（WIIPA） 台灣發明智慧財產協會（TIIPA） 電話：02-26548410 傳真：02-26548464	每年約7～8月間	約11月間
科威特中東國際發明展	科威特	台灣發明協會秘書處 電話：02-28572040 傳真：02-28572238	每年約8～9月間	約11月間
比利時布魯塞爾國際發明展	比利時布魯塞爾	比利時布魯塞爾國際發明展（中華民國代表團） http://www.innova-tw.org.tw 電話：02-23056716	每年約9～10月間	約11月間
韓國首爾國際發明創新展	首爾國際展覽館	台北市發明人協會 中華民國傑出發明家交流協會 電話：02-27353090 聯絡人：秘書處	每年約8月間	約12月間

註：依「展覽日期」月份排序。

6.03 國際各項設計展資訊

展覽名稱	展覽地點	主辦單位及報名處	報名日期	頒獎日期
red dot紅點設計獎 （1955年創立）	德國	活動官網：http://www.red-dot.de/cd	約4～5月間	約8月間
iF設計獎 （1954年創立）	德國	活動官網：http://www.ifdesign.de/index_e	約9月間	隔年約2月間
G-Mark設計獎 （1957年創立）	日本	活動官網：http://www.g-mark.org	約4～6月間	約8月間
IDEA設計獎 （1980年創立）	美國	活動官網：http://www.idsa.org	約2月間	約9月間
GPDA金點設計獎 （2005年創立）	台灣	主辦：經濟部工業局 執行：台灣創意設計中心 活動官網：http://www.goldenpin.org.tw/	約8月間	約12月間
世界設計大展 （2011年創立）	世界各國輪流主辦	主辦：台灣創意設計中心 2011台北世界設計大展 台北主辦參考網址：http://www.2011designexpo.com.tw/default.aspx	由主辦單位邀約	約9～10月間
台灣設計大展 （2012年創立）	台灣	台灣創意設計中心 網址：http://www.tdc.org.tw/	約2月間	約9～10月間
台北設計獎 （2008年創立）	台北市	主辦：台北市政府產業發展局 承辦：台灣創意設計中心 活動官網：http://www.taipeiaward.org.tw/	約7月間	約10月間
台灣國際文化創意產業博覽會 （2010年創立）	台灣	主辦：文化部 承辦：中華民國全國商業總會 活動官網：http://www.iccie.tw/	約7～9月間	約10月間

展覽名稱	展覽地點	主辦單位及報名處	報名日期	頒獎日期
新一代設計展 （1982年創立）	台灣	主辦：經濟部工業局 執行：台灣創意設計中心 活動官網：http://www.yodex.com.tw/ 【全國各大學工業設計系作品聯展】	約10月間	隔年約5月間
CDA中國設計獎 （紅棉獎） （2005年創立）	中國	活動官網： http://www.chinadesignawards.com/	約5～10月間	約12月間
中國設計紅星獎 （2006年創立）	中國	活動官網： http://www.redstaraward.org/	約3～6月間	約11月間
韓國好設計獎 （1985年創立）	韓國	活動官網： http://www.gd.or.kr/	約6～7月間	約10月間

6.04 中華民國歷年專利申請件數統計表

中華民國歷年專利核准率【推估表】（西元1951～2003年；民國40～92年）

西元 (年)	申請 (件)	核准 (件)	核准 率%	西元 (年)	申請 (件)	核准 (件)	核准 率%
1951	58	18	31.0	1978	8,761	1,794	20.5
1952	163	45	27.6	1979	10,411	3,689	35.4
1953	316	78	24.7	1980	13,016	6,633	51.0
1954	352	135	38.4	1981	15,027	6,264	41.7
1955	443	148	33.4	1982	16,328	7,460	45.7
1956	541	189	34.9	1983	19,428	7,096	36.5
1957	656	179	27.3	1984	22,013	8,592	39.0
1958	693	183	26.4	1985	23,870	9,427	39.5
1959	661	194	29.3	1986	26,198	10,526	40.2
1960	646	217	33.6	1987	28,900	10,615	36.7
1961	729	230	31.6	1988	29,511	12,355	41.9
1962	750	247	32.9	1989	32,103	19,265	60.0
1963	778	225	28.9	1990	34,343	22,601	65.8
1964	889	285	32.1	1991	36,127	27,281	75.5
1965	953	337	35.4	1992	38,554	21,264	55.2
1966	1,412	483	34.2	1993	41,185	22,317	54.2
1967	1,705	540	31.7	1994	42,412	19,032	44.9
1968	2,283	816	35.7	1995	43,461	29,707	68.4
1969	2,879	1,126	39.1	1996	47,055	29,469	62.6
1970	4,218	1,951	36.3	1997	53,164	29,356	55.2
1971	4,640	2,524	54.4	1998	54,003	25,051	46.4
1972	4,457	1,861	41.8	1999	51,921	29,144	56.1
1973	5,926	2,591	43.7	2000	61,231	38,665	63.1
1974	8,398	3,187	38.0	2001	67,860	53,789	79.3
1975	8,812	2,159	24.5	2002	61,402	45,042	73.4
1976	8,071	1,449	18.0	2003	65,742	53,033	80.7
1977	7,632	1,205	15.8	—	—	—	—

註：以上專利核准率【推估表】，為作者依當年度的核准件數÷申請件數
　　×100%所得之計算結果，僅供參考用。

中華民國專利件數統計表（2004年起，摘自：智慧財產局歷年專利統計資料）

年別	新申請	公告核准	發證	公告發證
2004	72,082	27,717	66,490	21,893
2005	97,442	—	58,306	57,236
2006	80,988	—	49,315	48,774
2007	81,834	—	49,290	49,006
2008	83,613	—	42,366	42,283
2009	78,425	—	43,750	43,724
2010	80,494	—	45,973	45,966
2011	82,988	—	50,314	50,305
2012	85,073	—	56,612	56,610

註：「新申請」爲當年度新申請案件數。

「公告核准」爲經公告之核准案件數，此制度實施至2004年6月30日止。

「發證」爲實際發證數（2004年含公告發證數）。

「公告發證」爲經公告且同時發證之核准案件數，此制度自2004年7月1日起實施。

6.05 經濟部智慧財產局聯絡資料

經濟部智慧財產局

地址：106台北市大安區辛亥路二段185號（中央百世大樓）

總機電話：02-27380007

專利申請收件：中央百世大樓（本局3樓）

智慧財產局網站：http://www.tipo.gov.tw

專利服務e-mail電子郵件信箱：ipo1p@tipo.gov.tw

本局及各服務處閱覽室開放時間週一至週五8：30〜17：30

經濟部智慧財產局專利、商標資料閱覽室

地址：106台北市大安區辛亥路二段185號4樓（中央百世大樓）

電話：02-27380007轉4037、4038

傳眞：02-27352920

新竹服務處資料閱覽室

地址：300新竹市北大路68號5樓（來金商業大樓）

電話：03-5350235 03-5350255

傳眞：03-5350295

台中服務處資料閱覽室

地址：408台中市南屯區黎明路二段503號7樓（廉明樓）

電話：04-22513761 04-22513762〜3

傳眞：04-22513764

台南服務處資料閱覽室

地址：708台南市永華路2段6號11樓（台南市政府市政中心11樓）

電話：06-2982811　06-2982812

傳真：06- 981881

高雄服務處資料閱覽室

地址：801高雄市前金區成幼一路436號8樓（行政院南部聯合服務中心8
　　　樓）

電話：07-2711922 07-2711923

傳真：07-2711603

資料來源：經濟部智慧財產局。

6.06 智慧財產（專利價值）鑑價機構索引

序	名稱 ／ 網址	電話	服務項目
1	泛美鑑價股份有限公司 http://www.pan-american.com.tw	02-27772999	智慧財產鑑價服務
2	中華徵信所企業股份有限公司 http://www.credit.com.tw	02-87683266	智慧財產行銷、鑑價服務
3	中華青松科技股份有限公司 http://www.chinaevergreen.com.tw	02-27422007	智慧財產鑑價、侵權鑑定服務
4	中華無形資產鑑價研究發展協會 http://www.caiav.org	02-23635884	智慧財產鑑價服務
5	中國華夏知識產權交流事務所	03-5631103	智慧財產行銷、授權服務
6	新貴育成科技管理股份有限公司	03-5153733	智慧財產行銷、授權服務
7	台灣經濟發展研究院 http://www.tedr.org.tw	02-86472999	智慧財產鑑價、授權、獲利模式規劃服務
8	中華工商研究所 http://www.cicr.org.tw	02-23891838	智慧財產行銷、鑑價服務
9	亞太智慧財產權發展基金會 http://www.apipa.org.tw	03-5918785	智慧財產鑑價、授權、獲利模式規劃服務
10	成大智財科技股份有限公司	02-23815151	專利、智慧財產鑑價、授權、獲利模式規劃服務
11	群創知識科技股份有限公司 http://www.uvmc.com.tw/	02-25599988	專利、智慧財產鑑價、授權、獲利模式規劃服務
12	亞太技術交易股份有限公司 http://www.aptech.com.tw/	02-27473311	專利、智慧財產鑑價、授權、獲利模式規劃服務
13	銓智知識服務股份有限公司 http://www.talent-ips.com/	02-77181800	專利、智慧財產鑑價、授權、獲利模式規劃服務
14	中華智慧資產經營管理協會 http://www.ipama-age.org	02-27522771	專利、智慧財產鑑價、授權、獲利模式規劃服務
15	振翔智財股份有限公司 http://www.csipo.com.tw/	02-29518689	專利、智慧財產鑑價、授權、獲利模式規劃服務
16	基律科技智財有限公司 http://1204362171502.web66.com.tw	02-27369139	專利、智慧財產鑑價、授權、獲利模式規劃服務
17	冠亞智財股份有限公司 http://www.gainia.com/	02-25223988	專利、智慧財產鑑價、授權、獲利模式規劃服務
18	華淵鑑價股份有限公司 http://www.asset.com.tw	台北02-25596059 台中04-24516059 高雄 07-2296059	專利、智慧財產鑑價、授權、獲利模式規劃服務、技術專利作價入股價值評估

6.07 侵害專利鑑定專業機構之參考名冊

詳細資料可參考司法院網站http://www.judicial.gov.tw/或網站內頁http://www.judicial.gov.tw/work/work01/work01-35.asp

序號	名稱	地址及電話	專業技術領域
學校			
1	國立台灣大學	台北市羅斯福路四段1號 02-23630231	電子、光學元件及原理設計、磁性元件及原理設計、超導體元件及原理設計
2	國立台灣科技大學(專利鑑定與軟體認證諮詢中心)	台北市基隆路四段43號 02-27363391	電機、電子、半導體、光學、控制工程、通訊工程、資訊、軟體、醫學工程、機械工程、材料工程、建築、土木、營建工程、物理、測量、測試、化工、高分子、工商業設計、運動娛樂、交通運輸、日常用品等
3	國立陽明大學	台北市北投區立農街二段155號 02-28267000	醫學工程、復健輔具、生物科技、醫療科技
4	國立清華大學	新竹市光復路二段101號 03-5715131	理工、生科、法律、管理、人文社會
5	國立中央大學	中壢市中大路300號 03-4227151～7025	醫學工程、環境工程、機械工程、印刷工程、化學工程、日常用品、材料工程、紡織工程、燃燒設備、控制工程、通訊工程、航太工程、工業設計、化學、土木、物理、光學、資訊、測量、測試、電機、電子、氣象、資訊管理
6	國立交通大學	新竹市大學路1001號 03-5738251	運輸、光電、資訊、材料、電子、機械、生技、土木結構、工管、通訊
7	國立中興大學	台中市南區國光路250號 04-22840558	工程、農業、生物科技、製藥

序號	名稱	地址及電話	專業技術領域
8	國立中正大學	嘉義縣民雄鄉三興村160號 05- 2720411轉16000	數學、物理、化學生物、地球環境、生命科學、資訊工程、電機、機械、化工、通訊、機電光整合
9	國立雲林科技大學	雲林縣斗六市大學路三段123號 05-5342601轉3642	環境工程、機械工程、化學、資訊、化學工程、生物化學、材料工程、建築、土木、燃燒設備、物理、光學、測量、測試、控制工程、電機、電子、通訊工程、工業設計、商業設計、空間設計
10	國立中山大學	高雄市鼓山區蓮海路70號 07-5252000	機械設計、機械功能設計製造、電機功能設計製造、土木功能設計、能源系統、汽電共生、燃燒與火災研究、瓦斯爐具、影像處理、空氣汙染控制工程、廢棄物焚化與處理、氣懸微粒採樣與分析、空氣品質監測、大氣汙染化學及擴散模式、生物技術、生化工程、生物科技、電腦網路、電子商務、網際網路應用、資訊軟體、資料自動蒐集條碼
11	國立屏東科技大學	屏東縣內埔鄉學府路1號 08-7703202	生物技術、農園藝、森林作物生產技術、植物保護、植物病蟲害、畜牧獸醫、野生動物保育、水產養殖技術、食品科技、木材加工工業、水土保持、土木技術、機械工程、機械材料、農機技術、車輛工程、環境工程技術、資訊管理技術
12	國立台灣海洋大學	基隆市中正區北寧路2號 02-24622192轉1000	農業、畜牧業、食品業、交通運輸、環境工程、機械工程、化學、生物化學、材料工程、土木、物理、燃燒設備、光學、電機、電子、通訊工程、工業設計、航運、林產加工

序號	名稱	地址及電話	專業技術領域
財團法人			
13	台灣大電力研究試驗中心	桃園縣觀音鄉榮工南路6-6號 03-4839090	高低壓輸配電、冷凍空調之產品
14	台灣營建研究院	新店市中興路二段190號11樓 02-89195000	營建相關之工程技術、材料、工法
15	農業工程研究中心	中壢市中園路196-1號 03-4521314	農業水土資源之調查分析及保育利用、農業工程構造設施之規劃設計及研究發展、農業用水量與水質作物土壤之關係、電腦資訊系統應用於農業水資源技術
16	食品工業發展研究所	新竹市食品路331號 03-5223191	食品技術、生物技術
17	生物技術開發中心	台北市長興街81號 02-27325123	生物化學、生物技術
18	中華經濟研究院	台北市大安區長興街75號 02-27356006	大陸、國際以及台灣經濟之研究
19	台北病理中心	台北市重慶北路三段146號 02-85962050	病理檢驗與研究、病理技術之研究與成果
20	國立台灣大學嚴慶齡工業發展基金會合設工業研究中心（非財團法人）	台北市基隆路三段130號 02-23628136	化學工程、土木工程、水利工程、結構工程、應力檢驗、造船工程、電機工程、機械工程、建築材料、電子、光學、電訊、微機電、奈米技術、醫學工程、軌道工程、環境工程、冶金等
21	資訊工業策進會	台北市和平東路二段106號11樓 02-27377137	資訊軟體技術
22	台灣電子檢驗中心	桃園縣龜山鄉文明路29巷8號 03-3280028	電子、電機類相關產品及零組件涵括到電器、通訊、資訊、醫療等產品之機構
23	工業技術研究院（技術移轉與服務中心）	新竹縣竹東鎮中興路四段195號 03-5917839	醫學工程、運動娛樂、交通運輸、環境工程、機械工程、印刷工程、化學、化學工程、生物化學、材料工程、紡織工程、採礦、燃燒設備、測量、測試、光學、控制工程、資訊、電機、電子、通訊工程、航太工程、日常用品、工業設計、橡膠、塑膠、儀器、工業安全衛生、冷凍空調、熱流（傳）、農業機械

序號	名稱	地址及電話	專業技術領域
24	中國生產力中心	新北市汐止區新台五路一段79號2樓 02-26982989	機械、電機、工業設計
25	金屬工業研究發展中心	高雄市楠梓區高楠公路1001號 07-3513121	機械工程、材料工程
26	聯合船舶設計發展中心	新北市淡水區中正東路二段27號14樓 02-28085899轉350	交通運輸、造船、船舶機械
27	紡織產業綜合研究所	新北市土城區承天路6號 02-22670321	紡織纖維及製品之試驗、研究等
28	中華營建基金會	台北市基隆路二段51號3樓之5 02-23776567	消防救生、運動娛樂、環境工程、水利工程、機械工程、材料工程、 建築、土木、燃燒設備、電機、冷凍空調、升降機、交通道路、橋樑、隧道、河海堤、涵渠、給水、汙水、景觀、能源
29	台灣玩具暨兒童用品研發中心	台北市光復北路87號4樓 02-27622928	兒童用品、娛樂用品、日用品
30	財團法人台灣經濟科技發展研究院	新北市汐止區新台五路一段96號13樓（東方科學園區C棟） 02-26969966	經濟研究、工業技術、環境工程、光學、資訊、機械、電子、電機、電信、產業分析、中小企業、營建、土木工程、材料工程、交通、公共安全、觀光、土質、水汶、勞工安全、衛生、噪音、空氣研究、化學、醫藥、食品、檢測、測量、資產評鑑研究、日常用品、運動用品、工業設計等研究
31	中華工商研究院	台北市中華路一段64號7樓 02-23891838 侵害專利鑑定部門： 台北市中山區松江路50號11樓 02-25634999（30線）	工業技術、工業設計、勞工安全衛生、環境工程、景觀工程、能源、傳播媒體、電機、機械、營建、土木工程、交通工程、日常用品、氣象、資訊、土質、水汶、水利研究、毒物化學、商業研究、生物化學、材料工程、化學工程、藥物工程、商業方法、商業設計、測量、測試、農林漁

序號	名稱	地址及電話	專業技術領域
			牧業、食品業、醫學工程、航太、通訊、光學、採礦、物理、核子工程、紡織工程、經濟分析、法律、工業衛生汙染、不動產評鑑研究、動產評鑑研究、無形資產評鑑研究、鑑定及損害賠償研究
政府機構			
32	中央研究院	台北市南港區研究院路二段128號 02-27822120	生物科技、物理、化學、資訊、文史
33	行政院農業委員會農業試驗所	台中市霧峰區萬豐村中正路189號 04-23302301	農藝作物鑑定、蔬菜及溫帶果樹生產調查、花卉品種與栽培技術、作物病蟲害鑑定、農藥藥害鑑定
34	中國石油股份有限公司煉製研究所	嘉義市民生南路217號 05-2224171	石油煉製技術
35	台灣糖業公司台糖研究所	台南市生產路54號 06-2671911	農業、糖業、生物化學
36	台灣電力股份有限公司綜合研究所	台北羅斯福路四段198號 02-83695358	電力科技、環境工程、機械工程、化學、化學工程、材料工程、土木、燃燒設備、資訊、電機、能源效率、核子工程、電信、經濟分析
37	行政院農業委員會水產試驗所	基隆市和平島和一路199號 02-24622101轉2201	水產科技研究發展政策、水產生物之分類及生態之調查研究、漁場資源之解析及評估研究、漁場環境之調查及漁海況之分析、栽培漁業及海洋牧場之研究、漁具、漁法之試驗研究、水產生物之繁殖及養殖技術之研究等
38	行政院衛生署藥物食品檢驗局	台北市南港區昆陽街161-2號 02-26531318	藥物、食品、化妝品衛生檢驗

序號	名稱	地址及電話	專業技術領域
39	國防部軍備局中山科學研究院	桃園縣龍潭鄉佳安村中正路佳安段481號 03-4712201#356964	醫學工程、運動娛樂、交通運輸、環境工程、機械工程、印刷工程、化學、化學工程、生物化學、材料工程、紡織工程、採礦、燃燒設備、測量、測試、光學、控制工程、資訊、電機、電子、通訊工程、航太工程、日常用品、工業設計、橡膠、塑膠、儀器、工業安全衛生、冷凍空調、熱流（傳）、農業機械
其他機構			
40	中國機械工程學會	台北市八德路二段60號4樓 02-27402520	機械自動化、化工設備、微電腦控制系統、運輸設備
41	中國土木水利工程學會	台北市仁愛路二段1號4樓 02-23926325	土木、水利、建築、環境工程、測量、試驗、檢查等及其相關之工法、材料、機具等
42	中國礦冶工程學會	台北市濟南路二段38-1號2樓 02-23960202	礦業類、冶金類、油氣類（詳參原函）
43	中國印刷學會	台北市仁愛路二段71號6樓 02-23418034	印刷數位化、自動化技術研究、圖文傳播科技及產業發展趨勢研究、圖文傳播教育研究
44	中華民國建築師公會全國聯合會	台北市基隆路二段51號13樓之1 02-23775108	建築物及其實質環境之調查、測量、設計、監造、估價、檢查、鑑定等各項業務
45	中華民國電機技師公會全國聯合會	台北市忠孝東路四段69-10號11樓 02-27788898	合約履行鑑定、安全性鑑定、電器火災鑑定、專利侵害鑑定（詳參原函）
46	中國農業工程學會	台北市羅斯福路四段1號（台灣大學農工系轉） 02-23632084	農業工程
47	中華民國生物醫學工程學會	台北市北投區立農街二段155號（陽明大學醫工所轉） 02-28226504	醫學電子、生物力學、生醫材料等之相關學理及工程技術
48	中華民國土木技師公會全國聯合會	台北市東興路26號9樓 02-27481699轉166	土木工程

序號	名稱	地址及電話	專業技術領域
49	中華民國工業設計協會	台北市南昌路二段112號 02-23656418	產品之機構、造型等相關之新型、新式樣
50	中華民國光學工程學會	新竹市竹東鎮中興路四段195號七八館 03-5918305	光學科學及技術
51	台灣省機械技師公會	402台中市南區美村南路9號3樓 04-22650115	機械工程（含機械設備、燃燒設備、升降機、運動娛樂設備、金屬） 機電整合（機電自動化、電路控制應用、電腦周邊設備） 工業設計
52	台北市工礦安全衛生技師公會	台北市北投區公館路63巷8弄2號3樓 (02) 28918048	工礦安全衛生之規劃、設計、研究、分析、檢驗、測定、評估、鑑定及計畫管理等
53	自行車工業暨健康科技工業研究發展中心	台中市台中工業區三七路17號 04-23501100	自行車、電動自行車、電動休閒車、運動器材、健身器材、醫療輔具
54	台北市土木技師公會	台北市東興路28號9樓 02-27455168	土木建築
55	台灣省水利技師公會	台北市復興南路二段100號3樓 02-27039183	水利
56	中華民國建築技術學會	台北市新生南路三段2號10樓之5 02-23635050	建築、土木、水利、結構、環工、電機、機械、營造業、材料製造業
57	台北市機械技師公會	台北市羅斯福路2段93號14樓之1 02-23671856	建築設施類、一般機械類、其他專業性設備

資料來源：司法院網站http://www.judicial.gov.tw/

6.08 台灣創意發明社團資料彙整表

　　目前台灣的發明人協會依其成立的宗旨不同有：中華創新發明學會、台灣國際發明得獎協會、台灣發明協會、中華民國傑出發明家交流協會、台北市發明人協會、台灣發明智慧財產協會、高雄市發明人協會、中華發明協會、台灣傑出發明人協會、台南縣發明人協會、嘉義市發明人協會等。

　　發明人可依個人需要，加入各有關協會成為會員，個人會員入會手續費約新台幣五百至一千元，每年年費約須繳交新台幣一千至三千元之間，就能享有協會所提供的各種資訊及服務。另有其他相關組織機構、社團，如臺灣發明家博物館、中華創意發展協會等。以下提供各協會的成立宗旨及服務項目與聯絡資料等，供有意加入會員者參考。因多數協會辦公室為租用性質，故地址及電話時有異動，以下聯絡資料若日後有所變動時，可隨時上網查詢更正。

台灣創意發明社團資料彙整表

名稱	網址	電話	地址
中華創新發明學會	http://www.ch580.org	02-27782688	台北市松山區復興北路1號5樓之3
台灣國際發明得獎協會	http://www.510.com.tw	02-27782688	台北市松山區復興北路1號5樓之3
台灣發明協會	http://www.tia-tw.org	02-28572040	新北市三重區環河北路三段60號2樓
台北市發明人協會	http://www.toiea.com.tw	02-87323643	台北市信義區信安街155號4樓
中華民國傑出發明家交流協會	http://www.toiea.com.tw	02-87323643	台北市信義區信安街155號4樓
中華海峽兩岸科技發明交流協會	—	02-23780023	台北市信義區信安街155號4樓
高雄市發明人協會	http://poi.zhupiter.com/index-cht.php	07-3867667	高雄市三民區大順三路316巷38號1樓
中華發明聯盟	http://blog.yam.com/user/inventorch.html	07-3867667	高雄市三民區大順三路316巷38號1樓
台灣傑出發明人協會	http:// www.inventor.org.tw/eip/index.html	04-22380469	台中市北屯區河北路2段111號11樓之2
臺灣發明博物館	http://www.e-tim.com.tw/	04-24528848	台中市407西屯區河南路二段406號2樓
中華創意發展協會	http://www.ccda.org.tw	02-23924058 / 23957752	台北市和平東路一段129之1號（國立臺灣師範大學科技大樓5樓506室）；通訊地址：台北郵政7-513信箱
台灣發明智慧財產協會（TIIPA）	http://cotes.com.tw/photo.html	02-26548410	台北市忠孝東路6段81巷8號1樓
世界發明智慧財產聯盟總會（WIIPA）	—	02-7730-5848	台北市忠孝東路6段81巷20號1樓
台灣發明商品促進協會	—	02-77305848	台北市忠孝東路6段81巷20號1樓

名稱	網址	電話	地址
台灣發明創意產業學會	http://tiiia.org/	02-27855541	台北市忠孝東路6段81巷10號1樓
嘉義市發明人協會	http://www.toy.org.tw/	05-2256477	嘉義市西門街63號
台南縣發明人協會	http://www.inventor-assn.com/	06-5979566	台南縣新市鄉中華路49號
中華民國發明協會	http://backegg.com/	02-2351-6336	台北市愛國東路60號6樓之1
台灣創新發明教育學會	—	04-23924505轉2601	台中市太平區中山路一段215巷35號
臺灣綠色科技發明學會	—	0988399979	高雄市左營區榮總路243巷23號
臺灣童心創意行動協會	—	02-27557633	台北市大安區復興南路一段253巷2號6樓之2
中華兩岸學生創造教育學會	http://scce.org.tw/ e-mail:service@scce.org.tw	04-23589696	台中市西屯區台中港路三段123號15樓之1
台灣創造力發展協會	http://creativity.org.tw e-mail: service@creativity.org.tw	04-22325787	台中市北屯區河北路二段97之1號2樓

資料來源：內政部人民團體全球資訊網http://cois.moi.gov.tw/moiweb/web/frmHome.aspx

6.09 專利技術交易平台資訊彙整表

專利技術交易平台資訊彙整表

名稱	網址
中華民國地區	
行政院國家科學委員會——研發成果資訊交流網	http://www.nsc.gov.tw/
經濟部智慧財產局（專利商品化網站）	http://pcm.tipo.gov.tw/PCM2010/pcm/
經濟部工業局（台灣技術交易資訊網）	http://www.twtm.com.tw/
財團法人工業技術研究院（專利交易平台）	http://patentauction.itri.org.tw/memb/index.aspx
各大學專利技術交易資訊網	請上網搜尋各大學之專利技術交易資訊網，例如： 臺灣大學技術交易網 http://ciac.ord.ntu.edu.tw/mip/ 交通大學專利授權暨拍賣平台 http://patent.nctu.edu.tw/bid
中國大陸地區	
中國技術交易所	http://www.ctex.cn/
中國技術交易網	http://www.chinatis.com/
科易網——中國技術貿易網	http://www.k8008.com/
上海技術交易網	http://www.stte.sh.cn/web/
國防科技成果推廣轉化網	http://www.techinfo.gov.cn/
中國大陸國家科技成果網	http://www.tech110.net/dengji/

名稱	網址
日本地區	
日本產業規劃中心 Japan Industrial Location Center（JILC）	http://www.jilc.or.jp/
日本產業技術總合研究所（AIST）	http://www.aist.go.jp/
美國地區	
Yet2.com TechPaks Search	http://www.yet2.com/app/find/searchhome
美國大學技術管理者協會（AUTM）	http://www.autm.net/Home.htm
TR35 （MIT麻省理工學院） Innovators Under 35-MIT Technology Review	http://www2.technologyreview.com/tr35/
歐洲地區	
British Technology Group（BTG，英國技術集團）	http://www.btgplc.com/
Innovation Market	http://innovation-market.de/
Strengthening Technology Transfer（STW，德國史太白促進經濟基金會）	http://www.stw.de/

6.10 其他資訊——全國法規查詢系統

有關最新的全國各種法規查詢，讀者們可在下列「法務部全國法規資料庫」網站查詢（例如：專利法、專利法施行細則、專利師法、專利審查官資格條例、專利代理人管理規則、專利代理人規則、專利規費收費準則、專利年費減免辦法等）。

法務部全國法規資料庫（查詢系統網站）

http://law.moj.gov.tw/

重要提醒！

1. 有關本書中的各項相關聯絡查詢資訊，如網址、電話、地址、E-mail等，因這些項目在實務上是屬「動態資訊」，有可能經過一段時間之後會有所變動，如遇這些動態資訊與書中所載不同時，則請讀者依其相關訊息索引，即可隨時自行查詢更新。
2. 本書備有教學用power point投影片及教學輔助資料，教師們可主動向揚智文化索取光碟。

6.11 專利法

修正日期　民國100年12月21日
施行日期　民國102年1月1日

目　錄

條　文

第一章　總則

第 1 條　為鼓勵、保護、利用發明、新型及設計之創作，以促進產業發展，特制定本法。

第 2 條　本法所稱專利，分為下列三種：
一、發明專利。
二、新型專利。
三、設計專利。

第 3 條　本法主管機關為經濟部。
專利業務，由經濟部指定專責機關辦理。

第 4 條　外國人所屬之國家與中華民國如未共同參加保護專利之國際條約或無相互保護專利之條約、協定或由團體、機構互訂經主管機關核准保護專利之協議，或對中華民國國民申請專利，不予受理者，其專利申請，得不予受理。

第 5 條　專利申請權，指得依本法申請專利之權利。
專利申請權人，除本法另有規定或契約另有約定外，指發明人、新型創作人、設計人或其受讓人或繼承人。

第 6 條　專利申請權及專利權，均得讓與或繼承。
專利申請權，不得為質權之標的。
以專利權為標的設定質權者，除契約另有約定外，質權人不得實施該專利權。

第 7 條　受雇人於職務上所完成之發明、新型或設計，其專利申請權及專利權屬於雇用人，雇用人應支付受雇人適當之報酬。但契約另有約定者，從其約定。
前項所稱職務上之發明、新型或設計，指受雇人於僱傭關係中之工作所完成之發明、新型或設計。

一方出資聘請他人從事研究開發者，其專利申請權及專利權之歸屬依雙方契約約定；契約未約定者，屬於發明人、新型創作人或設計人。但出資人得實施其發明、新型或設計。

依第一項、前項之規定，專利申請權及專利權歸屬於雇用人或出資人者，發明人、新型創作人或設計人享有姓名表示權。

第 8 條　受雇人於非職務上所完成之發明、新型或設計，其專利申請權及專利權屬於受雇人。但其發明、新型或設計係利用雇用人資源或經驗者，雇用人得於支付合理報酬後，於該事業實施其發明、新型或設計。

受雇人完成非職務上之發明、新型或設計，應即以書面通知雇用人，如有必要並應告知創作之過程。

雇用人於前項書面通知到達後六個月內，未向受雇人為反對之表示者，不得主張該發明、新型或設計為職務上發明、新型或設計。

第 9 條　前條雇用人與受雇人間所訂契約，使受雇人不得享受其發明、新型或設計之權益者，無效。

第 10 條　雇用人或受雇人對第七條及第八條所定權利之歸屬有爭執而達成協議者，得附具證明文件，向專利專責機關申請變更權利人名義。專利專責機關認有必要時，得通知當事人附具依其他法令取得之調解、仲裁或判決文件。

第 11 條　申請人申請專利及辦理有關專利事項，得委任代理人辦理之。

在中華民國境內，無住所或營業所者，申請專利及辦理專利有關事項，應委任代理人辦理之。

代理人，除法令另有規定外，以專利師為限。

專利師之資格及管理，另以法律定之。

第 12 條　專利申請權為共有者，應由全體共有人提出申請。

二人以上共同為專利申請以外之專利相關程序時，除撤回或拋棄申請案、申請分割、改請或本法另有規定者，應共同連署外，其餘程序各人皆可單獨為之。但約定有代表者，從其約定。

前二項應共同連署之情形，應指定其中一人為應受送達人。未指定應受送達人者，專利專責機關應以第一順序申請人為應受送達人，並應將送達事項通知其他人。

第 13 條　專利申請權為共有時，非經共有人全體之同意，不得讓與或拋棄。

專利申請權共有人非經其他共有人之同意，不得以其應有部分讓與他人。

專利申請權共有人拋棄其應有部分時，該部分歸屬其他共有人。

第 14 條　繼受專利申請權者，如在申請時非以繼受人名義申請專利，或未在申請後向專利專責機關申請變更名義者，不得以之對抗第三人。

為前項之變更申請者，不論受讓或繼承，均應附具證明文件。

第 15 條　專利專責機關職員及專利審查人員於任職期內，除繼承外，不得申請專利及直接、間接受有關專利之任何權益。

專利專責機關職員及專利審查人員對職務上知悉或持有關於專利之發明、新型或設計，或申請人事業上之秘密，有保密之義務，如有違反者，應負相關法律責任。

專利審查人員之資格，以法律定之。

第 16 條　專利審查人員有下列情事之一，應自行迴避：

一、本人或其配偶，為該專利案申請人、專利權人、舉發人、代理人、代理人之合夥人或與代理人有僱傭關係者。

二、現為該專利案申請人、專利權人、舉發人或代理人之四親等內血親，或三親等內姻親。

三、本人或其配偶，就該專利案與申請人、專利權人、舉發人有共同權利人、共同義務人或償還義務人之關係者。

四、現為或曾為該專利案申請人、專利權人、舉發人之法定代理人或家長家屬者。

五、現為或曾為該專利案申請人、專利權人、舉發人之訴訟代

理人或輔佐人者。

六、現為或曾為該專利案之證人、鑑定人、異議人或舉發人者。

專利審查人員有應迴避而不迴避之情事者，專利專責機關得依職權或依申請撤銷其所為之處分後，另為適當之處分。

第 17 條　申請人為有關專利之申請及其他程序，遲誤法定或指定之期間者，除本法另有規定外，應不受理。但遲誤指定期間在處分前補正者，仍應受理。

申請人因天災或不可歸責於己之事由，遲誤法定期間者，於其原因消滅後三十日內，得以書面敘明理由，向專利專責機關申請回復原狀。但遲誤法定期間已逾一年者，不得申請回復原狀。

申請回復原狀，應同時補行期間內應為之行為。

前二項規定，於遲誤第二十九條第四項、第五十二條第四項、第七十條第二項、第一百二十條準用第二十九條第四項、第一百二十條準用第五十二條第四項、第一百二十條準用第七十條第二項、第一百四十二條第一項準用第二十九條第四項、第一百四十二條第一項準用第五十二條第四項、第一百四十二條第一項準用第七十條第二項規定之期間者，不適用之。

第 18 條　審定書或其他文件無從送達者，應於專利公報公告之，並於刊登公報後滿三十日，視為已送達。

第 19 條　有關專利之申請及其他程序，得以電子方式為之；其實施辦法，由主管機關定之。

第 20 條　本法有關期間之計算，其始日不計算在內。

第五十二條第三項、第一百十四條及第一百三十五條規定之專利權期限，自申請日當日起算。

第二章 發明專利

第一節 專利要件

第 21 條　發明，指利用自然法則之技術思想之創作。

第 22 條　可供產業上利用之發明，無下列情事之一，得依本法申請取得
　　　　　發明專利：

一、申請前已見於刊物者。

二、申請前已公開實施者。

三、申請前已為公眾所知悉者。

發明雖無前項各款所列情事，但為其所屬技術領域中具有通常
知識者依申請前之先前技術所能輕易完成時，仍不得取得發明
專利。

申請人有下列情事之一，並於其事實發生後六個月內申請，該
事實非屬第一項各款或前項不得取得發明專利之情事：

一、因實驗而公開者。

二、因於刊物發表者。

三、因陳列於政府主辦或認可之展覽會者。

四、非出於其本意而洩漏者。

申請人主張前項第一款至第三款之情事者，應於申請時敘明其
事實及其年、月、日，並應於專利專責機關指定期間內檢附證
明文件。

第 23 條　申請專利之發明，與申請在先而在其申請後始公開或公告之發
明或新型專利申請案所附說明書、申請專利範圍或圖式載明之
內容相同者，不得取得發明專利。但其申請人與申請在先之發
明或新型專利申請案之申請人相同者，不在此限。

第 24 條　下列各款，不予發明專利：

一、動、植物及生產動、植物之主要生物學方法。但微生物學
　　之生產方法，不在此限。

二、人類或動物之診斷、治療或外科手術方法。

三、妨害公共秩序或善良風俗者。

第二節　申請

第 25 條　申請發明專利，由專利申請權人備具申請書、說明書、申請專利範圍、摘要及必要之圖式，向專利專責機關申請之。

申請發明專利，以申請書、說明書、申請專利範圍及必要之圖式齊備之日為申請日。

說明書、申請專利範圍及必要之圖式未於申請時提出中文本，而以外文本提出，且於專利專責機關指定期間內補正中文本者，以外文本提出之日為申請日。

未於前項指定期間內補正中文本者，其申請案不予受理。但在處分前補正者，以補正之日為申請日，外文本視為未提出。

第 26 條　說明書應明確且充分揭露，使該發明所屬技術領域中具有通常知識者，能瞭解其內容，並可據以實現。

申請專利範圍應界定申請專利之發明；其得包括一項以上之請求項，各請求項應以明確、簡潔之方式記載，且必須為說明書所支持。

摘要應敘明所揭露發明內容之概要；其不得用於決定揭露是否充分，及申請專利之發明是否符合專利要件。

說明書、申請專利範圍、摘要及圖式之揭露方式，於本法施行細則定之。

第 27 條　申請生物材料或利用生物材料之發明專利，申請人最遲應於申請日將該生物材料寄存於專利專責機關指定之國內寄存機構。但該生物材料為所屬技術領域中具有通常知識者易於獲得時，不須寄存。

申請人應於申請日後四個月內檢送寄存證明文件，並載明寄存機構、寄存日期及寄存號碼；屆期未檢送者，視為未寄存。

前項期間，如依第二十八條規定主張優先權者，為最早之優先

權日後十六個月內。

申請前如已於專利專責機關認可之國外寄存機構寄存，並於第二項或前項規定之期間內，檢送寄存於專利專責機關指定之國內寄存機構之證明文件及國外寄存機構出具之證明文件者，不受第一項最遲應於申請日在國內寄存之限制。

申請人在與中華民國有相互承認寄存效力之外國所指定其國內之寄存機構寄存，並於第二項或第三項規定之期間內，檢送該寄存機構出具之證明文件者，不受應在國內寄存之限制。

第一項生物材料寄存之受理要件、種類、型式、數量、收費費率及其他寄存執行之辦法，由主管機關定之。

第 28 條　申請人就相同發明在與中華民國相互承認優先權之國家或世界貿易組織會員第一次依法申請專利，並於第一次申請專利之日後十二個月內，向中華民國申請專利者，得主張優先權。

申請人於一申請案中主張二項以上優先權時，前項期間之計算以最早之優先權日為準。

外國申請人為非世界貿易組織會員之國民且其所屬國家與中華民國無相互承認優先權者，如於世界貿易組織會員或互惠國領域內，設有住所或營業所，亦得依第一項規定主張優先權。

主張優先權者，其專利要件之審查，以優先權日為準。

第 29 條　依前條規定主張優先權者，應於申請專利同時聲明下列事項：

一、第一次申請之申請日。

二、受理該申請之國家或世界貿易組織會員。

三、第一次申請之申請案號數。

申請人應於最早之優先權日後十六個月內，檢送經前項國家或世界貿易組織會員證明受理之申請文件。

違反第一項第一款、第二款或前項之規定者，視為未主張優先權。

申請人非因故意，未於申請專利同時主張優先權，或依前項規定視為未主張者，得於最早之優先權日後十六個月內，申請回

復優先權主張，並繳納申請費與補行第一項及第二項規定之行為。

第 30 條　申請人基於其在中華民國先申請之發明或新型專利案再提出專利之申請者，得就先申請案申請時說明書、申請專利範圍或圖式所載之發明或新型，主張優先權。但有下列情事之一，不得主張之：

一、自先申請案申請日後已逾十二個月者。

二、先申請案中所記載之發明或新型已經依第二十八條或本條規定主張優先權者。

三、先申請案係第三十四條第一項或第一百零七條第一項規定之分割案，或第一百零八條第一項規定之改請案。

四、先申請案為發明，已經公告或不予專利審定確定者。

五、先申請案為新型，已經公告或不予專利處分確定者。

六、先申請案已經撤回或不受理者。

前項先申請案自其申請日後滿十五個月，視為撤回。

先申請案申請日後逾十五個月者，不得撤回優先權主張。

依第一項主張優先權之後申請案，於先申請案申請日後十五個月內撤回者，視為同時撤回優先權之主張。

申請人於一申請案中主張二項以上優先權時，其優先權期間之計算以最早之優先權日為準。

主張優先權者，其專利要件之審查，以優先權日為準。

依第一項主張優先權者，應於申請專利同時聲明先申請案之申請日及申請案號數；未聲明者，視為未主張優先權。

第 31 條　相同發明有二以上之專利申請案時，僅得就其最先申請者准予發明專利。

但後申請者所主張之優先權日早於先申請者之申請日者，不在此限。

前項申請日、優先權日為同日者，應通知申請人協議定之；協議不成時，均不予發明專利。其申請人為同一人時，應通知申

請人限期擇一申請；屆期未擇一申請者，均不予發明專利。

各申請人為協議時，專利專責機關應指定相當期間通知申請人申報協議結果；屆期未申報者，視為協議不成。

相同創作分別申請發明專利及新型專利者，除有第三十二條規定之情事外，準用前三項規定。

第 32 條 同一人就相同創作，於同日分別申請發明專利及新型專利，其發明專利核准審定前，已取得新型專利權，專利專責機關應通知申請人限期擇一；屆期未擇一者，不予發明專利。

申請人依前項規定選擇發明專利者，其新型專利權，視為自始不存在。

發明專利審定前，新型專利權已當然消滅或撤銷確定者，不予專利。

第 33 條 申請發明專利，應就每一發明提出申請。

二個以上發明，屬於一個廣義發明概念者，得於一申請案中提出申請。

第 34 條 申請專利之發明，實質上為二個以上之發明時，經專利專責機關通知，或據申請人申請，得為分割之申請。

分割申請應於下列各款之期間內為之：

一、原申請案再審查審定前。

二、原申請案核准審定書送達後三十日內。但經再審查審定者，不得為之。

分割後之申請案，仍以原申請案之申請日為申請日；如有優先權者，仍得主張優先權。

分割後之申請案，不得超出原申請案申請時說明書、申請專利範圍或圖式所揭露之範圍。

第二項第一款規定分割後之申請案，應就原申請案已完成之程序續行審查。

依第二項第二款規定分割後之申請案，續行原申請案核准審定依前之審查程序；原申請案以核准審定時之申請專利範圍及圖

式公告之。

第 35 條　發明專利權經專利申請權人或專利申請權共有人，於該專利案公告後二年內，依第七十一條第一項第三款規定提起舉發，並於舉發撤銷確定後二個月內就相同發明申請專利者，以該經撤銷確定之發明專利權之申請日為其申請日。

依前項規定申請之案件，不再公告。

第三節　審查及再審查

第 36 條　專利專責機關對於發明專利申請案之實體審查，應指定專利審查人員審查之。

第 37 條　專利專責機關接到發明專利申請文件後，經審查認為無不合規定程式，且無應不予公開之情事者，自申請日後經過十八個月，應將該申請案公開之。

專利專責機關得因申請人之申請，提早公開其申請案。

發明專利申請案有下列情事之一，不予公開：

一、自申請日後十五個月內撤回者。

二、涉及國防機密或其他國家安全之機密者。

三、妨害公共秩序或善良風俗者。

第一項、前項期間之計算，如主張優先權者，以優先權日為準；主張二項以上優先權時，以最早之優先權日為準。

第 38 條　發明專利申請日後三年內，任何人均得向專利專責機關申請實體審查。

依第三十四條第一項規定申請分割，或依第一百零八條第一項規定改請為發明專利，逾前項期間者，得於申請分割或改請後三十日內，向專利專責機關申請實體審查。

依前二項規定所為審查之申請，不得撤回。

未於第一項或第二項規定之期間內申請實體審查者，該發明專利申請案，視為撤回。

第 39 條　申請前條之審查者，應檢附申請書。

專利專責機關應將申請審查之事實,刊載於專利公報。

申請審查由發明專利申請人以外之人提起者,專利專責機關應將該項事實通知發明專利申請人。

第 40 條　發明專利申請案公開後,如有非專利申請人為商業上之實施者,專利專責機關得依申請優先審查之。

為前項申請者,應檢附有關證明文件。

第 41 條　發明專利申請人對於申請案公開後,曾經以書面通知發明專利申請內容,而於通知後公告前就該發明仍繼續為商業上實施之人,得於發明專利申請案公告後,請求適當之補償金。

對於明知發明專利申請案已經公開,於公告前就該發明仍繼續為商業上實施之人,亦得為前項之請求。

前二項規定之請求權,不影響其他權利之行使。

第二項之補償金請求權,自公告之日起,二年間不行使而消滅。

第 42 條　專利專責機關於審查發明專利時,得依申請或依職權通知申請人限期為下列各款之行為:

一、至專利專責機關面詢。

二、為必要之實驗、補送模型或樣品。

前項第二款之實驗、補送模型或樣品,專利專責機關認有必要時,得至現場或指定地點勘驗。

第 43 條　專利專責機關於審查發明專利時,除本法另有規定外,得依申請或依職權通知申請人限期修正說明書、申請專利範圍或圖式。

修正,除誤譯之訂正外,不得超出申請時說明書、申請專利範圍或圖式所揭露之範圍。

專利專責機關依第四十六條第二項規定通知後,申請人僅得於通知之期間內修正。

專利專責機關經依前項規定通知後,認有必要時,得為最後通知;其經最後通知者,申請專利範圍之修正,申請人僅得於通

知之期間內，就下列事項為之：

一、請求項之刪除。

二、申請專利範圍之減縮。

三、誤記之訂正。

四、不明瞭記載之釋明。

違反前二項規定者，專利專責機關得於審定書敘明其事由，逕為審定。

原申請案或分割後之申請案，有下列情事之一，專利專責機關得逕為最後通知：

一、對原申請案所為之通知，與分割後之申請案已通知之內容相同者。

二、對分割後之申請案所為之通知，與原申請案已通知之內容相同者。

三、對分割後之申請案所為之通知，與其他分割後之申請案已通知之內容相同者。

第44條 說明書、申請專利範圍及圖式，依第二十五條第三項規定，以外文本提出者，其外文本不得修正。

依第二十五條第三項規定補正之中文本，不得超出申請時外文本所揭露之範圍。

前項之中文本，其誤譯之訂正，不得超出申請時外文本所揭露之範圍。

第45條 發明專利申請案經審查後，應作成審定書送達申請人。

經審查不予專利者，審定書應備具理由。

審定書應由專利審查人員具名。再審查、更正、舉發、專利權期間延長及專利權期間延長舉發之審定書，亦同。

第46條 發明專利申請案違反第二十一條至第二十四條、第二十六條、第三十一條、第三十二條第一項、第三項、第三十三條、第三十四條第四項、第四十三條第二項、第四十四條第二項、第三項或第一百零八條第三項規定者，應為不予專利之審定。

專利專責機關為前項審定前，應通知申請人限期申復；屆期未申復者，逕為不予專利之審定。

第 47 條　申請專利之發明經審查認無不予專利之情事者，應予專利，並應將申請專利範圍及圖式公告之。

經公告之專利案，任何人均得申請閱覽、抄錄、攝影或影印其審定書、說明書、申請專利範圍、摘要、圖式及全部檔案資料。但專利專責機關依法應予保密者，不在此限。

第 48 條　發明專利申請人對於不予專利之審定有不服者，得於審定書送達後二個月內備具理由書，申請再審查。但因申請程序不合法或申請人不適格而不受理或駁回者，得逕依法提起行政救濟。

第 49 條　申請案經依第四十六條第二項規定，為不予專利之審定者，其於再審查時，仍得修正說明書、申請專利範圍或圖式。

申請案經審查發給最後通知，而為不予專利之審定者，其於再審查時所為之修正，仍受第四十三條第四項各款規定之限制。但經專利專責機關再審查認原審查程序發給最後通知為不當者，不在此限。

有下列情事之一，專利專責機關得逕為最後通知：

一、再審查理由仍有不予專利之情事者。

二、再審查時所為之修正，仍有不予專利之情事者。

三、依前項規定所為之修正，違反第四十三條第四項各款規定者。

第 50 條　再審查時，專利專責機關應指定未曾審查原案之專利審查人員審查，並作成審定書送達申請人。

第 51 條　發明經審查涉及國防機密或其他國家安全之機密者，應諮詢國防部或國家安全相關機關意見，認有保密之必要者，申請書件予以封存；其經申請實體審查者，應作成審定書送達申請人及發明人。

申請人、代理人及發明人對於前項之發明應予保密，違反者該專利申請權視為拋棄。

保密期間，自審定書送達申請人後為期一年，並得續行延展保
密期間，每次一年；期間屆滿前一個月，專利專責機關應諮詢
國防部或國家安全相關機關，於無保密之必要時，應即公開。

第一項之發明經核准審定者，於無保密之必要時，專利專責機
關應通知申請人於三個月內繳納證書費及第一年專利年費後，
始予公告；屆期未繳費者，不予公告。

就保密期間申請人所受之損失，政府應給與相當之補償。

第四節　專利權

第 52 條　申請專利之發明，經核准審定者，申請人應於審定書送達後三
　　　　　個月內，繳納證書費及第一年專利年費後，始予公告；屆期未
　　　　　繳費者，不予公告。

　　　　　申請專利之發明，自公告之日起給予發明專利權，並發證書。

　　　　　發明專利權期限，自申請日起算二十年屆滿。

　　　　　申請人非因故意，未於第一項或前條第四項所定期限繳費者，
　　　　　得於繳費期限屆滿後六個月內，繳納證書費及二倍之第一年專
　　　　　利年費後，由專利專責機關公告之。

第 53 條　醫藥品、農藥品或其製造方法發明專利權之實施，依其他法律
　　　　　規定，應取得許可證者，其於專利案公告後取得時，專利權人
　　　　　得以第一次許可證申請延長專利權期間，並以一次為限，且該
　　　　　許可證僅得據以申請延長專利權期間一次。

　　　　　前項核准延長之期間，不得超過為向中央目的事業主管機關取
　　　　　得許可證而無法實施發明之期間；取得許可證期間超過五年
　　　　　者，其延長期間仍以五年為限。

　　　　　第一項所稱醫藥品，不及於動物用藥品。

　　　　　第一項申請應備具申請書，附具證明文件，於取得第一次許可
　　　　　證後三個月內，向專利專責機關提出。但在專利權期間屆滿前
　　　　　六個月內，不得為之。

　　　　　主管機關就延長期間之核定，應考慮對國民健康之影響，並會

同中央目的事業主管機關訂定核定辦法。

第54條　依前條規定申請延長專利權期間者，如專利專責機關於原專利權期間屆滿時尚未審定者，其專利權期間視爲已延長。但經審定不予延長者，至原專利權期間屆滿日止。

第55條　專利專責機關對於發明專利權期間延長申請案，應指定專利審查人員審查，作成審定書送達專利權人。

第56條　經專利專責機關核准延長發明專利權期間之範圍，僅及於許可證所載之有效成分及用途所限定之範圍。

第57條　任何人對於經核准延長發明專利權期間，認有下列情事之一，得附具證據，向專利專責機關舉發之：

一、發明專利之實施無取得許可證之必要者。

二、專利權人或被授權人並未取得許可證。

三、核准延長之期間超過無法實施之期間。

四、延長專利權期間之申請人並非專利權人。

五、申請延長之許可證非屬第一次許可證或該許可證曾辦理延長者。

六、以取得許可證所承認之外國試驗期間申請延長專利權時，核准期間超過該外國專利主管機關認許者。

七、核准延長專利權之醫藥品爲動物用藥品。

專利權延長經舉發成立確定者，原核准延長之期間，視爲自始不存在。但因違反前項第三款、第六款規定，經舉發成立確定者，就其超過之期間，視爲未延長。

第58條　發明專利權人，除本法另有規定外，專有排除他人未經其同意而實施該發明之權。

物之發明之實施，指製造、爲販賣之要約、販賣、使用或爲上述目的而進口該物之行爲。

方法發明之實施，指下列各款行爲：

一、使用該方法。

二、使用、爲販賣之要約、販賣或爲上述目的而進口該方法直

接製成之物。

發明專利權範圍，以申請專利範圍為準，於解釋申請專利範圍時，並得審酌說明書及圖式。

摘要不得用於解釋申請專利範圍。

第 59 條　發明專利權之效力，不及於下列各款情事：

一、非出於商業目的之未公開行為。

二、以研究或實驗為目的實施發明之必要行為。

三、申請前已在國內實施，或已完成必須之準備者。但於專利申請人處得知其發明後未滿六個月，並經專利申請人聲明保留其專利權者，不在此限。

四、僅由國境經過之交通工具或其裝置。

五、非專利申請權人所得專利權，因專利權人舉發而撤銷時，其被授權人在舉發前，以善意在國內實施或已完成必須之準備者。

六、專利權人所製造或經其同意製造之專利物販賣後，使用或再販賣該物者。上述製造、販賣，不以國內為限。

七、專利權依第七十條第一項第三款規定消滅後，至專利權人依第七十條第二項回復專利權效力並經公告前，以善意實施或已完成必須之準備者。

前項第三款、第五款及第七款之實施人，限於在其原有事業目的範圍內繼續利用。

第一項第五款之被授權人，因該專利權經舉發而撤銷之後，仍實施時，於收到專利權人書面通知之日起，應支付專利權人合理之權利金。

第 60 條　發明專利權之效力，不及於以取得藥事法所定藥物查驗登記許可或國外藥物上市許可為目的，而從事之研究、試驗及其必要行為。

第 61 條　混合二種以上醫藥品而製造之醫藥品或方法，其發明專利權效力不及於依醫師處方箋調劑之行為及所調劑之醫藥品。

第 62 條　發明專利權人以其發明專利權讓與、信託、授權他人實施或設定質權，非經向專利專責機關登記，不得對抗第三人。

前項授權，得為專屬授權或非專屬授權。

專屬被授權人在被授權範圍內，排除發明專利權人及第三人實施該發明。

發明專利權人為擔保數債權，就同一專利權設定數質權者，其次序依登記之先後定之。

第 63 條　專屬被授權人得將其被授予之權利再授權第三人實施。但契約另有約定者，從其約定。

非專屬被授權人非經發明專利權人或專屬被授權人同意，不得將其被授予之權利再授權第三人實施。

再授權，非經向專利專責機關登記，不得對抗第三人。

第 64 條　發明專利權為共有時，除共有人自己實施外，非經共有人全體之同意，不得讓與、信託、授權他人實施、設定質權或拋棄。

第 65 條　發明專利權共有人非經其他共有人之同意，不得以其應有部分讓與、信託他人或設定質權。

發明專利權共有人拋棄其應有部分時，該部分歸屬其他共有人。

第 66 條　發明專利權人因中華民國與外國發生戰事受損失者，得申請延展專利權五年至十年，以一次為限。但屬於交戰國人之專利權，不得申請延展。

第 67 條　發明專利權人申請更正專利說明書、申請專利範圍或圖式，僅得就下列事項為之：

一、請求項之刪除。

二、申請專利範圍之減縮。

三、誤記或誤譯之訂正。

四、不明瞭記載之釋明。

更正，除誤譯之訂正外，不得超出申請時說明書、申請專利範圍或圖式所揭露之範圍。

依第二十五條第三項規定，說明書、申請專利範圍及圖式以外文本提出者，其誤譯之訂正，不得超出申請時外文本所揭露之範圍。

更正，不得實質擴大或變更公告時之申請專利範圍。

第 68 條　專利專責機關對於更正案之審查，除依第七十七條規定外，應指定專利審查人員審查之，並作成審定書送達申請人。

專利專責機關於核准更正後，應公告其事由。

說明書、申請專利範圍及圖式經更正公告者，溯自申請日生效。

第 69 條　發明專利權人非經被授權人或質權人之同意，不得拋棄專利權，或就第六十七條第一項第一款或第二款事項為更正之申請。

發明專利權為共有時，非經共有人全體之同意，不得就第六十七條第一項第一款或第二款事項為更正之申請。

第 70 條　有下列情事之一者，發明專利權當然消滅：

一、專利權期滿時，自期滿後消滅。

二、專利權人死亡而無繼承人。

三、第二年以後之專利年費未於補繳期限屆滿前繳納者，自原繳費期限屆滿後消滅。

四、專利權人拋棄時，自其書面表示之日消滅。

專利權人非因故意，未於第九十四條第一項所定期限補繳者，得於期限屆滿後一年內，申請回復專利權，並繳納三倍之專利年費後，由專利專責機關公告之。

第 71 條　發明專利權有下列情事之一，任何人得向專利專責機關提起舉發：

一、違反第二十一條至第二十四條、第二十六條、第三十一條、第三十二條第一項、第三項、第三十四條第四項、第四十三條第二項、第四十四條第二項、第三項、第六十七條第二項至第四項或第一百零八條第三項規定者。

二、專利權人所屬國家對中華民國國民申請專利不予受理者。

三、違反第十二條第一項規定或發明專利權人為非發明專利申
　　請權人。

以前項第三款情事提起舉發者，限於利害關係人始得為之。

發明專利權得提起舉發之情事，依其核准審定時之規定。但以
違反第三十四條第四項、第四十三條第二項、第六十七條第二
項、第四項或第一百零八條第三項規定之情事，提起舉發者，
依舉發時之規定。

第 72 條　利害關係人對於專利權之撤銷，有可回復之法律上利益者，得
　　　　　於專利權當然消滅後，提起舉發。

第 73 條　舉發，應備具申請書，載明舉發聲明、理由，並檢附證據。

專利權有二以上之請求項者，得就部分請求項提起舉發。

舉發聲明，提起後不得變更或追加，但得減縮。

舉發人補提理由或證據，應於舉發後一個月內為之。但在舉發
審定前提出者，仍應審酌之。

第 74 條　專利專責機關接到前條申請書後，應將其副本送達專利權人。

專利權人應於副本送達後一個月內答辯；除先行申明理由，准
予展期者外，屆期未答辯者，逕予審查。

舉發人補提之理由或證據有遲滯審查之虞，或其事證已臻明確
者，專利專責機關得逕予審查。

第 75 條　專利專責機關於舉發審查時，在舉發聲明範圍內，得依職權審
酌舉發人未提出之理由及證據，並應通知專利權人限期答辯；
屆期未答辯者，逕予審查。

第 76 條　專利專責機關於舉發審查時，得依申請或依職權通知專利權人
限期為下列各款之行為：

一、至專利專責機關面詢。

二、為必要之實驗、補送模型或樣品。

前項第二款之實驗、補送模型或樣品，專利專責機關認有必要
時，得至現場或指定地點勘驗。

第 77 條　舉發案件審查期間，有更正案者，應合併審查及合併審定；其

經專利專責機關審查認應准予更正時，應將更正說明書、申請專利範圍或圖式之副本送達舉發人。

同一舉發案審查期間，有二以上之更正案者，申請在先之更正案，視為撤回。

第 78 條　同一專利權有多件舉發案者，專利專責機關認有必要時，得合併審查。

依前項規定合併審查之舉發案，得合併審定。

第 79 條　專利專責機關於舉發審查時，應指定專利審查人員審查，並作成審定書，送達專利權人及舉發人。

舉發之審定，應就各請求項分別為之。

第 80 條　舉發人得於審定前撤回舉發申請。但專利權人已提出答辯者，應經專利權人同意。

專利專責機關應將撤回舉發之事實通知專利權人；自通知送達後十日內，專利權人未為反對之表示者，視為同意撤回。

第 81 條　有下列情事之一，任何人對同一專利權，不得就同一事實以同一證據再為舉發：

一、他舉發案曾就同一事實以同一證據提起舉發，經審查不成立者。

二、依智慧財產案件審理法第三十三條規定向智慧財產法院提出之新證據，經審理認無理由者。

第 82 條　發明專利權經舉發審查成立者，應撤銷其專利權；其撤銷得就各請求項分別為之。

發明專利權經撤銷後，有下列情事之一，即為撤銷確定：

一、未依法提起行政救濟者。

二、提起行政救濟經駁回確定者。

發明專利權經撤銷確定者，專利權之效力，視為自始不存在。

第 83 條　第五十七條第一項延長發明專利權期間舉發之處理，準用本法有關發明專利權舉發之規定。

第 84 條　發明專利權之核准、變更、延長、延展、讓與、信託、授權、

強制授權、撤銷、消滅、設定質權、舉發審定及其他應公告事項，應於專利公報公告之。

第 85 條 專利專責機關應備置專利權簿，記載核准專利、專利權異動及法令所定之一切事項。

前項專利權簿，得以電子方式為之，並供人民閱覽、抄錄、攝影或影印。

第 86 條 專利專責機關依本法應公開、公告之事項，得以電子方式為之；其實施日期，由專利專責機關定之。

第五節 強制授權

第 87 條 為因應國家緊急危難或其他重大緊急情況，專利專責機關應依緊急命令或中央目的事業主管機關之通知，強制授權所需專利權，並儘速通知專利權人。

有下列情事之一，而有強制授權之必要者，專利專責機關得依申請強制授權：

一、增進公益之非營利實施。

二、發明或新型專利權之實施，將不可避免侵害在前之發明或新型專利權，且較該在前之發明或新型專利權具相當經濟意義之重要技術改良。

三、專利權人有限制競爭或不公平競爭之情事，經法院判決或行政院公平交易委員會處分。

就半導體技術專利申請強制授權者，以有前項第一款或第三款之情事者為限。

專利權經依第二項第一款或第二款規定申請強制授權者，以申請人曾以合理之商業條件在相當期間內仍不能協議授權者為限。

專利權經依第二項第二款規定申請強制授權者，其專利權人得提出合理條件，請求就申請人之專利權強制授權。

第 88 條 專利專責機關於接到前條第二項及第九十條之強制授權申請

後，應通知專利權人，並限期答辯；屆期未答辯者，得逕予審查。

強制授權之實施應以供應國內市場需要為主。但依前條第二項第三款規定強制授權者，不在此限。

強制授權之審定應以書面為之，並載明其授權之理由、範圍、期間及應支付之補償金。

強制授權不妨礙原專利權人實施其專利權。

強制授權不得讓與、信託、繼承、授權或設定質權。但有下列情事之一者，不在此限：

一、依前條第二項第一款或第三款規定之強制授權與實施該專利有關之營業，一併讓與、信託、繼承、授權或設定質權。

二、依前條第二項第二款或第五項規定之強制授權與被授權人之專利權，一併讓與、信託、繼承、授權或設定質權。

第 89 條　依第八十七條第一項規定強制授權者，經中央目的事業主管機關認無強制授權之必要時，專利專責機關應依其通知廢止強制授權。

有下列各款情事之一者，專利專責機關得依申請廢止強制授權：

一、作成強制授權之事實變更，致無強制授權之必要。

二、被授權人未依授權之內容適當實施。

三、被授權人未依專利專責機關之審定支付補償金。

第 90 條　為協助無製藥能力或製藥能力不足之國家，取得治療愛滋病、肺結核、瘧疾或其他傳染病所需醫藥品，專利專責機關得依申請，強制授權申請人實施專利權，以供應該國家進口所需醫藥品。

依前項規定申請強制授權者，以申請人曾以合理之商業條件在相當期間內仍不能協議授權者為限。但所需醫藥品在進口國已核准強制授權者，不在此限。

進口國如為世界貿易組織會員,申請人於依第一項申請時,應檢附進口國已履行下列事項之證明文件:

一、已通知與貿易有關之智慧財產權理事會該國所需醫藥品之名稱及數量。

二、已通知與貿易有關之智慧財產權理事會該國無製藥能力或製藥能力不足,而有作為進口國之意願。但為低度開發國家者,申請人毋庸檢附證明文件。

三、所需醫藥品在該國無專利權,或有專利權但已核准強制授權或即將核准強制授權。

前項所稱低度開發國家,為聯合國所發布之低度開發國家。

進口國如非世界貿易組織會員,而為低度開發國家或無製藥能力或製藥能力不足之國家,申請人於依第一項申請時,應檢附進口國已履行下列事項之證明文件:

一、以書面向中華民國外交機關提出所需醫藥品之名稱及數量。

二、同意防止所需醫藥品轉出口。

第91條 依前條規定強制授權製造之醫藥品應全部輸往進口國,且授權製造之數量不得超過進口國通知與貿易有關之智慧財產權理事會或中華民國外交機關所需醫藥品之數量。

依前條規定強制授權製造之醫藥品,應於其外包裝依專利專責機關指定之內容標示其授權依據;其包裝及顏色或形狀,應與專利權人或其被授權人所製造之醫藥品足以區別。

強制授權之被授權人應支付專利權人適當之補償金;補償金之數額,由專利專責機關就與所需醫藥品相關之醫藥品專利權於進口國之經濟價值,並參考聯合國所發布之人力發展指標核定之。

強制授權被授權人於出口該醫藥品前,應於網站公開該醫藥品之數量、名稱、目的地及可資區別之特徵。

依前條規定強制授權製造出口之醫藥品,其查驗登記,不受藥

事法第四十條之二第二項規定之限制。

第六節　納費

第 92 條　關於發明專利之各項申請，申請人於申請時，應繳納申請費。
核准專利者，發明專利權人應繳納證書費及專利年費；請准延
長、延展專利權期間者，在延長、延展期間內，仍應繳納專利
年費。

第 93 條　發明專利年費自公告之日起算，第一年年費，應依第五十二條
第一項規定繳納；第二年以後年費，應於屆期前繳納之。
前項專利年費，得一次繳納數年；遇有年費調整時，毋庸補繳
其差額。

第 94 條　發明專利第二年以後之專利年費，未於應繳納專利年費之期
間內繳費者，得於期滿後六個月內補繳之。但其專利年費之繳
納，除原應繳納之專利年費外，應以比率方式加繳專利年費。
前項以比率方式加繳專利年費，指依逾越應繳納專利年費之期
間，按月加繳，每逾一個月加繳百分之二十，最高加繳至依規
定之專利年費加倍之數額；其逾繳期間在一日以上一個月以內
者，以一個月論。

第 95 條　發明專利權人為自然人、學校或中小企業者，得向專利專責機
關申請減免專利年費。

第七節　損害賠償及訴訟

第 96 條　發明專利權人對於侵害其專利權者，得請求除去之。有侵害之
虞者，得請求防止之。
發明專利權人對於因故意或過失侵害其專利權者，得請求損害
賠償。
發明專利權人為第一項之請求時，對於侵害專利權之物或從事
侵害行為之原料或器具，得請求銷毀或為其他必要之處置。
專屬被授權人在被授權範圍內，得為前三項之請求。但契約另
有約定者，從其約定。

發明人之姓名表示權受侵害時，得請求表示發明人之姓名或爲其他回復名譽之必要處分。

第二項及前項所定之請求權，自請求權人知有損害及賠償義務人時起，二年間不行使而消滅；自行爲時起，逾十年者，亦同。

第 97 條　依前條請求損害賠償時，得就下列各款擇一計算其損害：

一、依民法第二百十六條之規定。但不能提供證據方法以證明其損害時，發明專利權人得就其實施專利權通常所可獲得之利益，減除受害後實施同一專利權所得之利益，以其差額爲所受損害。

二、依侵害人因侵害行爲所得之利益。

三、以相當於授權實施該發明專利所得收取之權利金數額爲所受損害。

第 98 條　專利物上應標示專利證書號數；不能於專利物上標示者，得於標籤、包裝或以其他足以引起他人認識之顯著方式標示之；其未附加標示者，於請求損害賠償時，應舉證證明侵害人明知或可得而知爲專利物。

第 99 條　製造方法專利所製成之物在該製造方法申請專利前，爲國內外未見者，他人製造相同之物，推定爲以該專利方法所製造。

前項推定得提出反證推翻之。被告證明其製造該相同物之方法與專利方法不同者，爲已提出反證。被告舉證所揭示製造及營業秘密之合法權益，應予充分保障。

第 100 條　發明專利訴訟案件，法院應以判決書正本一份送專利專責機關。

第 101 條　舉發案涉及侵權訴訟案件之審理者，專利專責機關得優先審查。

第 102 條　未經認許之外國法人或團體，就本法規定事項得提起民事訴訟。

第 103 條　法院爲處理發明專利訴訟案件，得設立專業法庭或指定專人辦

理。

司法院得指定侵害專利鑑定專業機構。

法院受理發明專利訴訟案件，得囑託前項機構為鑑定。

第三章　新型專利

第 104 條　新型，指利用自然法則之技術思想，對物品之形狀、構造或組
合之創作。

第 105 條　新型有妨害公共秩序或善良風俗者，不予新型專利。

第 106 條　申請新型專利，由專利申請權人備具申請書、說明書、申請專
利範圍、摘要及圖式，向專利專責機關申請之。

申請新型專利，以申請書、說明書、申請專利範圍及圖式齊備
之日為申請日。

說明書、申請專利範圍及圖式未於申請時提出中文本，而以外
文本提出，且於專利專責機關指定期間內補正中文本者，以外
文本提出之日為申請日。

未於前項指定期間內補正中文本者，其申請案不予受理。但在
處分前補正者，以補正之日為申請日，外文本視為未提出。

第 107 條　申請專利之新型，實質上為二個以上之新型時，經專利專責機
關通知，或據申請人申請，得為分割之申請。

分割申請應於原申請案處分前為之。

第 108 條　申請發明或設計專利後改請新型專利者，或申請新型專利後改
請發明專利者，以原申請案之申請日為改請案之申請日。

改請之申請，有下列情事之一者，不得為之：

一、原申請案准予專利之審定書、處分書送達後。

二、原申請案為發明或設計，於不予專利之審定書送達後逾二
個月。

三、原申請案為新型，於不予專利之處分書送達後逾三十日。

改請後之申請案，不得超出原申請案申請時說明書、申請專利
範圍或圖式所揭露之範圍。

第 109 條 專利專責機關於形式審查新型專利時，得依申請或依職權通知申請人限期修正說明書、申請專利範圍或圖式。

第 110 條 說明書、申請專利範圍及圖式，依第一百零六條第三項規定，以外文本提出者，其外文本不得修正。

依第一百零六條第三項規定補正之中文本，不得超出申請時外文本所揭露之範圍。

第 111 條 新型專利申請案經形式審查後，應作成處分書送達申請人。

經形式審查不予專利者，處分書應備具理由。

第 112 條 新型專利申請案，經形式審查認有下列各款情事之一，應為不予專利之處分：

一、新型非屬物品形狀、構造或組合者。

二、違反第一百零五條規定者。

三、違反第一百二十條準用第二十六條第四項規定之揭露方式者。

四、違反第一百二十條準用第三十三條規定者。

五、說明書、申請專利範圍或圖式未揭露必要事項，或其揭露明顯不清楚者。

六、修正，明顯超出申請時說明書、申請專利範圍或圖式所揭露之範圍者。

第 113 條 申請專利之新型，經形式審查認無不予專利之情事者，應予專利，並應將申請專利範圍及圖式公告之。

第 114 條 新型專利權期限，自申請日起算十年屆滿。

第 115 條 申請專利之新型經公告後，任何人得向專利專責機關申請新型專利技術報告。

專利專責機關應將申請新型專利技術報告之事實，刊載於專利公報。

專利專責機關應指定專利審查人員作成新型專利技術報告，並由專利審查人員具名。

專利專責機關對於第一項之申請，應就第一百二十條準用第

二十二條第一項第一款、第二項、第一百二十條準用第二十三條、第一百二十條準用第三十一條規定之情事，作成新型專利技術報告。

依第一項規定申請新型專利技術報告，如敘明有非專利權人為商業上之實施，並檢附有關證明文件者，專利專責機關應於六個月內完成新型專利技術報告。

新型專利技術報告之申請，於新型專利權當然消滅後，仍得為之。

依第一項所為之申請，不得撤回。

第 116 條　新型專利權人行使新型專利權時，應提示新型專利技術報告進行警告。

第 117 條　新型專利權人之專利權遭撤銷時，就其於撤銷前，因行使專利權所致他人之損害，應負賠償責任。但其係基於新型專利技術報告之內容，且已盡相當之注意者，不在此限。

第 118 條　專利專責機關對於更正案之審查，除依第一百二十條準用第七十七條第一項規定外，應為形式審查，並作成處分書送達申請人。

更正，經形式審查認有下列各款情事之一，應為不予更正之處分：

一、有第一百十二條第一款至第五款規定之情事者。

二、明顯超出公告時之申請專利範圍或圖式所揭露之範圍者。

第 119 條　新型專利權有下列情事之一，任何人得向專利專責機關提起舉發：

一、違反第一百零四條、第一百零五條、第一百零八條第三項、第一百十條第二項、第一百二十條準用第二十二條、第一百二十條準用第二十三條、第一百二十條準用第二十六條、第一百二十條準用第三十一條、第一百二十條準用第三十四條第四項、第一百二十條準用第四十三條第二項、第一百二十條準用第四十四條第三項、第一百二十

條準用第六十七條第二項至第四項規定者。

二、專利權人所屬國家對中華民國國民申請專利不予受理者。

三、違反第十二條第一項規定或新型專利權人為非新型專利申
　　請權人者。

以前項第三款情事提起舉發者，限於利害關係人始得為之。

新型專利權得提起舉發之情事，依其核准處分時之規定。但以
違反第一百零八條第三項、第一百二十條準用第三十四條第四
項、第一百二十條準用第四十三條第二項或第一百二十條準用
第六十七條第二項、第四項規定之情事，提起舉發者，依舉發
時之規定。

舉發審定書，應由專利審查人員具名。

第 120 條　第二十二條、第二十三條、第二十六條、第二十八條至第
三十一條、第三十三條、第三十四條第三項、第四項、第
三十五條、第四十三條第二項、第三項、第四十四條第三
項、第四十六條第二項、第四十七條第二項、第五十一條、第
五十二條第一項、第二項、第四項、第五十八條第一項、第二
項、第四項、第五項、第五十九條、第六十二條至第六十五
條、第六十七條、第六十八條第二項、第三項、第六十九條、
第七十條、第七十二條至第八十二條、第八十四條至第九十八
條、第一百條至第一百零三條，於新型專利準用之。

第四章　設計專利

第 121 條　設計，指對物品之全部或部分之形狀、花紋、色彩或其結合，
透過視覺訴求之創作。

應用於物品之電腦圖像及圖形化使用者介面，亦得依本法申請
設計專利。

第 122 條　可供產業上利用之設計，無下列情事之一，得依本法申請取得
設計專利：

一、申請前有相同或近似之設計，已見於刊物者。

二、申請前有相同或近似之設計，已公開實施者。

三、申請前已為公眾所知悉者。

設計雖無前項各款所列情事，但為其所屬技藝領域中具有通常知識者依申請前之先前技藝易於思及時，仍不得取得設計專利。

申請人有下列情事之一，並於其事實發生後六個月內申請，該事實非屬第一項各款或前項不得取得設計專利之情事：

一、因於刊物發表者。

二、因陳列於政府主辦或認可之展覽會者。

三、非出於其本意而洩漏者。

申請人主張前項第一款及第二款之情事者，應於申請時敘明事實及其年、月、日，並應於專利專責機關指定期間內檢附證明文件。

第 123 條　申請專利之設計，與申請在先而在其申請後始公告之設計專利申請案所附說明書或圖式之內容相同或近似者，不得取得設計專利。但其申請人與申請在先之設計專利申請案之申請人相同者，不在此限。

第 124 條　下列各款，不予設計專利：

一、純功能性之物品造形。

二、純藝術創作。

三、積體電路電路布局及電子電路布局。

四、物品妨害公共秩序或善良風俗者。

第 125 條　申請設計專利，由專利申請權人備具申請書、說明書及圖式，向專利專責機關申請之。

申請設計專利，以申請書、說明書及圖式齊備之日為申請日。

說明書及圖式未於申請時提出中文本，而以外文本提出，且於專利專責機關指定期間內補正中文本者，以外文本提出之日為申請日。

未於前項指定期間內補正中文本者，其申請案不予受理。但在處分前補正者，以補正之日為申請日，外文本視為未提出。

第126條 說明書及圖式應明確且充分揭露，使該設計所屬技藝領域中具有通常知識者，能瞭解其內容，並可據以實現。

說明書及圖式之揭露方式，於本法施行細則定之。

第127條 同一人有二個以上近似之設計，得申請設計專利及其衍生設計專利。

衍生設計之申請日，不得早於原設計之申請日。

申請衍生設計專利，於原設計專利公告後，不得為之。

同一人不得就與原設計不近似，僅與衍生設計近似之設計申請為衍生設計專利。

第128條 相同或近似之設計有二以上之專利申請案時，僅得就其最先申請者，准予設計專利。但後申請者所主張之優先權日早於先申請者之申請日者，不在此限。

前項申請日、優先權日為同日者，應通知申請人協議定之；協議不成時，均不予設計專利。其申請人為同一人時，應通知申請人限期擇一申請；屆期未擇一申請者，均不予設計專利。

各申請人為協議時，專利專責機關應指定相當期間通知申請人申報協議結果；屆期未申報者，視為協議不成。

前三項規定，於下列各款不適用之：

一、原設計專利申請案與衍生設計專利申請案間。

二、同一設計專利申請案有二以上衍生設計專利申請案者，該二以上衍生設計專利申請案間。

第129條 申請設計專利，應就每一設計提出申請。

二個以上之物品，屬於同一類別，且習慣上以成組物品販賣或使用者，得以一設計提出申請。

申請設計專利，應指定所施予之物品。

第130條 申請專利之設計，實質上為二個以上之設計時，經專利專責機關通知，或據申請人申請，得為分割之申請。

分割申請，應於原申請案再審查審定前爲之。

分割後之申請案，應就原申請案已完成之程序續行審查。

第 131 條　申請設計專利後改請衍生設計專利者，或申請衍生設計專利後改請設計專利者，以原申請案之申請日爲改請案之申請日。

改請之申請，有下列情事之一者，不得爲之：

一、原申請案准予專利之審定書送達後。

二、原申請案不予專利之審定書送達後逾二個月。

改請後之設計或衍生設計，不得超出原申請案申請時說明書或圖式所揭露之範圍。

第 132 條　申請發明或新型專利後改請設計專利者，以原申請案之申請日爲改請案之申請日。

改請之申請，有下列情事之一者，不得爲之：

一、原申請案准予專利之審定書、處分書送達後。

二、原申請案爲發明，於不予專利之審定書送達後逾二個月。

三、原申請案爲新型，於不予專利之處分書送達後逾三十日。

改請後之申請案，不得超出原申請案申請時說明書、申請專利範圍或圖式所揭露之範圍。

第 133 條　說明書及圖式，依第一百二十五條第三項規定，以外文本提出者，其外文本不得修正。

第一百二十五條第三項規定補正之中文本，不得超出申請時外文本所揭露之範圍。

第 134 條　設計專利申請案違反第一百二十一條至第一百二十四條、第一百二十六條、第一百二十七條、第一百二十八條第一項至第三項、第一百二十九條第一項、第二項、第一百三十一條第三項、第一百三十二條第三項、第一百三十三條第二項、第一百四十二條第一項準用第三十四條第四項、第一百四十二條第一項準用第四十三條第二項、第一百四十二條第一項準用第四十四條第三項規定者，應爲不予專利之審定。

第 135 條　設計專利權期限，自申請日起算十二年屆滿；衍生設計專利權

期限與原設計專利權期限同時屆滿。

第 136 條　設計專利權人，除本法另有規定外，專有排除他人未經其同意而實施該設計或近似該設計之權。

設計專利權範圍，以圖式爲準，並得審酌說明書。

第 137 條　衍生設計專利權得單獨主張，且及於近似之範圍。

第 138 條　衍生設計專利權，應與其原設計專利權一併讓與、信託、繼承、授權或設定質權。

原設計專利權依第一百四十二條第一項準用第七十條第一項第三款或第四款規定已當然消滅或撤銷確定，其衍生設計專利權有二以上仍存續者，不得單獨讓與、信託、繼承、授權或設定質權。

第 139 條　設計專利權人申請更正專利說明書或圖式，僅得就下列事項爲之：

一、誤記或誤譯之訂正。

二、不明瞭記載之釋明。

更正，除誤譯之訂正外，不得超出申請時說明書或圖式所揭露之範圍。

依第一百二十五條第三項規定，說明書及圖式以外文本提出者，其誤譯之訂正，不得超出申請時外文本所揭露之範圍。

更正，不得實質擴大或變更公告時之圖式。

第 140 條　設計專利權人非經被授權人或質權人之同意，不得拋棄專利權。

第 141 條　設計專利權有下列情事之一，任何人得向專利專責機關提起舉發：

一、違反第一百二十一條至第一百二十四條、第一百二十六條、第一百二十七條、第一百二十八條第一項至第三項、第一百三十一條第三項、第一百三十二條第三項、第一百三十三條第二項、第一百三十九條第二項至第四項、第一百四十二條第一項準用第三十四條第四項、第一百四

十二條第一項準用第四十三條第二項、第一百四十二條第
一項準用第四十四條第三項規定者。

二、專利權人所屬國家對中華民國國民申請專利不予受理者。

三、違反第十二條第一項規定或設計專利權人爲非設計專利申
請權人者。

以前項第三款情事提起舉發者,限於利害關係人始得爲之。

設計專利權得提起舉發之情事,依其核准審定時之規定。但
以違反第一百三十一條第三項、第一百三十二條第三項、第
一百三十九條第二項、第四項、第一百四十二條第一項準用
三十四條第四項或第一百四十二條第一項準用第四十三條第二
項規定之情事,提起舉發者,依舉發時之規定。

第 142 條　第二十八條、第二十九條、第三十四條第三項、第四項、第
三十五條、第三十六條、第四十二條、第四十三條第一項至第
三項、第四十四條第三項、第四十五條、第四十六條第二項、
第四十七條、第四十八條、第五十條、第五十二條第一項、第
二項、第四項、第五十八條第二項、第五十九條、第六十二
條至第六十五條、第六十八條、第七十條、第七十二條、第
七十三條第一項、第三項、第四項、第七十四條至第七十八
條、第七十九條第一項、第八十條至第八十二條、第八十四條
至第八十六條、第九十二條至第九十八條、第一百條至第一百
零三條規定,於設計專利準用之。

第二十八條第一項所定期間,於設計專利申請案爲六個月。

第二十九條第二項及第四項所定期間,於設計專利申請案爲十
個月。

第五章　附則

第 143 條　專利檔案中之申請書件、說明書、申請專利範圍、摘要、圖式
及圖說,應由專利專責機關永久保存;其他文件之檔案,最長
保存三十年。

前項專利檔案,得以微縮底片、磁碟、磁帶、光碟等方式儲存;儲存紀錄經專利專責機關確認者,視同原檔案,原紙本專利檔案得予銷燬;儲存紀錄之複製品經專利專責機關確認者,推定其為真正。

前項儲存替代物之確認、管理及使用規則,由主管機關定之。

第 144 條 主管機關為獎勵發明、新型或設計之創作,得訂定獎助辦法。

第 145 條 依第二十五條第三項、第一百零六條第三項及第一百二十五條第三項規定提出之外文本,其外文種類之限定及其他應載明事項之辦法,由主管機關定之。

第 146 條 第九十二條、第一百二十條準用第九十二條、第一百四十二條第一項準用第九十二條規定之申請費、證書費及專利年費,其收費辦法由主管機關定之。

第九十五條、第一百二十條準用第九十五條、第一百四十二條第一項準用第九十五條規定之專利年費減免,其減免條件、年限、金額及其他應遵行事項之辦法,由主管機關定之。

第 147 條 中華民國八十三年一月二十三日前所提出之申請案,不得依第五十三條規定,申請延長專利權期間。

第 148 條 本法中華民國八十三年一月二十一日修正施行前,已審定公告之專利案,其專利權期限,適用修正前之規定。但發明專利案,於世界貿易組織協定在中華民國管轄區域內生效之日,專利權仍存續者,其專利權期限,適用修正施行後之規定。

本法中華民國九十二年一月三日修正之條文施行前,已審定公告之新型專利申請案,其專利權期限,適用修正前之規定。

新式樣專利案,於世界貿易組織協定在中華民國管轄區域內生效之日,專利權仍存續者,其專利權期限,適用本法中華民國八十六年五月七日修正之條文施行後之規定。

第 149 條 本法中華民國一百年十一月二十九日修正之條文施行前,尚未審定之專利申請案,除本法另有規定外,適用修正施行後之規定。

本法中華民國一百年十一月二十九日修正之條文施行前，尚未審定之更正案及舉發案，適用修正施行後之規定。

第 150 條　本法中華民國一百年十一月二十九日修正之條文施行前提出，且依修正前第二十九條規定主張優先權之發明或新型專利申請案，其先申請案尚未公告或不予專利之審定或處分尚未確定者，適用第三十條第一項規定。

本法中華民國一百年十一月二十九日修正之條文施行前已審定之發明專利申請案，未逾第三十四條第二項第二款規定之期間者，適用第三十四條第二項第二款及第六項規定。

第 151 條　第二十二條第三項第二款、第一百二十條準用第二十二條第三項第二款、第一百二十一條第一項有關物品之部分設計、第一百二十一條第二項、第一百二十二條第三項第一款、第一百二十七條、第一百二十九條第二項規定，於本法中華民國一百年十一月二十九日修正之條文施行後，提出之專利申請案，始適用之。

第 152 條　本法中華民國一百年十一月二十九日修正之條文施行前，違反修正前第三十條第二項規定，視為未寄存之發明專利申請案，於修正施行後尚未審定者，適用第二十七條第二項之規定；其有主張優先權，自最早之優先權日起仍在十六個月內者，適用第二十七條第三項之規定。

第 153 條　本法中華民國一百年十一月二十九日修正之條文施行前，依修正前第二十八條第三項、第一百零八條準用第二十八條第三項、第一百二十九條第一項準用第二十八條第三項規定，以違反修正前第二十八條第一項、第一百零八條準用第二十八條第一項、第一百二十九條第一項準用第二十八條第一項規定喪失優先權之專利申請案，於修正施行後尚未審定或處分，且自最早之優先權日起，發明、新型專利申請案仍在十六個月內，設計專利申請案仍在十個月內者，適用第二十九條第四項、第一百二十條準用第二十九條第四項、第一百四十二條第一項準

用第二十九條第四項之規定。

本法中華民國一百年十一月二十九日修正之條文施行前，依修正前第二十八條第三項、第一百零八條準用第二十八條第三項、第一百二十九條第一項準用第二十八條第三項規定，以違反修正前第二十八條第二項、第一百零八條準用第二十八條第二項、第一百二十九條第一項準用第二十八條第二項規定喪失優先權之專利申請案，於修正施行後尚未審定或處分，且自最早之優先權日起，發明、新型專利申請案仍在十六個月內，設計專利申請案仍在十個月內者，適用第二十九條第二項、第一百二十條準用第二十九條第二項、第一百四十二條第一項準用第二十九條第二項之規定。

第 154 條　本法中華民國一百年十一月二十九日修正之條文施行前，已提出之延長發明專利權期間申請案，於修正施行後尚未審定，且其發明專利權仍存續者，適用修正施行後之規定。

第 155 條　本法中華民國一百年十一月二十九日修正之條文施行前，有下列情事之一，不適用第五十二條第四項、第七十條第二項、第一百二十條準用第五十二條第四項、第一百二十條準用第七十條第二項、第一百四十二條第一項準用第五十二條第四項、第一百四十二條第一項準用第七十條第二項之規定：

一、依修正前第五十一條第一項、第一百零一條第一項或第一百十三條第一項規定已逾繳費期限，專利權自始不存在者。

二、依修正前第六十六條第三款、第一百零八條準用第六十六條第三款或第一百二十九條第一項準用第六十六條第三款規定，於本法修正施行前，專利權已當然消滅者。

第 156 條　本法中華民國一百年十一月二十九日修正之條文施行前，尚未審定之新式樣專利申請案，申請人得於修正施行後三個月內，申請改為物品之部分設計專利申請案。

第 157 條　本法中華民國一百年十一月二十九日修正之條文施行前，尚未審定之聯合新式樣專利申請案，適用修正前有關聯合新式樣專

利之規定。

本法中華民國一百年十一月二十九日修正之條文施行前,尚未審定之聯合新式樣專利申請案,且於原新式樣專利公告前申請者,申請人得於修正施行後三個月內申請改為衍生設計專利申請案。

第 158 條　本法施行細則,由主管機關定之。

第 159 條　本法之施行日期,由行政院定之。

6.12 專利法施行細則

修正日期　民國101年11月09日
施行日期　民國102年1月1日

目　錄

第一章　總則

第 1 條　本細則依專利法（以下簡稱本法）第一百五十八條規定訂定之。

第 2 條　依本法及本細則所爲之申請，除依本法第十九條規定以電子方式爲之者外，應以書面提出，並由申請人簽名或蓋章；委任有代理人者，得僅由代理人簽名或蓋章。專利專責機關認有必要時，得通知申請人檢附身分證明或法人證明文件。

　　　　依本法及本細則所爲之申請，以書面提出者，應使用專利專責機關指定之書表；其格式及份數，由專利專責機關定之。

第 3 條　技術用語之譯名經國家教育研究院編譯者，應以該譯名爲原則；未經該院編譯或專利專責機關認有必要時，得通知申請人

附註外文原名。

申請專利及辦理有關專利事項之文件，應用中文；證明文件爲外文者，專利專責機關認有必要時，得通知申請人檢附中文譯本或節譯本。

第4條　依本法及本細則所定應檢附之證明文件，以原本或正本爲之。

原本或正本，除優先權證明文件外，經當事人釋明與原本或正本相同者，得以影本代之。但舉發證據爲書證影本者，應證明與原本或正本相同。

原本或正本，經專利專責機關驗證無訛後，得予發還。

第5條　專利之申請及其他程序，以書面提出者，應以書件到達專利專責機關之日爲準；如係郵寄者，以郵寄地郵戳所載日期爲準。

郵戳所載日期不清晰者，除由當事人舉證外，以到達專利專責機關之日爲準。

第6條　依本法及本細則指定之期間，申請人得於指定期間屆滿前，敘明理由向專利專責機關申請延展。

第7條　申請人之姓名或名稱、印章、住居所或營業所變更時，應檢附證明文件向專利專責機關申請變更。但其變更無須以文件證明者，免予檢附。

第8條　因繼受專利申請權申請變更名義者，應備具申請書，並檢附下列文件：

一、因受讓而變更名義者，其受讓專利申請權之契約或讓與證明文件。但公司因併購而承受者，爲併購之證明文件。

二、因繼承而變更名義者，其死亡及繼承證明文件。

第9條　申請人委任代理人者，應檢附委任書，載明代理之權限及送達處所。

有關專利之申請及其他程序委任代理人辦理者，其代理人不得逾三人。

代理人有二人以上者，均得單獨代理申請人。

違反前項規定而爲委任者，其代理人仍得單獨代理。

申請人變更代理人之權限或更換代理人時，非以書面通知專利專責機關，對專利專責機關不生效力。

代理人之送達處所變更時，應向專利專責機關申請變更。

第 10 條　代理人就受委任之權限內有爲一切行爲之權。但選任或解任代理人、撤回專利申請案、撤回分割案、撤回改請案、撤回再審查申請、撤回更正申請、撤回舉發案或拋棄專利權，非受特別委任，不得爲之。

第 11 條　申請文件不符合法定程式而得補正者，專利專責機關應通知申請人限期補正；屆期未補正或補正仍不齊備者，依本法第十七條第一項規定辦理。

第 12 條　依本法第十七條第二項規定，申請回復原狀者，應敘明遲誤期間之原因及其消滅日期，並檢附證明文件向專利專責機關爲之。

第二章　發明專利之申請及審查

第 13 條　本法第二十二條所稱申請前及第二十三條所稱申請在先，如依本法第二十八條第一項或第三十條第一項規定主張優先權者，指該優先權日前。

本法第二十二條所稱刊物，指向公眾公開之文書或載有資訊之其他儲存媒體。

第 14 條　本法第二十二條、第二十六條及第二十七所稱所屬技術領域中具有通常知識者，指具有申請時該發明所屬技術領域之一般知識及普通技能之人。

前項所稱申請時，如依本法第二十八條第一項或第三十條第一項規定主張優先權者，指該優先權日。

第 15 條　因繼承、受讓、僱傭或出資關係取得專利申請權之人，就其被繼承人、讓與人、受雇人或受聘人在申請前之公開行爲，適用本法第二十二條第三項規定。

第 16 條　申請發明專利者，其申請書應載明下列事項：

一、發明名稱。

二、發明人姓名、國籍。

三、申請人姓名或名稱、國籍、住居所或營業所；有代表人者，並應載明代表人姓名。

四、委任代理人者，其姓名、事務所。

有下列情事之一，並應於申請時敘明之：

一、主張本法第二十二條第三項第一款至第三款規定之事實者。

二、主張本法第二十八條第一項規定之優先權者。

三、主張本法第三十條第一項規定之優先權者。

申請人有多次本法第二十二條第三項第一款至第三款所定之事實者，應於申請時敘明各次事實。但各次事實有密不可分之關係者，得僅敘明最早發生之事實。

依前項規定聲明各次事實者，本法第二十二條第三項規定期間之計算，以最早之事實發生日為準。

第 17 條　申請發明專利者，其說明書應載明下列事項：

一、發明名稱。

二、技術領域。

三、先前技術：申請人所知之先前技術，並得檢送該先前技術之相關資料。

四、發明內容：發明所欲解決之問題、解決問題之技術手段及對照先前技術之功效。

五、圖式簡單說明：有圖式者，應以簡明之文字依圖式之圖號順序說明圖式。

六、實施方式：記載一個以上之實施方式，必要時得以實施例說明；有圖式者，應參照圖式加以說明。

七、符號說明：有圖式者，應依圖號或符號順序列出圖式之主要符號並加以說明。

說明書應依前項各款所定順序及方式撰寫,並附加標題。但發明之性質以其他方式表達較為清楚者,不在此限。

說明書得於各段落前,以置於中括號內之連續四位數之阿拉伯數字編號依序排列,以明確識別每一段落。

發明名稱,應簡明表示所申請發明之內容,不得冠以無關之文字。

申請生物材料或利用生物材料之發明專利,其生物材料已寄存者,應於說明書載明寄存機構、寄存日期及寄存號碼。申請前已於國外寄存機構寄存者,並應載明國外寄存機構、寄存日期及寄存號碼。

發明專利包含一個或多個核　酸或胺基酸序列者,說明書應包含依專利專責機關訂定之格式單獨記載之序列表,並得檢送相符之電子資料。

第 18 條　發明之申請專利範圍,得以一項以上之獨立項表示;其項數應配合發明之內容;必要時,得有一項以上之附屬項。獨立項、附屬項,應以其依附關係,依序以阿拉伯數字編號排列。

獨立項應敘明申請專利之標的名稱及申請人所認定之發明之必要技術特徵。

附屬項應敘明所依附之項號,並敘明標的名稱及所依附請求項外之技術特徵,其依附之項號並應以阿拉伯數字為之;於解釋附屬項時,應包含所依附請求項之所有技術特徵。

依附於二項以上之附屬項為多項附屬項,應以選擇式為之。

附屬項僅得依附在前之獨立項或附屬項。但多項附屬項間不得直接或間接依附。

獨立項或附屬項之文字敘述,應以單句為之。

第 19 條　請求項之技術特徵,除絕對必要外,不得以說明書之頁數、行數或圖式、圖式中之符號予以界定。

請求項之技術特徵得引用圖式中對應之符號,該符號應附加於對應之技術特徵後,並置於括號內;該符號不得作為解釋請求

項之限制。

請求項得記載化學式或數學式，不得附有插圖。

複數技術特徵組合之發明，其請求項之技術特徵，得以手段功能用語或步驟功能用語表示。於解釋請求項時，應包含說明書中所敘述對應於該功能之結構、材料或動作及其均等範圍。

第 20 條　獨立項之撰寫，以二段式為之者，前言部分應包含申請專利之標的名稱及與先前技術共有之必要技術特徵；特徵部分應以「其特徵在於」、「其改良在於」或其他類似用語，敘明有別於先前技術之必要技術特徵。

解釋獨立項時，特徵部分應與前言部分所述之技術特徵結合。

第 21 條　摘要，應簡要敘明發明所揭露之內容，並以所欲解決之問題、解決問題之技術手段及主要用途為限；其字數，以不超過二百五十字為原則；有化學式者，應揭示最能顯示發明特徵之化學式。

摘要，不得記載商業性宣傳用語。

摘要不符合前二項規定者，專利專責機關得通知申請人限期修正，或依職權修正後通知申請人。

申請人應指定最能代表該發明技術特徵之圖為代表圖，並列出其主要符號，簡要加以說明。

未依前項規定指定或指定之代表圖不適當者，專利專責機關得通知申請人限期補正，或依職權指定或刪除後通知申請人。

第 22 條　說明書、申請專利範圍及摘要中之技術用語及符號應一致。

前項之說明書、申請專利範圍及摘要，應以打字或印刷為之。

說明書、申請專利範圍及摘要以外文本提出者，其補正之中文本，應提供正確完整之翻譯。

第 23 條　發明之圖式，應參照工程製圖方法以墨線繪製清晰，於各圖縮小至三分之二時，仍得清晰分辨圖式中各項細節。

圖式應註明圖號及符號，並依圖號順序排列，除必要註記外，不得記載其他說明文字。

第 24 條　發明專利申請案之說明書有部分缺漏或圖式有缺漏之情事，而經申請人補正者，以補正之日爲申請日。但有下列情事之一者，仍以原提出申請之日爲申請日：

一、補正之說明書或圖式已見於主張優先權之先申請案。

二、補正之說明書或圖式，申請人於專利專責機關確認申請日之處分書送達後三十日內撤回。

前項之說明書或圖式以外文本提出者，亦同。

第 25 條　本法第二十八條第一項所定之十二個月，自在與中華民國相互承認優先權之國家或世界貿易組織會員第一次申請日之次日起算至本法第二十五條第二項規定之申請日止。

本法第三十條第一項第一款所定之十二個月，自先申請案申請日之次日起算至本法第二十五條第二項規定之申請日止。

第 26 條　依本法第二十九條第二項規定檢送之優先權證明文件應爲正本。

申請人於本法第二十九條第二項規定期間內檢送之優先權證明文件爲影本者，專利專責機關應通知申請人限期補正與該影本爲同一文件之正本；屆期未補正或補正仍不齊備者，依本法第二十九條第三項規定，視爲未主張優先權。但其正本已向專利專責機關提出者，得以載明正本所依附案號之影本代之。

第一項優先權證明文件，經專利專責機關與該國家或世界貿易組織會員之專利受理機關已爲電子交換者，視爲申請人已提出。

第 27 條　本法第三十三條第二項所稱屬於一個廣義發明概念者，指二個以上之發明，於技術上相互關聯。

前項技術上相互關聯之發明，應包含一個或多個相同或對應之特別技術特徵。

前項所稱特別技術特徵，指申請專利之發明整體對於先前技術有所貢獻之技術特徵。

二個以上之發明於技術上有無相互關聯之判斷，不因其於不同

之請求項記載或於單一請求項中以擇一形式記載而有差異。

第 28 條　發明專利申請案申請分割者，應就每一分割案，備具申請書，並檢附下列文件：

一、說明書、申請專利範圍、摘要及圖式。

二、原申請案有主張本法第二十二條第三項規定之事實者，其證明文件。

三、申請生物材料或利用生物材料之發明專利者，其寄存證明文件。

有下列情事之一，並應於每一分割申請案申請時敘明之：

一、主張本法第二十二條第三項第一款至第三款規定之情事者。

二、主張本法第二十八條第一項規定之優先權者。

三、主張本法第三十條第一項規定之優先權者。

分割申請，不得變更原申請案之專利種類。

第 29 條　依本法第三十四條第二項第二款規定於原申請案核准審定後申請分割者，應自其說明書或圖式所揭露之發明且非屬原申請案核准審定之申請專利範圍，申請分割。

前項之分割申請，其原申請案經核准審定之說明書、申請專利範圍或圖式不得變動。

第 30 條　依本法第三十五條規定申請專利者，應備具申請書，並檢附舉發撤銷確定證明文件。

第 31 條　專利專責機關公開發明專利申請案時，應將下列事項公開之：

一、申請案號。

二、公開編號。

三、公開日。

四、國際專利分類。

五、申請日。

六、發明名稱。

七、發明人姓名。

八、申請人姓名或名稱、住居所或營業所。

九、委任代理人者,其姓名。

十、摘要。

十一、最能代表該發明技術特徵之圖式及其符號說明。

十二、主張本法第二十八條第一項優先權之各第一次申請專利
之國家或世界貿易組織會員、申請案號及申請日。

十三、主張本法第三十條第一項優先權之各申請案號及申請
日。

十四、有無申請實體審查。

第 32 條　發明專利申請案申請實體審查者,應備具申請書,載明下列事
項:

一、申請案號。

二、發明名稱。

三、申請實體審查者之姓名或名稱、國籍、住居所或營業所;
有代表人者,並應載明代表人姓名。

四、委任代理人者,其姓名、事務所。

五、是否為專利申請人。

第 33 條　發明專利申請案申請優先審查者,應備具申請書,載明下列事
項:

一、申請案號及公開編號。

二、發明名稱。

三、申請優先審查者之姓名或名稱、國籍、住居所或營業所;
有代表人者,並應載明代表人姓名。

四、委任代理人者,其姓名、事務所。

五、是否為專利申請人。

六、發明專利申請案之商業上實施狀況;有協議者,其協議經
過。

申請優先審查之發明專利申請案尚未申請實體審查者,並應依
前條規定申請實體審查。

依本法第四十條第二項規定應檢附之有關證明文件，為廣告目錄、其他商業上實施事實之書面資料或本法第四十一條第一項規定之書面通知。

第 34 條　專利專責機關通知面詢、實驗、補送模型或樣品、修正說明書、申請專利範圍或圖式，屆期未辦理或未依通知內容辦理者，專利專責機關得依現有資料續行審查。

第 35 條　說明書、申請專利範圍或圖式之文字或符號有明顯錯誤者，專利專責機關得依職權訂正，並通知申請人。

第 36 條　發明專利申請案申請修正說明書、申請專利範圍或圖式者，應備具申請書，並檢附下列文件：

一、修正部分劃線之說明書或申請專利範圍修正頁；其為刪除原內容者，應劃線於刪除之文字上；其為新增內容者，應劃線於新增之文字下方。但刪除請求項者，得以文字加註為之。

二、修正後無劃線之說明書、申請專利範圍或圖式替換頁；如修正後致說明書、申請專利範圍或圖式之頁數、項號或圖號不連續者，應檢附修正後之全份說明書、申請專利範圍或圖式。

前項申請書，應載明下列事項：

一、修正說明書者，其修正之頁數、段落編號與行數及修正理由。

二、修正申請專利範圍者，其修正之請求項及修正理由。

三、修正圖式者，其修正之圖號及修正理由。

修正申請專利範圍者，如刪除部分請求項，其他請求項之項號，應依序以阿拉伯數字編號重行排列；修正圖式者，如刪除部分圖式，其他圖之圖號，應依圖號順序重行排列。

發明專利申請案經專利專責機關為最後通知者，第二項第二款之修正理由應敘明本法第四十三條第四項各款規定之事項。

第 37 條　因誤譯申請訂正說明書、申請專利範圍或圖式者，應備具申請

書,並檢附下列文件:

一、訂正部分劃線之說明書或申請專利範圍訂正頁;其為刪除
原內容者,應劃線於刪除之文字上;其為新增內容者,應
劃線於新增加之文字下方。

二、訂正後無劃線之說明書、申請專利範圍或圖式替換頁。

前項申請書,應載明下列事項:

一、訂正說明書者,其訂正之頁數、段落編號與行數、訂正理
由及對應外文本之頁數、段落編號與行數。

二、訂正申請專利範圍者,其訂正之請求項、訂正理由及對應
外文本之請求項之項號。

三、訂正圖式者,其訂正之圖號、訂正理由及對應外文本之圖
號。

第 38 條　發明專利申請案同時申請誤譯訂正及修正說明書、申請專利範
圍或圖式者,得分別提出訂正及修正申請,或以訂正申請書分
別載明其訂正及修正事項為之。

發明專利同時申請誤譯訂正及更正說明書、申請專利範圍或圖
式者,亦同。

第 39 條　發明專利申請案公開後至審定前,任何人認該發明應不予專利
時,得向專利專責機關陳述意見,並得附具理由及相關證明文
件。

第三章　新型專利之申請及審查

第 40 條　新型專利申請案之說明書有部分缺漏或圖式有缺漏之情事,
而經申請人補正者,以補正之日為申請日。但有下列情事之一
者,仍以原提出申請之日為申請日:

一、補正之說明書或圖式已見於主張優先權之先申請案。

二、補正之說明書或部分圖式,申請人於專利專責機關確認申
請日之處分書送達後三十日內撤回。

前項之說明書或圖式以外文本提出者，亦同。

第 41 條　本法第一百二十條準用第二十八條第一項所定之十二個月，自在與中華民國相互承認優先權之國家或世界貿易組織會員第一次申請日之次日起算至本法第一百零六條第二項規定之申請日止。

本法第一百二十條準用第三十條第一項第一款所定之十二個月，自先申請案申請日之次日起算至本法第一百零六條第二項規定之申請日止。

第 42 條　依本法第一百十五條第一項規定申請新型專利技術報告者，應備具申請書，載明下列事項：

一、申請案號。

二、新型名稱。

三、申請新型專利技術報告者之姓名或名稱、國籍、住居所或營業所；有代表人者，並應載明代表人姓名。

四、委任代理人者，其姓名、事務所。

五、是否為專利權人。

第 43 條　依本法第一百十五條第五項規定檢附之有關證明文件，為專利權人對為商業上實施之非專利權人之書面通知、廣告目錄或其他商業上實施事實之書面資料。

第 44 條　新型專利技術報告應載明下列事項：

一、新型專利證書號數。

二、申請案號。

三、申請日。

四、優先權日。

五、技術報告申請日。

六、新型名稱

七、專利權人姓名或名稱、住居所或營業所。

八、申請新型專利技術報告者之姓名或名稱。

九、委任代理人者，其姓名。

十、專利審查人員姓名。

十一、國際專利分類。

十二、先前技術資料範圍。

十三、比對結果。

第 45 條　第十三條至第二十三條、第二十六條至第二十八條、第三十條、第三十四條至第三十八條規定，於新型專利準用之。

第四章　設計專利之申請及審查

第 46 條　本法第一百二十二條所稱申請前及第一百二十三條所稱申請在先，如依本法第一百四十二條第一項準用第二十八條第一項規定主張優先權者，指該優先權日前。

本法第一百二十二條所稱刊物，指向公眾公開之文書或載有資訊之其他儲存媒體。

第 47 條　本法第一百二十二條及第一百二十六條所稱所屬技藝領域中具有通常知識者，指具有申請時該設計所屬技藝領域之一般知識及普通技能之人。

前項所稱申請時，如依本法第一百四十二條第一項準用第二十八條第一項規定主張優先權者，指該優先權日。

第 48 條　因繼承、受讓、僱傭或出資關係取得專利申請權之人，就其被繼承人、讓與人、受雇人或受聘人在申請前之公開行為，適用本法第一百二十二條第三項規定。

第 49 條　申請設計專利者，其申請書應載明下列事項：

一、設計名稱。

二、設計人姓名、國籍。

三、申請人姓名或名稱、國籍、住居所或營業所；有代表人者，並應載明代表人姓名。

四、委任代理人者，其姓名、事務所。

有下列情事之一，並應於申請時敘明之：

一、主張本法第一百二十二條第三項第一款或第二款規定之事
　　實者。

二、主張本法第一百四十二條第一項準用第二十八條第一項規
　　定之優先權者。

申請衍生設計專利者，除前二項規定事項外，並應於申請書載
明原設計申請案號。

申請人有多次本法第一百二十二條第三項第一款或第二款所定
之事實者，應於申請時敘明各次事實。但各次事實有密不可分
之關係者，得僅敘明最早發生之事實。

依前項規定聲明各次事實者，本法第一百二十二條第三項規定
期間之計算，以最早之事實發生日爲準。

第 50 條　申請設計專利者，其說明書應載明下列事項：

一、設計名稱。

二、物品用途。

三、設計說明。

說明書應依前項各款所定順序及方式撰寫，並附加標題。但前
項第二款或第三款已於設計名稱或圖式表達清楚者，得不記
載。

第 51 條　設計名稱，應明確指定所施予之物品，不得冠以無關之文字。

物品用途，指用以輔助說明設計所施予物品之使用、功能等敘
述。

設計說明，指用以輔助說明設計之形狀、花紋、色彩或其結合
等敘述。

其有下列情事之一，應敘明之：

一、圖式揭露內容包含不主張設計之部分。

二、應用於物品之電腦圖像及圖形化使用者介面設計有連續動
　　態變化者，應敘明變化順序。

三、各圖間因相同、對稱或其他事由而省略者。

有下列情事之一，必要時得於設計說明簡要敘明之：

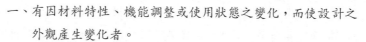

一、有因材料特性、機能調整或使用狀態之變化,而使設計之
　　外觀產生變化者。

二、有輔助圖或參考圖者。

三、以成組物品設計申請專利者,其各構成物品之名稱。

第 52 條　說明書所載之設計名稱、物品用途、設計說明之用語應一致。

　　　　　前項之說明書,應以打字或印刷為之。

　　　　　依本法第一百二十五條第三項規定提出之外文本,其說明書應
　　　　　提供正確完整之翻譯。

第 53 條　設計之圖式,應備具足夠之視圖,以充分揭露所主張設計之外
　　　　　觀;設計為立體者,應包含立體圖;設計為連續平面者,應包
　　　　　含單元圖。

　　　　　前項所稱之視圖,得為立體圖、前視圖、後視圖、左側視圖、
　　　　　右側視圖、俯視圖、仰視圖、平面圖、單元圖或其他輔助圖。

　　　　　圖式應參照工程製圖方法,以墨線圖、電腦繪圖或以照片呈現,
　　　　　於各圖縮小至三分之二時,仍得清晰分辨圖式中各項細節。

　　　　　主張色彩者,前項圖式應呈現其色彩。

　　　　　圖式中主張設計之部分與不主張設計之部分,應以可明確區隔
　　　　　之表示方式呈現。

　　　　　標示為參考圖者,不得用於解釋設計專利權範圍。

第 54 條　設計之圖式,應標示各圖名稱,並指定立體圖或最能代表該設
　　　　　計之圖為代表圖。

　　　　　未依前項規定指定或指定之代表圖不適當者,專利專責機關得
　　　　　通知申請人限期補正,或依職權指定後通知申請人。

第 55 條　設計專利申請案之說明書或圖式有部分缺漏之情事,而經申請
　　　　　人補正者,以補正之日為申請日。但有下列情事之一者,仍以
　　　　　原提出申請之日為申請日:

　　　　　一、補正之說明書或圖式已見於主張優先權之先申請案。

　　　　　二、補正之說明書或圖式,申請人於專利專責機關確認申請日
　　　　　　　之處分書送達後三十日內撤回。

前項之說明書或圖式以外文本提出者，亦同。

第 56 條　本法第一百四十二條第二項所定之六個月，自在與中華民國相互承認優先權之國家或世界貿易組織會員第一次申請日之次日起算本法第一百二十五條第二項規定之申請日止。

第 57 條　本法第一百二十九條第二項所稱同一類別，指國際工業設計分類表同一大類之物品。

第 58 條　設計專利申請案申請分割者，應就每一分割案，備具申請書，並檢附下列文件：

一、說明書及圖式。

二、原申請案有主張本法第一百二十二條第三項規定之事實者，其證明文件。

有下列情事之一，並應於每一分割申請案申請時敘明之：

一、主張本法第一百二十二條第三項第一款、第二款規定之事實者。

二、主張本法第一百四十二條第一項準用第二十八條第一項規定之優先權者。

分割申請，不得變更原申請案之專利種類。

第 59 條　設計專利申請案申請修正說明書或圖式者，應備具申請書，並檢附下列文件：

一、修正部分劃線之說明書修正頁；其為刪除原內容者，應劃線於刪除之文字上；其為新增內容者，應劃線於新增之文字下方。

二、修正後無劃線之全份說明書或圖式。

前項申請書，應載明下列事項：

一、修正說明書者，其修正之頁數與行數及修正理由。

二、修正圖式者，其修正之圖式名稱及修正理由。

第 60 條　因誤譯申請訂正說明書或圖式者，應備具申請書，並檢附下列文件：

一、訂正部分劃線之說明書訂正頁；其為刪除原內容者，應劃

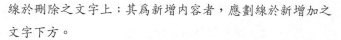

　　　線於刪除之文字上；其為新增內容者，應劃線於新增加之
　　　文字下方。

二、訂正後無劃線之全份說明書或圖式。

前項申請書，應載明下列事項：

一、訂正說明書者，其訂正之頁數與行數、訂正理由及對應外
　　　文本之頁數與行數。

二、訂正圖式者，其訂正之圖式名稱、訂正理由及對應外文本
　　　之圖式名稱。

第 61 條　第二十六條、第三十條、第三十四條、第三十五條及第三十八
　　　　　條規定，於設計專利準用之。

本章之規定，適用於衍生設計專利。

第五章　專利權

第 62 條　本法第五十九條第一項第三款、第九十九條第一項所定申請
　　　　　前，於依本法第二十八條第一項或第三十條第一項規定主張優
　　　　　先權者，指該優先權日前。

第 63 條　申請專利權讓與登記者，應由原專利權人或受讓人備具申請
　　　　　書，並檢附讓與契約或讓與證明文件。

公司因併購申請承受專利權登記者，前項應檢附文件，為併購
之證明文件。

第 64 條　申請專利權信託登記者，應由原專利權人或受託人備具申請
　　　　　書，並檢附下列文件：

一、申請信託登記者，其信託契約或證明文件。

二、信託關係消滅，專利權由委託人取得時，申請信託塗銷登
　　　記者，其信託契約或信託關係消滅證明文件。

三、信託關係消滅，專利權歸屬於第三人時，申請信託歸屬登
　　　記者，其信託契約或信託歸屬證明文件。

四、申請信託登記其他變更事項者，其變更證明文件。

第 65 條　申請專利權授權登記者，應由專利權人或被授權人備具申請
　　　　　書，並檢附下列文件：

一、申請授權登記者，其授權契約或證明文件。

二、申請授權變更登記者，其變更證明文件。

三、申請授權塗銷登記者，被授權人出具之塗銷登記同意書、
法院判決書及判決確定證明書或依法與法院確定判決有同一效
力之證明文件。但因授權期間屆滿而消滅者，免予檢附。

前項第一款之授權契約或證明文件，應載明下列事項：

一、發明、新型或設計名稱或其專利證書號數。

二、授權種類、內容、地域及期間。

專利權人就部分請求項授權他人實施者，前項第二款之授權內
容應載明其請求項次。

第二項第二款之授權期間，以專利權期間為限。

第 66 條　申請專利權再授權登記者，應由原被授權人或再被授權人備具
　　　　　申請書，並檢附下列文件：

一、申請再授權登記者，其再授權契約或證明文件。

二、申請再授權變更登記者，其變更證明文件。

三、申請再授權塗銷登記者，再被授權人出具之塗銷登記同意
　　書、法院判決書及判決確定證明書或依法與法院確定判決
　　有同一效力之證明文件。但因原授權或再授權期間屆滿而
　　消滅者，免予檢附。

前項第一款之再授權契約或證明文件應載明事項，準用前條第
二項之規定。

再授權範圍，以原授權之範圍為限。

第 67 條　申請專利權質權登記者，應由專利權人或質權人備具申請書及
　　　　　專利證書，並檢附下列文件：

一、申請質權設定登記者，其質權設定契約或證明文件。

二、申請質權變更登記者，其變更證明文件。

三、申請質權塗銷登記者，其債權清償證明文件、質權人出具

之塗銷登記同意書、法院判決書及判決確定證明書或依法
　　　　　與法院確定判決有同一效力之證明文件。
　　　前項第一款之質權設定契約或證明文件，應載明下列事項：
　　　一、發明、新型或設計名稱或其專利證書號數。
　　　二、債權金額及質權設定期間。
　　　前項第二款之質權設定期間，以專利權期間為限。
　　　專利專責機關為第一項登記，應將有關事項加註於專利證書及
　　　專利權簿。

第 68 條　申請前五條之登記，依法須經第三人同意者，並應檢附第三人
　　　　　同意之證明文件。

第 69 條　申請專利權繼承登記者，應備具申請書，並檢附死亡與繼承證
　　　　　明文件。

第 70 條　依本法第六十七條規定申請更正說明書、申請專利範圍或圖式
　　　　　者，應備具申請書，並檢附下列文件：
　　　一、更正後無劃線之說明書、圖式替換頁。
　　　二、更正申請專利範圍者，其全份申請專利範圍。
　　　三、依本法第六十九條規定應經被授權人、質權人或全體共有
　　　　　人同意者，其同意之證明文件。
　　　前項申請書，應載明下列事項：
　　　一、更正說明書者，其更正之頁數、段落編號與行數、更正內
　　　　　容及理由。
　　　二、更正申請專利範圍者，其更正之請求項、更正內容及理
　　　　　由。
　　　三、更正圖式者，其更正之圖號及更正理由。
　　　更正內容，應載明更正前及更正後之內容；其為刪除原內容
　　　者，應劃線於刪除之文字上；其為新增內容者，應劃線於新增
　　　之文字下方。
　　　第二項之更正理由並應載明適用本法第六十七條第一項之款
　　　次。

更正申請專利範圍者，如刪除部分請求項，不得變更其他請求項之項號；更正圖式者，如刪除部分圖式，不得變更其他圖之圖號。

專利權人於舉發案審查期間申請更正者，並應於更正申請書載明舉發案號。

第 71 條　依本法第七十二條規定，於專利權當然消滅後提起舉發者，應檢附對該專利權之撤銷具有可回復之法律上利益之證明文件。

第 72 條　本法第七十三條第一項規定之舉發聲明，於發明、新型應敘明請求撤銷全部或部分請求項之意旨；其就部分請求項提起舉發者，並應具體指明請求撤銷之請求項；於設計應敘明請求撤銷設計專利權。

本法第七十三條第一項規定之舉發理由，應敘明舉發所主張之法條及具體事實，並敘明各具體事實與證據間之關係。

第 73 條　舉發案之審查及審定，應於舉發聲明範圍內為之。

舉發審定書主文，應載明審定結果；於發明、新型應就各請求項分別載明。

第 74 條　依本法第七十七條第一項規定合併審查之更正案與舉發案，應先就更正案進行審查，經審查認應不准更正者，應通知專利權人限期申復；屆期未申復或申復結果仍應不准更正者，專利專責機關得逕予審查。

依本法第七十七條第一項規定合併審定之更正案與舉發案，舉發審定書主文應分別載明更正案及舉發案之審定結果。但經審查認應不准更正者，僅於審定理由中敘明之。

第 75 條　專利專責機關依本法第七十八條第一項規定合併審查多件舉發案時，應將各舉發案提出之理由及證據通知各舉發人及專利權人。

各舉發人及專利權人得於專利專責機關指定之期間內就各舉發案提出之理由及證據陳述意見或答辯。

第 76 條　舉發案審查期間，專利專責機關認有必要時，得協商舉發人與

專利權人，訂定審查計畫。

第77條　申請專利權之強制授權者，應備具申請書，載明申請理由，並檢附詳細之實施計畫書及相關證明文件。

申請廢止專利權之強制授權者，應備具申請書，載明申請廢止之事由，並檢附證明文件。

第78條　依本法第八十八條第二項規定，強制授權之實施應以供應國內市場需要為主者，專利專責機關應於核准強制授權之審定書內載明被授權人應以適當方式揭露下列事項：

一、強制授權之實施情況。

二、製造產品數量及產品流向。

第79條　本法第九十八條所定專利證書號數標示之附加，在專利權消滅或撤銷確定後，不得為之。但於專利權消滅或撤銷確定前已標示並流通進入市場者，不在此限。

第80條　專利證書滅失、遺失或毀損致不堪使用者，專利權人應以書面敘明理由，申請補發或換發。

第81條　依本法第一百三十九條規定申請更正說明書或圖式者，應備具申請書，並檢附更正後無劃線之全份說明書或圖式。

前項申請書，應載明下列事項：

一、更正說明書者，其更正之頁數與行數、更正內容及理由。

二、更正圖式者，其更正之圖式名稱及更正理由。

更正內容，應載明更正前及更正後之內容；其為刪除原內容者，應劃線於刪除之文字上；其為新增內容者，應劃線於新增之文字下方。

第二項之更正理由並應載明適用本法第一百三十九條第一項之款次。

專利權人於舉發案審查期間申請更正者，並應於更正申請書載明舉發案號。

第82條　專利權簿應載明下列事項：

一、發明、新型或設計名稱。

二、專利權期限。

三、專利權人姓名或名稱、國籍、住居所或營業所。

四、委任代理人者，其姓名及事務所。

五、申請日及申請案號。

六、主張本法第二十八條第一項優先權之各第一次申請專利之國家或世界貿易組織會員、申請案號及申請日。

七、主張本法第三十條第一項優先權之各申請案號及申請日。

八、公告日及專利證書號數。

九、受讓人、繼承人之姓名或名稱及專利權讓與或繼承登記之年、月、日。

十、委託人、受託人之姓名或名稱及信託、塗銷或歸屬登記之年、月、日。

十一、被授權人之姓名或名稱及授權登記之年、月、日。

十二、質權人姓名或名稱及質權設定、變更或塗銷登記之年、月、日。

十三、強制授權之被授權人姓名或名稱、國籍、住居所或營業所及核准或廢止之年、月、日。

十四、補發證書之事由及年、月、日。

十五、延長或延展專利權期限及核准之年、月、日。

十六、專利權消滅或撤銷之事由及其年、月、日；如發明或新型專利權之部分請求項經刪除或撤銷者，並應載明該部分請求項項號。

十七、寄存機構名稱、寄存日期及號碼。

十八、其他有關專利之權利及法令所定之一切事項。

第83條　專利專責機關公告專利時，應將下列事項刊載專利公報：

一、專利證書號數。

二、公告日。

三、發明專利之公開編號及公開日。

四、國際專利分類或國際工業設計分類。

五、申請日。

六、申請案號。

七、發明、新型或設計名稱。

八、發明人、新型創作人或設計人姓名。

九、申請人姓名或名稱、住居所或營業所。

十、委任代理人者,其姓名。

十一、發明專利或新型專利之申請專利範圍及圖式;設計專利
　　　之圖式。

十二、圖式簡單說明或設計說明。

十三、主張本法第二十八條第一項優先權之各第一次申請專利
　　　之國家或世界貿易組織會員、申請案號及申請日。

十四、主張本法第三十條第一項優先權之各申請案號及申請
　　　日。

十五、生物材料或利用生物材料之發明,其寄存機構名稱、寄
　　　存日期及寄存號碼。

第84條　專利專責機關於核准更正後,應將下列事項刊載專利公報:

一、專利證書號數。

二、原專利公告日。

三、申請案號。

四、發明、新型或設計名稱。

五、專利權人姓名或名稱。

六、更正事項。

第85條　專利專責機關於舉發審定後,應將下列事項刊載專利公報:

一、被舉發案號數。

二、發明、新型或設計名稱。

三、專利權人姓名或名稱、住居所或營業所。

四、舉發人姓名或名稱。

五、委任代理人者,其姓名。

六、舉發日期。

七、審定主文。

八、審定理由。

第 86 條　專利申請人有延緩公告專利之必要者，應於繳納證書費及第一年專利年費時，向專利專責機關申請延緩公告。所請延緩之期限，不得逾三個月。

第六章　附則

第 87 條　依本法規定檢送之模型、樣品或書證，經專利專責機關通知限期領回者，申請人屆期未領回時，專利專責機關得逕行處理。

第 88 條　依本法及本細則所為之申請，其申請書、說明書、申請專利範圍、摘要及圖式，應使用本法修正施行後之書表格式。

有下列情事之一者，除申請書外，其說明書、圖式或圖說，得使用本法修正施行前之書表格式：

一、本法修正施行後三個月內提出之發明或新型專利申請案。

二、本法修正施行前以外文本提出之申請案，於修正施行後六個月內補正說明書、申請專利範圍、圖式或圖說。

三、本法修正施行前或依第一款規定提出之申請案，於本法修正施行後申請修正或更正，其修正或更正之說明書、申請專利範圍、圖式或圖說。

第 89 條　依本法第一百二十一條第二項、第一百二十九條第二項規定提出之設計專利申請案，其主張之優先權日早於本法修正施行日者，以本法修正施行日為其優先權日。

第 90 條　本細則自中華民國一百零二年一月一日施行。

6.13 專利規費收費辦法

修正日期　民國101年12月22日
施行日期　民國102年1月1日

第 1 條　　本辦法依專利法（以下簡稱本法）第一百四十六條第一項規定訂定之。

第 2 條　　發明專利各項申請費如下：

一、申請發明專利，每件新台幣三千五百元。

二、申請提早公開發明專利申請案，每件新台幣一千元。

三、申請實體審查，說明書、申請專利範圍、摘要及圖式合計在五十頁以下，且請求項合計在十項以內者，每件新台幣七千元；請求項超過十項者，每項加收新台幣八百元；說明書、申請專利範圍、摘要及圖式超過五十頁者，每五十頁加收新台幣五百元；其不足五十頁者，以五十頁計。

四、申請回復優先權主張，每件新台幣二千元。

五、申請誤譯之訂正，每件新台幣二千元。

六、申請改請爲發明專利，每件新台幣三千五百元。

七、申請再審查，說明書、申請專利範圍、摘要及圖式合計在五十頁以下，且請求項合計在十項以內者，每件新台幣七千元；請求項超過十項者，每項加收新台幣八百元；說明書、申請專利範圍、摘要及圖式超過五十頁者，每五十頁加收新台幣五百元；其不足五十頁者，以五十頁計。

八、申請舉發，每件新台幣五千元，並依其舉發聲明所載之請求項數按項加繳，每一請求項加收新台幣八百元。但依本法第五十七條、第七十一條第一項第二款及第三款規定之情事申請舉發者，每件新台幣一萬元。

九、申請分割，每件新台幣三千五百元。

十、申請延長專利權，每件新台幣九千元。

十一、申請更正說明書、申請專利範圍或圖式，每件新台幣
　　　二千元。

十二、申請強制授權專利權，每件新台幣十萬元。

十三、申請廢止強制授權專利權，每件新台幣十萬元。

十四、申請舉發案補充理由、證據，每件新台幣二千元。

前項第三款之實體審查申請費及第七款之再審查申請費，於修
正請求項時，其計算方式依下列各款規定為之：

一、於申請案發給第一次審查意見通知前，以修正後之請求項
　　　數計算之。

二、於申請案已發給第一次審查意見通知後，其新增之請求項
　　　數與審查意見通知前已提出之請求項數合計超過十項者，
　　　每項加收新台幣八百元。

發明專利申請案所檢附之申請書中發明名稱、申請人姓名或名
稱、發明人姓名及摘要同時附有英文翻譯者，第一項第一款或
第六款之申請費減收新台幣八百元。但依本法第二十五條第三
項規定先提出之外文本為英文本者，不適用之。

第一項第一款之申請案，以電子方式提出者，其申請費，每件
減收新台幣六百元。

同時為第一項第五款及第十一款之申請者，每件新台幣二千
元。

第3條　　發明申請案於發給第一次審查意見通知前，有下列情事之一
　　　　　者，得申請退還前條第一項第三款之實體審查申請費或第七款
　　　　　之再審查申請費。但該申請案已完成聯合面詢者，不適用之：

一、撤回申請案。

二、依本法第三十條第二項或第一百二十條準用第三十條規定
　　　視為撤回。

三、改請。

第 4 條　發明申請案之實體審查，申請人有下列情事之一，提出加速審查申請者，申請費每件新台幣四千元：

一、以商業上之實施所必要。

二、適用支援利用專利審查高速公路加速審查作業方案。

第 5 條　新型專利各項申請費如下：

一、申請新型專利，每件新台幣三千元。

二、申請回復優先權主張，每件新台幣二千元。

三、申請誤譯之訂正，每件新台幣二千元。

四、申請改請為新型專利，每件新台幣三千元。

五、申請舉發，每件新台幣五千元，並依其舉發聲明所載之請求項數按項加繳，每一請求項加收新台幣八百元。但依本法第一百十九條第一項第二款及第三款規定之情事申請舉發者，每件新台幣九千元。

六、申請分割，每件新台幣三千元。

七、申請新型專利技術報告，其請求項合計在十項以內者，每件新台幣五千元；請求項超過十項者，每項加收新台幣六百元。

八、申請更正說明書、申請專利範圍或圖式，每件新台幣一千元。但依本法第一百二十條準用第七十七條第一項規定更正者，每件新台幣二千元。

九、申請舉發案補充理由、證據，每件新台幣二千元。

前項第一款之申請案，以電子方式提出者，其申請費，每件減收新台幣六百元。

同時為第一項第三款及第八款之申請者，每件新台幣二千元。

第 6 條　設計專利各項申請費如下：

一、申請設計專利，每件新台幣三千元。

二、申請回復優先權主張，每件新台幣二千元。

三、申請誤譯之訂正，每件新台幣二千元。

四、申請改請為設計專利，每件新台幣三千元。

五、申請再審查，每件新台幣三千五百元。

六、申請舉發，每件新台幣八千元。

七、申請分割，每件新台幣三千元。

八、申請更正說明書或圖式，每件新台幣二千元。

九、申請舉發案補充理由、證據，每件新台幣二千元。

前項第一款之申請案，以電子方式提出者，其申請費，每件減收新台幣六百元。

同時爲第一項第三款及第八款之申請者，每件新台幣二千元。

依本法第一百五十六條規定，申請改爲物品之部分設計專利申請案者，每件新台幣三千元。

依本法第一百五十七條規定，申請改爲衍生設計專利申請案者，每件新台幣三千元。

第7條 各項登記申請費如下：

一、申請專利申請權讓與或繼承登記，每件新台幣二千元。

二、申請專利權讓與或繼承登記，每件新台幣二千元。

三、申請專利權授權或再授權登記，每件新台幣二千元。

四、申請專利權授權塗銷登記，每件新台幣二千元。

五、申請專利權質權設定登記，每件新台幣二千元。

六、申請專利權質權消滅登記，每件新台幣二千元。

七、申請專利權信託登記，每件新台幣二千元。

八、申請專利權信託塗銷登記，每件新台幣二千元。

九、申請專利權信託歸屬登記，每件新台幣二千元。

第8條 其他各項申請費如下：

一、申請發給證明書件，每件新台幣一千元。

二、申請面詢，每件每次新台幣一千元。

三、申請勘驗，每件每次新台幣五千元。

四、申請變更申請人之姓名或名稱、印章或簽名，每件新台幣三百元。

五、申請變更發明人、新型創作人或設計人,或變更其姓名,
每件新台幣三百元。

六、申請變更代理人,每件新台幣三百元。

七、申請專利權授權、質權或信託登記之其他變更事項,每件
新台幣三百元。

前項第四款至第七款之申請,其同時為二項以上之變更申請
者,每件新台幣三百元。

第9條　　證書費每件新台幣一千元。

前項證書之補發或換發,每件新台幣六百元。

第10條　　經核准之發明專利,每件每年專利年費如下:

一、第一年至第三年,每年新台幣二千五百元。

二、第四年至第六年,每年新台幣五千元。

三、第七年至第九年,每年新台幣八千元。

四、第十年以上,每年新台幣一萬六千元。

經核准之新型專利,每件每年專利年費如下:

一、第一年至第三年,每年新台幣二千五百元。

二、第四年至第六年,每年新台幣四千元。

三、第七年以上,每年新台幣八千元。

經核准之設計專利,每件每年專利年費如下:

一、第一年至第三年,每年新台幣八百元。

二、第四年至第六年,每年新台幣二千元。

三、第七年以上,每年新台幣三千元。

核准延長之發明專利權,於延長期間仍應依前項規定繳納年
費;核准延展之專利權,每件每年應繳年費新台幣五千元。

專利權有拋棄或被撤銷之情事者,已預繳之專利年費,得申請
退還。

第一項年費之金額,於繳納時如有調整,應依調整後所定之數
額繳納。

依本法規定計算專利權期間不滿一年者,其應繳年費,仍以一
年計算。

第 11 條　本辦法自中華民國一百零二年一月一日施行。

6.14 專利年費減免辦法

修正日期　民國101年11月29日
施行日期　民國102年1月1日

第1條　本辦法依專利法（以下簡稱本法）第一百四十六條第二項規定訂定之。

第2條　本辦法所稱自然人，指我國及外國自然人。

本辦法所稱我國學校，指公立或立案之私立學校。

本辦法所稱外國學校，指經教育部承認之國外學校。

本辦法所稱中小企業，指符合中小企業認定標準所定之事業；其為外國企業者，應符合中小企業認定標準第二條第一項規定之標準。

第3條　專利權人為外國學校或我國、外國中小企業者，得以書面申請減收專利年費。

專利權人為自然人或我國學校者，專利專責機關得逕予減收其專利年費。

專利專責機關認有必要時，得通知專利權人檢附相關證明文件。

第4條　依本辦法規定減收之專利年費，每件每年金額如下：

一、第一年至第三年：每年減收新台幣八百元。

二、第四年至第六年：每年減收新台幣一千二百元。

第5條　符合本辦法規定得減收專利年費者，得一次減收三年或六年，或於第一年至第六年逐年為之。

符合本辦法規定得減收專利年費者，依本法第九十四條規定以比率方式加繳專利年費時，應繳納之金額為依其減收後之年費金額以比率方式加繳。

第 6 條　　專利權人為自然人且無資力繳納專利年費者，得逐年以書面向
　　　　　　專利專責機關申請免收專利年費。
　　　　　　申請免收專利年費者，應檢附戶籍所在地之鄉（鎮、市、區）
　　　　　　公所或政府相關主管機關出具之低收入戶證明文件，並應於下
　　　　　　列各款規定之期間內為之：
　　　　　　一、第一年之專利年費，應於核准審定書或處分書送達後三個
　　　　　　　　　月內。
　　　　　　二、第二年以後之專利年費，應於繳納專利年費之期間內或期
　　　　　　　　　滿六個月內。
第 7 條　　專利權人於預繳專利年費後，符合本辦法規定得減免專利年費
　　　　　　者，得自次年起，就尚未到期之專利年費申請減免。
　　　　　　專利權人經專利專責機關准予減收專利年費並已預繳專利年費
　　　　　　後，不符合本辦法規定得減收專利年費者，應自次年起補繳其
　　　　　　差額。
第 8 條　　（刪除）
第 9 條　　本辦法自本法施行之日施行。
　　　　　　本辦法中華民國一百零一年十一月二十九日修正條文，自中華
　　　　　　民國一百零二年一月一日施行。

6.15 發明創作獎助辦法

修正日期　民國101年12月26日
施行日期　民國102年1月1日

第 1 條　本辦法依專利法（以下簡稱本法）第一百四十四條規定訂定之。

第 2 條　為鼓勵從事研究發明、新型或設計之創作者，專利專責機關得設國家發明創作獎予以獎助。依前項規定獎助之對象，限於中華民國之自然人、法人、學校、機關（構）或團體。

第 3 條　國家發明創作獎每年得辦理評選一次。

第 4 條　本辦法發明、新型或設計之創作獎助事項，專利專責機關得以委任、委託或委辦法人、團體辦理。

第 5 條　國家發明創作獎之獎助如下：

一、發明獎

(一)金牌：每年最多六件，每件頒發獎助金新台幣四十萬元、獎狀及獎座。

(二)銀牌：每年最多二十八件，每件頒發獎助金新台幣二十萬、獎狀及獎座。

二、創作獎

(一)金牌：每年最多六件，每件頒發獎助金新台幣二十萬元、獎狀及獎座。

(二)銀牌：每年最多二十四件，每件頒發獎助金新台幣十萬元、獎狀及獎座。

三、貢獻獎，每年最多六名，每名頒發獎狀及獎座。

第 6 條　參選發明獎或創作獎之獎助，以專利證書中所載之發明人、新型創作人或設計人為受領人。

數人共同完成之發明、新型或設計之創作，應共同受領各該項獎助。但當事人另有約定者，從其約定。

前項獎助之獎助金，共同受領人經通知限期協議定分配數額；屆期仍無法協議者，專利專責機關得依人數比例發給之。

依第二項規定共同受領獎狀者，每一發明人、新型創作人或設計人可受領一只；共同受領獎座者，所有發明人、新型創作人或設計人共同受領一座。但實際未持有該獎座者，得自行負擔費用，請求專利專責機關協助複製獎座。

參選貢獻獎之發明、新型或設計之創作，可另參選發明獎或創作獎。

第 7 條　參選發明獎者，以其發明在報名截止日前四年內，取得我國之發明專利權為限。

前項專利權如屬本法第五十三條之醫藥品、農藥品或其製造方法者，以其發明在報名截止日前六年內，取得我國之發明專利權為限。

參選創作獎者，以其新型或設計之創作在報名截止日前四年內，取得我國之新型專利權或設計專利權為限。

曾參選發明獎或創作獎之發明、新型或設計之創作，不得再行參選。

參選貢獻獎之發明、新型或設計之創作，如因而獲貢獻獎者，該發明、新型或設計之創作不得再行參選貢獻獎。

第 8 條　參選發明獎或創作獎者，應由發明人、新型創作人或設計人填具報名表，並檢附參選發明、新型或設計之專利說明書、圖式、專利證書及參選人之身分證明文件。

參選者檢送之文件及資料不合規定者，限期補正；屆期未補正者，不予受理。

第 9 條　參選貢獻獎者，應填具報名表，敘明在報名截止日前四年內取得我國或世界貿易組織會員專利權數量、專利權之產品價值及實施狀況、鼓勵員工從事發明、新型或設計之創作之措施及其他具體事蹟，並檢具相關可資證明文件。

第 10 條　專利專責機關辦理國家發明創作獎之作業應公正、公開，不受任何組織或第三人之干涉。

第 11 條　為辦理本辦法評選有關事項，專利專責機關得組成國家發明創作獎評選審議會（以下簡稱評選審議會）。

評選審議會置評選委員二十五人至三十七人；其主任評選委員，由專利專責機關指派一人兼任之；其餘評選委員，由專利專責機關遴聘有關機關代表、專家、學者擔任。

評選委員為無給職；評選期間得依規定支給審查費、出席費、交通費。

評選審議會得依報名參選之標的類別，分設評選小組辦理。

評選作業及有關事項，由評選審議會決議後辦理。

第 12 條　評選審議會會議由主任評選委員召集並為會議主席；主任評選委員因故不能出席時，由主任評選委員指定或評選委員互選一人為主席。

第 13 條　評選審議會會議須有二分之一以上之評選委員出席，始得開會，並經出席評選委員二分之一以上同意，始得決議。

第 14 條　評選審議會不對外行文；其決議事項經專利專責機關核定後，以專利專責機關名義為之。

第 15 條　國家發明創作獎之評選程序，依下列規定辦理：

一、初選：評選審議會就參選之書面資料審查後，提名入圍決選名單。

二、決選：評選審議會得按實際需要就初選入圍名單，實地勘評或由參選者進行簡報說明後，決選得獎者。

第 16 條　國家發明創作獎之獎助，如參選之發明、新型或設計之創作，均未達該項獎助之評選基準時，得從缺之。

前項評選基準，由評選審議會決議爲之。

第 17 條　發明、新型或設計之創作在我國取得專利權後之四年內，參加著名國際發明展獲得金牌、銀牌或銅牌獎之獎項者，得檢附相關證明文件，向專利專責機關申請該參展品之運費、來回機票費用及其他相關經費之補助。

前項經費補助如下：

一、亞洲地區：以新台幣二萬元爲限。

二、美洲地區：以新台幣三萬元爲限。

三、歐洲地區：以新台幣四萬元爲限。

同一人同時以二以上發明、新型或設計之創作參加同一著名國際發明展者，其補助依前項規定辦理；如該發明、新型或設計之創作曾獲專利專責機關補助，不得再於同一著名國際發明展申請補助。當年度同一著名國際發明展之申請補助項目曾獲其他單位補助者，僅能就實際支出金額超出該補助金額部分向專利專責機關申請補助。

第一項之著名國際發明展，由專利專責機關公告。

符合申請第一項之補助者，發明人、新型創作人或設計人應於參展當年度提出申請補助。申請補助款注意事項、申請表格式、應附文件及其他應遵行之事項，由專利專責機關定之。

第 18 條　專利專責機關得辦理國家發明創作展。

第 19 條　參選國家發明創作獎之得獎者，其專利權經撤銷，或所檢附之相關證明文件，有抄襲或虛僞不實之情事者，專利專責機關應撤銷其得獎資格，並追繳已領得之獎助。

第 20 條　本辦法所定之獎助及補助，專利專責機關因預算編列，得予以適當之調整。

第 21 條　國家發明創作獎之參選須知、報名書表格式、應附文件及其他應遵行之事項，由專利專責機關定之。

第 22 條　本辦法自中華民國一百零二年一月一日施行。